CAD/CAM/CAE 基础与实践·基础教程

CAXA 电子图板 2009 基础教程

钟日铭　编著

清华大学出版社

北　京

内 容 简 介

CAXA 电子图板是一款具有我国自主版权的优秀 CAD 软件系统。本书以 CAXA 电子图板机械版 2009 为软件操作基础，并以其应用特点为知识主线，结合设计经验，全面而循序渐进地介绍了 CAXA 电子图板的实战应用知识。本书具体内容包括：CAXA 电子图板 2009 入门概述，系统设置与界面定制，图形绘制，使用编辑修改功能，工程标注，图层应用、块与图库操作，图幅操作，查询、外部工具及模块管理器，零件图绘制，装配图绘制。

本书图文并茂，结构清晰，重点突出，实例典型，应用性强，是一本很好的从入门到精通的 CAXA 电子图板学习教程和实战手册。

本书适合从事机械设计、建筑制图、电气绘图、广告制作等工作的专业技术人员阅读和使用，同时，还可作为 CAXA 电子图板培训班及大、中专院校相关专业的培训教材。

图书在版编目(CIP)数据

CAXA 电子图板 2009 基础教程/钟日铭编著.—北京：清华大学出版社，2009.12
(CAD/CAM/CAE 基础与实践·基础教程)
ISBN 978-7-302-21422-9

Ⅰ. C　Ⅱ. 钟…　Ⅲ. 自动绘图—软件包，CAXA 2009—教材　Ⅳ. TP391.72

中国版本图书馆 CIP 数据核字(2009)第 202640 号

责任编辑：张彦青　　杨作梅
装帧设计：杨玉兰
责任校对：李玉萍
责任印制：李红英

出版发行：清华大学出版社　　　　　　　　　地　　址：北京清华大学学研大厦 A 座
　　　　　http://www.tup.com.cn　　　　　邮　　编：100084
　　　　社　总　机：010-62770175　　　邮　　购：010-62786544
　　　投稿与读者服务：010-62776969，c-service@tup.tsinghua.edu.cn
　　　质　量　反　馈：010-62772015，zhiliang@tup.tsinghua.edu.cn
印　刷　者：清华大学印刷厂
装　订　者：北京国马印刷厂
经　　销：全国新华书店
开　　本：190×260　印　张：27　字　　数：653 千字
　　　　　附光盘 1 张
版　　次：2009 年 12 月第 1 版　　　印　　次：2009 年 12 月第 1 次印刷
印　　数：1～4000
定　　价：46.00 元

本书如存在文字不清、漏印、缺页、倒页、脱页等印装质量问题，请与清华大学出版社出版部联系调换。联系电话：(010)62770177 转 3103　　产品编号：033213-01

前　言

　　CAXA 电子图板是一款具有我国自主版权的优秀 CAD 软件系统。它功能齐全,性能稳定,符合我国工程设计人员的使用习惯;它提供了形象化的设计手段,帮助设计人员发挥创造性,使工作效率得到提高,使新产品的设计周期得到缩短,同时有助于促进产品设计的标准化、系列化、通用化,使整个设计规范化。CAXA 电子图板主要被用来绘制零件图、装配图、工艺图表、包装平面图和电气设计图等。

　　本书以 CAXA 电子图板机械版 2009 为软件操作基础,并以其应用特点为知识主线,结合设计经验,注重应用实战为导向来介绍相关知识。在内容编排上,讲究从易到难,注重基础,突出实用,力求与读者近距离接触,使本书如同一位近在咫尺的资深导师在向身边学生指点迷津,传授应用技能。

1. 本书内容框架

　　本书图文并茂,结构清晰,重点突出,实例典型,应用性强,是一本很好的从入门到精通的学习教程和实战手册。本书共分 10 章,内容全面,典型实用。各章的内容如下。

　　第 1 章　主要内容包括初识 CAXA 电子图板、启动与退出 CAXA、熟悉 CAXA 电子图板2009 用户界面、基本操作、文件管理操作、视图显示控制基础和绘图入门体验实例等。

　　第 2 章　介绍 CAXA 电子图板系统设置与界面定制的实用知识。

　　第 3 章　首先介绍图形绘制工具,接着介绍基本曲线、高级曲线和文字的绘制方法,最后介绍一些图形综合绘制实例。

　　第 4 章　重点介绍基本编辑、图形编辑和属性编辑三个方面的内容,并介绍了一个图形绘制与修改的综合实例。

　　第 5 章　详细介绍 CAXA 电子图板关于工程标注方面的应用知识,内容包括工程标注概述、尺寸类标注、坐标类标注、工程符号类标注、文字类标注、标注编辑、通过属性选项板编辑、标注风格编辑、尺寸驱动和标注综合实例等方面。

　　第 6 章　主要介绍图层应用、块操作与图库操作。

　　第 7 章　全面而系统地介绍图幅设置、图框设置、标题栏、零件序号和明细栏等方面的知识,最后还介绍了一个典型的图幅操作实例。

　　第 8 章　主要介绍系统查询、外部工具应用和模块管理器等方面的知识。

　　第 9 章　重点介绍零件图综合绘制实例,具体内容包括零件图内容概述和若干个典型零件(顶杆帽、主动轴、轴承盖、支架和齿轮)的零件图绘制实例。

　　第 10 章　介绍装配图绘制的实用知识,包括装配图概述和装配图绘制实例。

　　另外,本书还提供了丰富的附录内容,以及附赠一张学习光盘,光盘中包含配套实例文件,以及部分典型的操作视频文件。附赠的视频文件可以帮助读者掌握 CAXA 电子图板 2009 的基础操作和应用技巧等。

2. 光盘使用说明

为了便于读者学习，强化学习效果，本书特意配一张光盘，内含原始实例模型文件、部分操作视频文件等。

原始实例模型文件及相关参考文件均放置在"CH#"(#为相应的章号)和"附录C"文件夹中；供参考学习之用的部分操作视频文件放在"附赠操作视频"文件夹中。操作视频文件采用AVI格式，可以在大多数的播放器中播放，例如可以在 Windows Media Player、暴风影音等较新版本的播放器中播放。

3. 技术支持说明

如果您在阅读本书时遇到什么问题，可以通过 E-mail 方式来联系，邮箱为 sunsheep79@163.com。对于提出的问题，我们会尽快答复。欢迎读者通过电子邮箱等联系方式，提出技术咨询或者批评。

为了更好地与读者沟通，分享行业资讯，展示精品好书与推荐新书，我们特意建立了免费的互动博客——博创设计坊(http://broaddesign.blog.sohu.com)。

本书由博创设计坊策划、钟日铭编著。另外，在编写过程中得到了肖秋连、钟观龙、庞祖英、钟日梅、钟春雄、陈忠钰、钟周寿、钟寿瑞、陈引、刘晓云、沈婷、赵玉华、周兴超、肖瑞文、肖钦、黄后标、劳国红、黄忠清、黄观秀、肖志勇和邹思文等人的大力支持和鼓励，在此一并致谢。同时，要特别感谢 CAXA 公司及 CAXA 公司的黄老师，从这本书开始策划时便得到 CAXA 公司的技术支持和鼓励。

书中如有疏漏之处，请广大读者不吝赐教。

钟日铭

目　录

第 1 章

CAXA 电子图板 2009 入门概述

本章导读：

    CAXA 电子图板是领先的具有完全自主版权的国产 CAD 软件，它是国内正版用户最多的自主 CAD 软件，广泛应用于机械、电子、航天航空、汽车、轻工、纺织、建筑、船舶及工程建设等领域。

    本章介绍的主要内容包括初识 CAXA 电子图板、启动与退出 CAXA 电子图板、熟悉 CAXA 电子图板 2009 用户界面、基本操作、文件管理操作、视图显示控制基础和绘图入门体验实例等。

1.1　CAXA 电子图板简介

CAXA 电子图板是值得推荐的具有我国自主版权的 CAD 软件系统，使用该 CAD 软件系统可以绘制零件图、装配图、工艺图表、包装平面图和电气设计图等。CAXA 电子图板功能齐全，性能稳定，符合我国工程设计人员的使用习惯。它提供了形象化的设计手段，帮助设计人员发挥创造性，使工作效率得到提高，使新产品的设计周期得到缩短，同时有助于促进产品设计的标准化、系列化、通用化，使整个设计规范化。

CAXA 电子图板适合于二维绘图的场合，利用它可以进行以下设计工作。

- 零件图设计。
- 装配图设计。
- 零件图组装装配体，或装配图拆画零件图。
- 工艺图表设计。
- 平面包装设计。
- 电气图纸设计。

自 CAXA 电子图板开发以来，经过多年的不断发展和完善，如今它已经成为专业设计领域中的一把利器，在我国机械、电子、航天航空、汽车、轻工、纺织、建筑、船舶及工程建设等领域得到广泛的应用。

概括来说，CAXA 电子图板具有以下 4 个主要特点(资料源自 CAXA 用户手册，并经过相应整理和要点提炼)。

1. 自主版权、易学易用

CAXA 电子图板计算机辅助设计系统具备自主版权。它具有友好的用户界面，其设计功能和绘图步骤均从实用角度出发，功能强大，操作步骤简练，容易掌握，且易于使设计人员从繁重的设计绘图工作中解脱出来。用户经过一定时间的学习便可很快入门，并进入实际设计阶段。

2. 智能设计、操作简单

CAXA 电子图板系统提供了强大的智能化工程标注方式(包括尺寸标注、坐标标注、文字标注、尺寸公差标注、形位公差标注和粗糙度标注等)、智能化图形绘制功能(包括基本的点、直线、圆弧、矩形，以及样条、等距线、椭圆、公式曲线等)和智能化图形编辑功能(包括裁剪、变换、拉伸、阵列、过渡、粘贴、文字和尺寸修改等)。另外，CAXA 电子图板系统采用全面的动态拖画设计，支持动态导航、自动捕捉特征点、自动消隐，具备全程 Undo/Redo 功能，操作简单、直观。

3. 体系开放、符合标准

CAXA 电子图板系统全面支持最新的国家标准，使用户可以轻松地绘制高质量的标准工程图。用户既可以通过系统选用符合国家标准的图框、标题栏等样式，也可以自定义图框、标题栏等。在绘制装配图时，零件序号、明细栏的创建很容易，同时明细栏还支持 Access 和 Excel 数据库接口。

系统提供一些标准的数据接口，以方便与其他系统或应用程序进行数据交换；系统支持

Truetype 矢量字库和 Shx 形文件,便于用户在图纸上输入各种字体的文字(包括汉字在内)。

4. 参量设计、方便实用

CAXA 电子图板系统提供内容丰富的参数化图库(涵盖机械设计、电气设计等行业),方便实用。用户可以调出预先定义好的标准图形或相似图形进行参数化设计,而不必从头开始一个图元接着一个图元地进行绘制和修改。图形的参量化设计,直观又简便,凡标有尺寸的图形均可参量化入库供以后调用,未标有尺寸的图形则可作为用户自定义图符来使用。

CAXA 电子图板 2009 是当前最新推出的一个应用版本,该版本提供了全新界面风格和功能区,在文字编辑器、属性工具栏、图片编辑、动态输入、双击编辑、技术要求库扩充、块编辑、尺寸标注、图幅、打印、兼容 AutoCAD 等方面的功能得到增加或者增强。本书以 CAXA 电子图板机械版 V2009(以后简称为 CAXA 电子图板 2009)为操作基础进行介绍。

1.2 启动与退出 CAXA 电子图板 2009

1.2.1 启用 CAXA 电子图板 2009

按照安装说明正确安装 CAXA 电子图板 2009 后,用户可以采用以下两种方法之一来启动(或称"运行")CAXA 电子图板 2009。

方法 1:在 Windows 桌面左下角单击"开始"按钮,接着在弹出的菜单中选择"程序"→ CAXA→"CAXA 电子图板机械版 2009"程序组中的启动命令即可。

方法 2:在 Windows 桌面上设置 CAXA 电子图板 2009 的图标,双击该图标即可运行该软件。

1.2.2 退出 CAXA 电子图板 2009

如果要退出 CAXA 电子图板 2009,那么可以在主菜单栏中选择"文件"→"退出"命令,或者单击右上角的"关闭"按钮 ✕。如果当前文件没有存盘,则系统会弹出一个对话框,如图 1-1 所示,提示用户是否要保存文件,用户可根据实际情况作出选择。

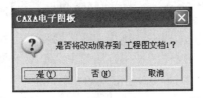

图 1-1 确认退出

1.3 熟悉 CAXA 电子图板 2009 用户界面

用户界面(简称界面)是交互式绘图软件与用户进行信息交流的中介。

1.3.1 两种风格的用户界面

CAXA 电子图板 2009 的用户界面包括两种风格，即最新的 Fluent 风格界面和经典风格界面。Fluent 风格界面主要使用功能区、快速启动工具栏和菜单按钮访问常用命令，而经典风格界面主要通过主菜单和工具栏访问常用命令。这两种风格界面基本上可以满足不同用户的使用习惯，用户可以根据需要随时在两种风格界面之间切换。

CAXA 电子图板 2009 的 Fluent 风格界面如图 1-2 所示。Fluent 风格界面中最重要的界面元素为功能区，用户在使用功能区时通常无须显示工具栏，这样一来只通过单一紧凑的界面便使各种命令组织得简洁有序、通俗易懂，同时又能够使绘图区变得大一些。

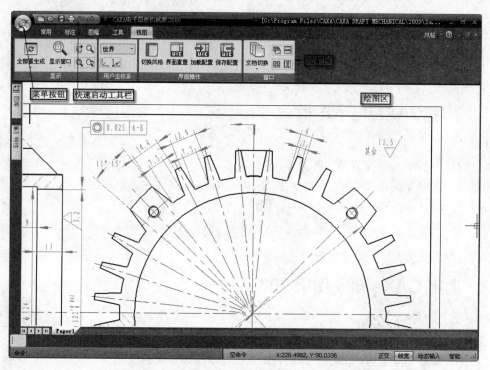

图 1-2　CAXA 电子图板 2009 的 Fluent 风格界面

功能区通常包括多个功能区选项卡，每个功能区选项卡由各种功能区面板组成，如图 1-3 所示。功能区面板中各种命令和控件的使用方法与主菜单或工具栏中的相同。

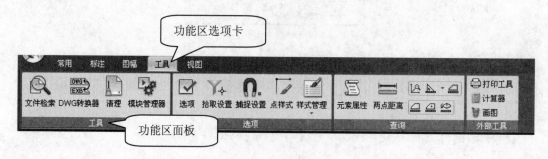

图 1-3　功能区

根据使用频率、设计任务将各种功能命令有序地分布到功能区的选项卡和面板中。通过单击选项卡标签的方式可以在不同的功能区选项卡之间切换；当将鼠标置于功能区时，也可以使用鼠标滚轮来快速切换不同的功能区选项卡。要想最小化功能区，可以双击功能区选项卡的标签，或者在功能区中右击并从快捷菜单中选择"最小化功能区"命令。当功能区处于最小化时，单击功能区选项卡，则功能区会向下扩展，而将光标移出时，功能区选项卡将自动收起。在功能区右上角位置处有一个"风格"选项，从"风格"选项的下拉菜单中可以设置电子图板的界面色调为"黑"、"白"或自定义色彩。

与 AutoCAD 类似，CAXA 电子图板 2009 同样提供快速启动工具栏。所谓快速启动工具栏是用于组织经常使用的命令，该工具栏可以自定义，如图 1-4 所示。在快速启动工具栏中单击相应的图标按钮即可执行相应的命令。若单击快速启动工具栏最右侧的(自定义快速启动工具栏)按钮，则打开一个下拉菜单，利用该菜单可以自定义快速启动工具栏。如将命令从快速启动工具栏移除，在功能区下方显示快速启动工具栏等(如果选择"自定义"命令，则可以在打开的如图 1-5 所示的"自定义"对话框中进行自定义)。此外，利用该下拉菜单还可以设置打开或关闭其他界面元素，如功能区、主菜单、工具栏或状态栏等。

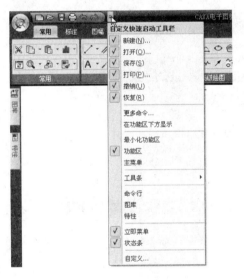

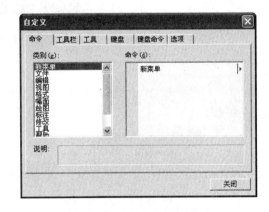

图 1-4   "快速启动"工具栏   图 1-5   "自定义"对话框

知识点拨

右击功能区面板上的图标按钮，可以在弹出的快捷菜单中选择"添加到快速启动工具栏"命令，从而将所选的图标按钮添加到快速启动工具栏。

在 Fluent 风格界面下使用功能区的同时，也可以通过"菜单"按钮访问经典的主菜单功能。单击"菜单"按钮，如图 1-6 所示，打开菜单管理器。在菜单管理器中会默认显示最近使用过的文档，单击文档名称即可直接打开。将光标在菜单管理器的各种菜单名称处停放即可显示其级联菜单，如图 1-7 所示，然后单击所需的菜单选项即可执行相应的命令。

在 Fluent 风格界面的功能区中，单击"视图"选项卡的"界面操作"面板中的"切换风格"按钮(如图 1-8 所示)，或者按 F9 键，可以切换到经典风格界面。

图 1-6 单击"菜单"按钮

图 1-7 展开级联菜单

图 1-8 切换界面风格

CAXA 电子图板 2009 的经典风格界面如图 1-9 所示,包括标题栏、菜单系统、绘图区、状态栏和工具栏等。下面介绍一些主要的界面元素。

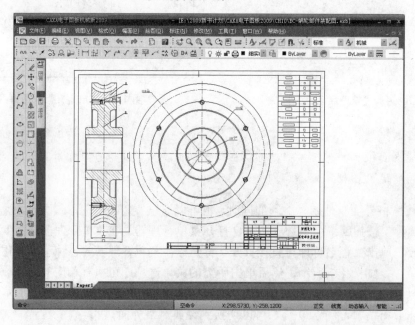

图 1-9 CAXA 电子图板 2009 的经典风格界面

1.3.2 标题栏

标题栏位于界面的最上部。在标题栏中，显示了软件图标和软件版本名称，还显示了当前窗口的文件名。在标题栏的右侧部位提供了"最小化"按钮■、"最大化"按钮■(或"向下还原"按钮■)和"关闭"按钮■。

1.3.3 菜单系统

在 CAXA 软件系统中，将菜单栏(菜单管理器)、立即菜单和工具菜单这三个部分统一称为菜单系统。

1. 菜单栏

在经典风格界面中，默认的菜单栏(主菜单)位于标题栏的下方、屏幕窗口的顶部区域，它由一行菜单条及其子菜单组成。菜单栏包含的菜单选项有"文件"、"编辑"、"视图"、"格式"、"幅面"、"绘图"、"标注"、"修改"、"工具"、"窗口"和"帮助"，如图 1-10 所示。单击任意一个菜单选项，都会弹出一个子菜单。在 Fluent 风格界面也可以设置显示主菜单，当然利用菜单按钮同样可以访问菜单命令。

图 1-10 经典风格界面中的菜单栏

2. 立即菜单

立即菜单描述了当前命令执行的各种情况和使用条件。通常执行某一个制图命令，系统会在绘图区底部弹出一个立即菜单，并在状态栏中显示相应的操作提示和执行命令状态，如图 1-11 所示(以单击 / 按钮为例)。

图 1-11 立即菜单

立即菜单的主要作用是可以选择某一命令的不同功能。在立即菜单环境下，单击其中的某一项，或按 Ctrl+数字键，则会在其上方出现一个选项菜单或者更改该项的内容。

3. 工具菜单

CAXA 的工具菜单包括工具点菜单和拾取元素菜单。在立即菜单环境下，巧用空格键，会在屏幕上弹出一个选项菜单，如图 1-12 所示，该选项菜单被称为"工具点菜单"。在实际设计工作中，利用该工具点菜单指定特征点进行捕捉。

1.3.4 绘图区

绘图区位于用户界面的中央区域，占据屏幕的大部分面积，它是用户进行绘图设计的工作区域。在绘图区中设置了一个二维直角坐标系，该坐标系为世界坐标系，如图 1-13 所示，其坐标原点为(0,0)，其中水平方向为 X 方向(向右为正)，垂直方向为 Y 方向(向上为正)。需要注意的是，使用键盘输入的点或在绘图区使用鼠标拾取的点都是以当前用户绝对坐标系作为基准的。

图 1-12　工具点菜单

图 1-13　绘图区中的二维直角坐标系

1.3.5　工具栏

除了崭新的功能区之外，CAXA 系统还为用户提供了经典、直观而又实用的工具栏，用户可以通过单击相应工具栏中的功能按钮来进行设计操作。用户可以使用系统默认的工具栏，也可以根据个人习惯和需求来定制工具栏。有关工具栏定制方面的知识将在第 2 章中进行介绍。

1.3.6　状态栏

状态栏主要用来显示屏幕状态、操作信息提示、当前工具点设置及拾取状态显示等，如图 1-14 所示。

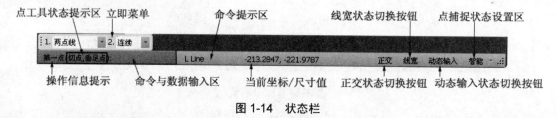

图 1-14　状态栏

1.3.7　工具选项板

工具选项板是一种特殊形式的交互工具，它用来组织和放置图库、属性修改等工具。电子图板的工具选项板有"图库"、"特性"和"命令行"。

在界面元素空白处右击，将弹出如图 1-15 所示的快捷菜单，在该快捷菜单中可以设置打开或关闭指定的工具选项板("命令行"、"图库"或"特性")。打开的"图库"工具选项板如图 1-16 所示。

在使用工具选项板时需要注意这些细节操作：使用鼠标左键按住工具选项板标题栏后进行拖动，确定它的放置位置；单击工具选项板右上角的 按钮，可以使其自动隐藏或一直显示。

图 1-15　在界面元素空白处右击而弹出的快捷菜单

图 1-16　"图库"工具选项板

1.4　基　本　操　作

基本操作包括执行命令、点输入、选择实体、右键快捷操作、立即菜单操作、动态输入和命令行输入等。

1.4.1　执行命令

CAXA 电子图板为用户提供了便捷的执行命令的操作方法，即提供了鼠标选择和键盘输入两种并行的输入方式。用户可以根据个人情况和实际需要来选择合适的操作方法。

1. 鼠标选择

鼠标选择方式是指根据屏幕显示出来的状态或提示，使用光标单击所需的菜单命令或工具按钮。这个操作过程比较直观和方便，并且可以减少背记命令的时间。

鼠标选择这种方式比较适合于 CAXA 初学者，当然也适合于习惯使用鼠标的用户。

2. 键盘输入

键盘输入方式是指直接通过键盘键入命令或数据进行操作，要求较高，即要求设计人员熟悉 CAXA 电子图板的各种命令及其相应的功能用途。在实际设计中，熟练地巧用键盘输入比采用鼠标选择方式的效率要高。

> **知识点拨**
>
> 在操作提示为"命令"时，右击或按 Enter 键都可以重复执行上一条命令，当命令结束后自动退出该命令。在命令执行的过程中，如果按 Esc 键也可以退出当前命令。

1.4.2 输入点

可以将点看做是图形中最基本的图形元素。在 CAXA 电子图板中，需要先掌握键盘输入点坐标和鼠标输入点坐标这两种方法，另外要掌握捕捉方式的应用。

1. 通过键盘输入点坐标

点坐标有绝对坐标和相对坐标两种。用户需要熟练掌握这两种坐标的输入方法。

绝对坐标的键盘输入方法是：直接通过键盘输入 x 和 y 坐标值，注意 x 和 y 坐标值之间必须用逗号隔开。例如输入：

$$50,80$$

相对坐标是指相对系统当前点的坐标，与坐标系原点无直接关系。通过键盘输入相对坐标时必须在第一个数值前面加上一个符号"@"，这个符号表示相对。

相对直角坐标的键盘输入格式为

$$@x,y$$

例如输入"@30,12"，表示相对参考点(系统自动设定的相对坐标的参考基准)而言，输入了一个 x 坐标为 30、y 坐标为 12 的相对点。

相对极坐标的键盘输入格式为

$$@r<\alpha$$

例如输入"@97<45"，表示输入了一个相对当前点的极坐标，其相对当前点的极坐标半径为 97，半径与 x 轴的逆时针夹角为 45°。

> **知识点拨**
>
> 相对坐标的当前参考点通常是用户最后一次操作点的位置。在当前命令的交互过程中，按 F4 键时，系统出现"请指定参考点"的提示信息，由用户指定所希望的参考点。

2. 使用鼠标输入点坐标

使用鼠标输入点坐标是指通过在绘图区移动"十"字光标选择需要输入的点的位置，然后单击，即表示该点被输入。在移动"十"字光标的时候，用户应同时观察或注意屏幕底部的坐标显示数值的变化情况(显示的点坐标为绝对坐标)，以便把握待输入点的位置。在实际绘图工作中，鼠标输入方式与工具点捕捉配合使用可以快捷而准确地定位特征点(如端点、中点、垂足点、切点和相交点等)。

下面介绍工具点捕捉的实战知识。工具点是指在作图过程中具有几何特征的点，如圆心点、端点、切点等；而工具点捕捉则是指使用鼠标捕捉工具点菜单中的某个特征点(如"屏幕点"、"端点"、"中心"、"圆心"、"交点"、"切点"、"垂足点"、"最近点"、"孤立点"和"象限点")。在执行作图命令并需要输入特征点时，按空格键便可弹出工具点菜单。

工具点的默认状态为屏幕点。所谓屏幕点是指屏幕上的任意位置点。当用户在作图时选择了其他形式的点状态，系统在状态栏的右侧部位将显示当前工具点捕获的状态，完成后系统自动返回到"屏幕点"状态。需要注意的是，当使用工具点捕获时，其他设置的捕获方式暂时被取消。

【课堂范例】 为了让读者熟悉利用工具点捕捉作图的操作思路，特列举以下一个简单的操作实例。假设该实例已经绘制好如图 1-17 所示的两个圆，要在这两个圆上创建一条相切直线，其操作步骤如下。

(1) 单击 ✏ (直线)按钮，或者从菜单栏中选择"绘图"→"直线"→"直线"命令。

(2) 在立即菜单环境下，默认选中"1.两点线"，在 2 下拉列表框中选择"连续"选项，如图 1-18 所示，在状态栏中确保没有启用正交模式。

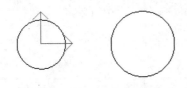

图 1-17 已有的两个圆

图 1-18 直线命令的立即菜单设置

(3) 此时，系统提示"第一点(切点，垂足点)："。按空格键，弹出工具点菜单；接着在工具点菜单中选择"切点"命令，如图 1-19 所示。选择左边的小圆以捕获切点。

(4) 系统提示"第二点(切点，垂足点)："。按空格键，弹出工具点菜单；接着在工具点菜单中选择"切点"命令，然后选择右边的大圆以捕获该圆的切点，如图 1-20 所示。

图 1-19 选择"切点"命令

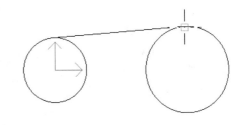

图 1-20 捕获切点

(5) 按 Enter 键，结束直线绘制命令。

1.4.3 选择对象

在 CAXA 电子图板交互软件系统中，绘图时所使用的直线、圆弧、块或图符等图素称为对象，每个对象(如直线、圆、圆弧、点、椭圆、块、剖面线和尺寸等)的创建都具有相应的绘图命令。

在实际设计工作中，经常要根据作图的需要在已经绘制的图形中选择作图所需的某个或某几个对象。对于已经被选中的对象集合，通常称为选择集。对象被选中后将呈拾取加亮颜色的显示状态，并显示有称为"夹点"的实心小方框。选中夹点并拖动可以对对象进行各种编辑操作。

选择对象的操作方法及注意事项如表 1-1 所示。

表 1-1　选择对象的操作方法及注意事项

序　号	选择操作方法及注意事项	备　注
1	通过单击一次选择一个对象,逐个单击可以选择多个对象,按 Shift 键可将对象附加到选择集	
2	通过使用鼠标指定对角点定义矩形区域框来选择对象	从左向右拖动光标指定两个角点,仅选择完全位于矩形区域中的对象
2	通过使用鼠标指定对角点定义矩形区域框来选择对象	从右向左拖动光标指定两个角点,则选择矩形窗口包围的或相交的对象
3	可以使用系统的"拾取过滤设置"进行设定只选择所需要的对象;可以通过锁定图层来防止指定图层上的对象被选中和修改	
4	执行编辑操作时可以先选择对象再执行编辑命令,也可以先执行编辑命令再选择对象	不同的编辑命令选择对象的流程可能会稍有不同,只要根据系统提示进行操作即可
5	双击对象时可能在"特性"工具选项板中显示该对象的特性,或者直接启动该对象对应的双击编辑功能	

1.4.4　右键快捷操作

CAXA 电子图板中的某些功能命令,允许用户在执行命令之前先选择要操作的对象。当在无命令执行状态下,在绘图区拾取对象后右击,则系统弹出如图 1-21 所示的快捷菜单。在该快捷菜单中选择所需的命令项,便可以对选中的对象进行相应的操作。注意:拾取不同的对象,弹出来的右键快捷菜单提供的功能命令有所不同。在不同区域或者不同的操作状态下打开的右键菜单内容也不同。

右键菜单通常包括的选项有:重复执行上次的命令;显示最近的输入命令列表;进行复制、粘贴,或其他实体编辑操作;进行特定的操作,如显示顺序调整、块编辑等。

从"工具"菜单中选择"选项"命令,弹出"选项"对话框,切换至"选择集"选项卡,如图 1-22 所示。在"选择模式"选项组中可以决定是否选中"右键重复上次操作"复选框。

图 1-21　右键快捷菜单

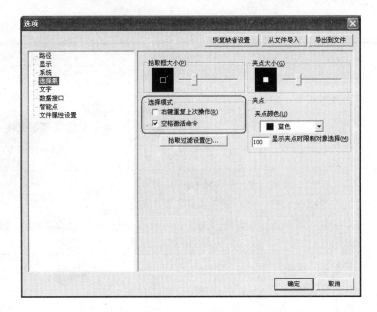

图 1-22　设置选择模式

1.4.5　立即菜单操作

在执行某些命令时，会在绘图区的底部出现一行立即菜单。图 1-23 所示的立即菜单是由单击⊕(圆)按钮打开的，它表示当前待画的圆为"圆心_半径"方式，需要输入直径，绘制的圆不带中心线。

图 1-23　执行"圆"命令时的立即菜单

用户可以通过单击立即菜单中的下三角按钮来选择某一个选项，也可以使用组合键(Alt+数字键)激活指定的下拉菜单和进行其选项循环。例如，在如图 1-23 所示的立即菜单环境下，按 Alt+2 组合键可以激活立即菜单中的 2 下拉列表框，同时使该列表框的选项切换为"2.半径"。

1.4.6　动态输入

CAXA 电子图板 2009 也为用户提供了一个"动态输入"的特殊交互工具，利用该工具的功能可以在光标附近显示命令界面和进行命令和参数的输入。动态输入的优点在于可以使用户专注于绘图区。要启用动态输入，只需在状态栏的右侧部位选中"动态输入"按钮即可。打开动态输入时，状态栏或命令行仍然会有命令提示，但可以关闭命令行以增加绘图屏幕区域。

动态输入的作用包括动态提示、输入坐标和标注输入，详细介绍如表 1-2 所示，表中的图例以执行直线命令为例。

动态输入也可以用于夹点编辑。

表 1-2　动态输入

作用	操作说明	补充说明	图　例
动态提示	工具提示将在光标附近显示信息，该信息会随着光标的移动而动态更新；当执行某命令时，工具提示将为用户提供输入的位置	如果输入第一个值后按 Enter 键，则第二个输入字段将被忽略而采用当前默认值	第一点(切点,垂足点): -16.1362 -107.3786
输入坐标	单击可以确定坐标点，也可以在动态输入的坐标提示框中直接输入坐标值，而不用在命令行中输入	在输入过程中，使用 Tab 键可以在不同的输入框内切换，输入最后一个坐标后按 Enter 键	第一点(切点,垂足点): 15　50
标注输入	当命令提示输入第二点时，工具提示将动态显示距离和角度值，根据提示分别输入所需的值	按 Tab 键可以移动到要更改的值	100　35　第二点(切点,垂足点):

1.4.7　命令行输入

CAXA 电子图板 2009 为用户提供了"命令行"选项板，利用该选项板可以输入命令，也可以查询操作的历史记录。要使用命令行输入，首先要按照前面 1.3.7 节介绍的方法打开"命令行"工具选项板。CAXA 电子图板的"命令行"选项板如图 1-24 所示。

命令行

终点:@00,00
命令:line
启动执行命令："直线"
第一点(切点,垂足点):0,0
第二点(切点,垂足点):|

图 1-24　CAXA 电子图板的命令行

在命令行中可以输入完整命令，也可以输入缩写命令。输入命令后按 Enter 键或空格键来确认命令输入，重复命令时也可以直接按 Enter 键或空格键。在命令行选项板(或称命令行窗口)右侧拖动滚动控制条或使用鼠标滚轮，可以上下浏览操作的历史记录。

1.5　文件管理操作

CAXA 电子图板的文件管理操作主要包括新建文件、打开文件、存储文件、并入文件和部分存储文件等。

1.5.1　新建文件

用户可以按照以下步骤来新建基于模板的图形文件。

(1) 单击 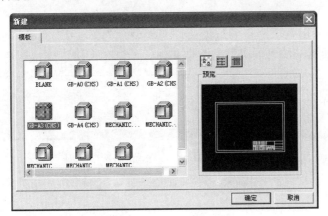(新文件)按钮，或者从"文件"菜单中选择"新文件"命令，或者在命令行中输入"new"，弹出如图 1-25 所示的"新建"对话框。在该对话框中列出了若干个常用的模板文件，所谓模板文件是相当于已经印好图框和标题栏的一张待画图纸。

图 1-25　"新建"对话框

(2) 选择所需的模板，例如选择 GB-A3(CHS)模板，然后单击"确定"按钮，则系统调出所选的模板文件并显示在当前屏幕绘图区。这样实际上通过模板文件建立了一个新的图形文件。

创建新文件后，用户便可以在"图纸"上进行图形绘制、编辑和标注等工作。如果采用名为 BLANK 的空白模板，用户可以在绘图过程中调用所需的图幅和图框。

1.5.2　打开文件

用户可以按照以下的步骤打开一个 CAXA 电子图板的图形文件。

(1) 单击 (打开文件)按钮，或者从"文件"菜单中选择"打开文件"命令，系统弹出"打开"对话框，如图 1-26 所示。

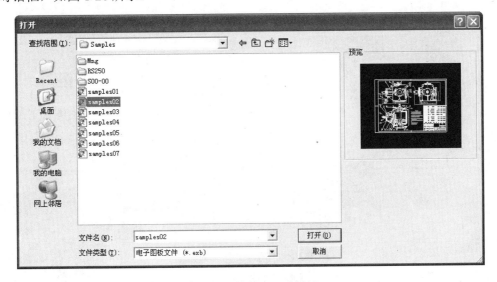

图 1-26　"打开"对话框

（2）默认的文件类型为"电子图板文件(*.exb)"，选择要打开的文件名，可以在"预览"区域中预览图形。

（3）在"打开"对话框中单击"打开"按钮，则打开所选的一个图形文件。

在"打开"对话框中，单击"文件类型"下拉列表框右侧的下三角按钮，可以从其下拉列表中选择 CAXA 电子图板所支持的数据文件的类型，如图 1-27 所示。通过选择文件类型选项，可以打开系统所支持的不同类型的数据文件。

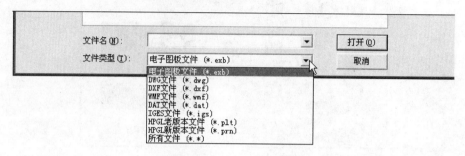

图 1-27　文件类型选项

1.5.3　存储文件

在绘制图形的过程中，时常要存储文件以防出现意外情况丢失绘图成果。第一次存储文件的一般步骤如下。

（1）单击 ■(存储文件)按钮，或者从"文件"菜单中选择"保存"命令，系统弹出如图 1-28 所示的"另存文件"对话框。

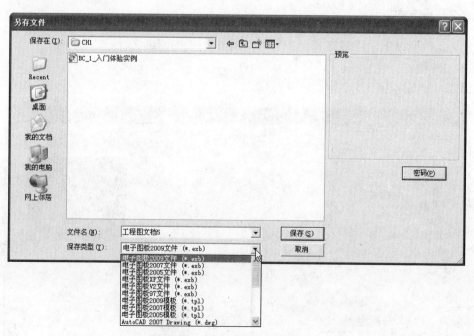

图 1-28　"另存文件"对话框

（2）首先指定要保存的目录，接着在"文件名"文本框中输入一个文件名，同时可以在"保存类型"下拉列表框中选择一个数据类型。电子图板支持保存的格式除了自身的各版本格式之外，还包括其他格式，如 iges 文件、HPGL 格式文件和 bmp 位图文件等。

(3) 如果需要为所存储的图形文件设置密码，那么可以在"另存文件"对话框中单击"密码"按钮，打开如图 1-29 所示的"设置密码"对话框。在"设置文件密码"文本框中输入密码，接着在"确认密码"文本框中再次输入密码，然后单击"确定"按钮。以后，若要打开有密码的文件，则需要输入密码方可打开。

(4) 在"另存文件"对话框中单击"保存"按钮，系统以指定的文件名存盘。

对文件修改后再次执行"保存"命令时，不再出现对话框而是直接存盘。

如果要保存一个已存盘文件的副本，那么选择"文件"菜单中的"另存为"命令即可。

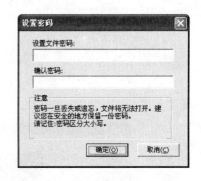

图 1-29　"设置密码"对话框

1.5.4　并入文件

并入文件是指将用户输入的文件名所代表的文件并入到当前的文件中，如果有相同的层，那么并入到相同的层中；如果没有相同的层，那么将全部并入到当前层。要并入的几个文件最好使用同一个绘图模板，这样保证完成并入后，每张图纸的参数设置及层、线型、颜色等的定义都是一致的。

下面介绍并入文件的操作步骤。

(1) 在"文件"菜单中选择"并入"命令，或者在功能区"常用"选项卡的"常用"面板中单击 (并入文件)按钮，弹出如图 1-30 所示的"并入文件"对话框。

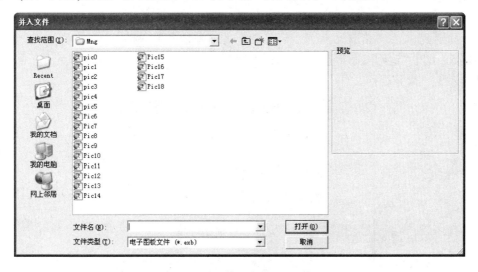

图 1-30　"并入文件"对话框

(2) 选择要并入的文件，接着单击"打开"按钮，系统弹出如图 1-31 所示的"并入文件"对话框。

(3) 如果选择的文件包含多张图纸，那么并入文件时需要在"图纸选择"列表框中选定一张要并入的图纸，在对话框右侧会提供所选图形的预显。

(4) 在"选项"选项组中选择并入设置，例如选中"并入到当前图纸"单选按钮或"作为新图纸并入"单选按钮，然后单击"确定"按钮。

当选中"并入到当前图纸"单选按钮时，将所选图纸(此时只能选择一张图纸)作为一个部分并入到当前的图纸中，需要在出现的如图 1-32 所示的立即菜单中选择定位方式为"定点"或"定区域"，设置"保持原态"或"粘贴为块"，以及设置放大比例等，最后在提示下指定旋转角度。

图 1-31 "并入文件"对话框　　　　　　　图 1-32 出现的立即菜单

当选中"作为新图纸并入"单选按钮时，将所选图纸(此时可以选择一个或多个图纸)作为图纸并入到当前的文件中。如果并入的图纸名称与当前文件中的图纸相同，系统将会提示修改图纸名称。

1.5.5 部分存储

CAXA 电子图板系统提供的"部分存储"功能是将图形的一部分存储为一个文件。

(1) 在菜单栏中选择"文件"→"部分存储"命令。

(2) 此时系统提示"拾取元素"。拾取要存储的图形元素，拾取后右击确认。

(3) 系统出现"请给定图形基点:"的提示信息。在该提示下指定图形基点后，系统弹出如图 1-33 所示的"部分存储文件"对话框。

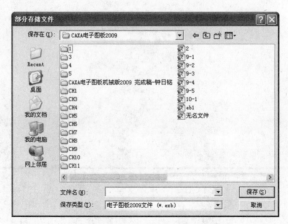

图 1-33 "部分存储文件"对话框

(4) 指定要保存的位置，在"文件名"文本框中输入文件名，并在"保存类型"下拉列表框中设定数据类型，通常采用默认的"电子图板 2009 文件(*.exb)"类型选项。

(5) 最后单击"保存"按钮即可。

1.6 视图显示控制基础

一般来说，视图显示控制工具或命令只改变图形在屏幕上的显示方法(如主观视觉效果)，并不能使图形产生实质性的变化，即不改变原图形的实际尺寸，也不影响图形中原有对象之间的相对位置关系。在图形绘制和编辑过程中，经常要巧用图形显示控制来辅助绘图操作。

在"视图"菜单中提供了视图控制的各项命令，如图 1-34 所示。在功能区"视图"选项卡的"显示"面板中也提供了视图控制的各项命令，如图 1-35 所示。另外，在功能区"常用"选项卡中单击 🔍 图标附带的下三角按钮同样可以展开包括视图各项命令的命令列表菜单。

图 1-34 "视图"菜单

图 1-35 功能区的"视图"选项卡

1.6.1 重生成

"重生成"命令的功能是将显示的图形进行重新生成，主要用来将显示失真的图形按当前窗口的显示状态进行重新生成。例如，如果碰到在放大图形时发现某些圆或圆弧明显显示为一段一段首尾相连的线段，造成显示失真的效果，此时可以执行：在"视图"菜单中选择"重生成"命令，在"拾取元素"的提示下拾取显示失真的圆或圆弧，然后右击，则圆或圆弧恢复正常显示。

1.6.2 全部重生成

如果在"视图"菜单中选择"全部重新生成"命令，则将绘图区内所有图形元素进行重新生成处理，这样整个绘图区内失真的图形也恢复了正常显示。

1.6.3 显示窗口

在"视图"菜单中选择"显示窗口"命令，或者在相应工具栏或功能区的相应面板中单击 🔍(显示窗口)按钮，接着在绘图区指定显示窗口的第一角点，此时移动鼠标会出现一个跟随光标的用方框表示的窗口；在提示下指定第二角点，则系统根据给定窗口范围按尽可能大的原则，将两个角点所包含的图形充满屏幕绘图区来显示。

1.6.4 显示全部

在"视图"菜单中选择"显示全部"命令，或者在"常用"工具栏或功能区的相应面板中单击(显示全部)按钮，则将当前绘制的所有图形全部显示在屏幕绘图区内，而且系统按尽可能大的原则将图形以充满屏幕的方式重新显示出来。

1.6.5 显示平移

在"视图"菜单中选择"显示平移"命令，此时系统出现"屏幕显示中心点"的提示信息，在该提示下的屏幕中选定一个显示中心点，系统立刻将该点作为新的屏幕显示中心来重新显示图形，而图形的显示缩放系数不改变，只是图形作平行移动。

要退出"显示平移"状态，可以按 Esc 键或右击。

系统还支持使用键盘中的上、下、左、右方向键来快速地进行图形显示的平移。

1.6.6 显示复原

"显示复原"命令的功能是恢复初始显示状态，即恢复标准图纸范围的初始显示状态。除了可以使用"显示复原"命令返回到初始状态以观看在标准图纸下的效果，还可以在键盘中按 Home 键使屏幕图形恢复到初始显示状态。

1.6.7 显示放大与显示缩小

"显示放大"命令的功能是按固定比例将绘制的图形进行放大显示。执行"显示放大"命令后，光标变成动态缩放的图标，此时每单击一次即可将图形按照默认的比例放大一次。按 Esc 键或者右击可以结束显示放大操作。用户也可以按 PageUp 键来实现显示放大操作。

"显示缩小"命令的功能是按固定比例将绘制的图形进行缩小显示。默认以 0.8 倍缩小显示图形。执行"显示缩小"命令时，在绘图区单击即可将图形缩小一次。按 Esc 键或者右击可以结束显示缩小操作。用户也可以按 PageDown 键来实现显示缩小的操作。

1.6.8 显示比例

"显示比例"命令的功能比"显示放大"和"显示缩小"更具有灵活性。选择"视图"菜单中的"显示比例"命令，可以按照用户输入的比例系数(比例系数值介于 0～1000 范围内)来将图形缩放后重新显示。

1.6.9 显示上一步

"显示上一步"("显示回溯")命令的功能是取消当前显示，返回到显示变换前的状态，即将视图按上一次显示状态显示出来。要返回到显示变换前的状态，用户既可以在"视图"菜单中选择"显示上一步"命令，也可以在功能区中单击(显示上一步)按钮。

1.6.10 显示下一步

"显示下一步"("显示向后")命令的功能是返回到下一次显示的状态。此命令操作与"显示上一步"命令配合使用可便于观察新绘制的图形。

1.6.11 动态平移

"动态平移"命令的功能是拖动鼠标平行移动图形。

在"视图"菜单中选择"动态平移"命令，或者在功能区的相应面板中单击 🛥(动态平移)按钮，便激活"动态平移"功能，此时光标变成"动态平移"图标，按住鼠标左键并移动，即可平行移动图形。按 Esc 键或者右击可结束动态平移操作。

另外，按住鼠标中键并移动可直接对视图进行动态平移，释放鼠标中键即可退出。

1.6.12 动态缩放

"动态缩放"命令的功能是拖动鼠标放大或缩小显示图形。在"视图"菜单中选择"动态缩放"命令，或者在功能区的相应面板中单击 🔍(动态缩放)按钮，从而激活该功能，鼠标变成"动态缩放"图标，按住鼠标左键并向上移动可放大显示图形，按住鼠标左键并向下移动可缩小显示图形。按 Esc 键或者右击可以结束动态缩放操作。

直接滚动鼠标中键滚轮，可以缩放显示图形。

1.7 绘图入门体验实例

为了让读者对使用 CAXA 电子图板制图有一个较为清晰的初步认识，下面特举一个简单零件的主视图作为范例来进行介绍。本绘图入门体验实例要完成的主视图如图 1-36 所示。为了照顾一些 CAXA 电子图板的老用户，本书范例以 CAXA 电子图板的经典风格界面为主进行介绍。

具体的绘图步骤如下。

(1) 启动 CAXA 电子图板 2009 并创建一个空的图纸后，切换至经典风格界面。在"颜色图层"工具栏的"层"下拉列表框中选择"粗实线层"，如图 1-37 所示。

(2) 在"绘图工具"工具栏中单击 ✏(直线)按钮，从而激活直线绘制功能。

在立即菜单中选择"两点线"和"连续"选项，并在状态栏中选中"正交"按钮和"线宽"按钮，如图 1-38 所示。

在"第一点(切点，垂足点)："提示下输入坐标(-80, 0)并按 Enter 键确认；接着在"第二点(切点，垂足点)："提示下输入坐标(80, 0)并按 Enter 键确认，从而绘制第一条直线。

继续输入坐标(80,10)并按 Enter 键，绘制第二段直线段。

继续输入坐标(-80,10)并按 Enter 键，绘制第三段直线段。

继续输入坐标(-80,0)并按 Enter 键，绘制第四段直线段。

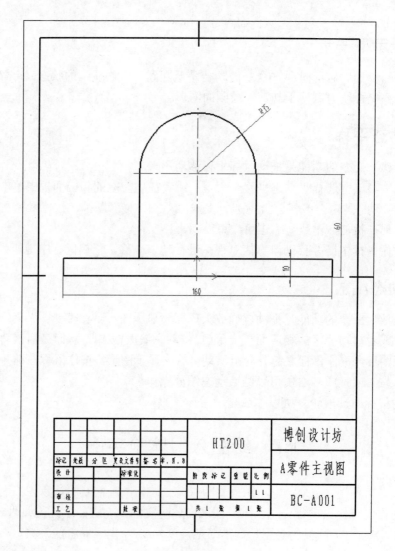

图 1-36 简单零件的主视图

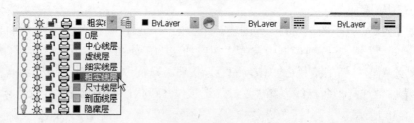

图 1-37 指定层

图 1-38 直线立即菜单及状态栏

右击结束直线绘制命令，完成绘制的连续直线如图 1-39 所示。

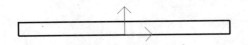

图 1-39　绘制连续的直线

(3) 在"绘图工具"工具栏中单击 🔩(等距线)按钮，立即菜单如图 1-40 所示。

图 1-40　等距线工具的立即菜单

在该立即菜单中单击"5.距离"文本框，激活该文本框，输入距离为 60。使用同样的方法，设置输入份数为 1。

在"拾取曲线"提示下，在绘图区拾取绘制第一条直线，被拾取到的该直线变为红色，并出现箭头，如图 1-41 所示。按照系统提示拾取向上的箭头方向，等距线生成，如图 1-42 所示。

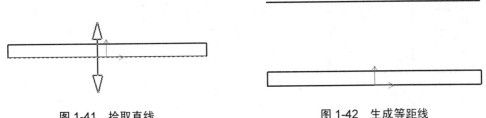

图 1-41　拾取直线　　　　　　　　　图 1-42　生成等距线

(4) 在"绘图工具"工具栏中单击 ⊙(圆)按钮，在圆立即菜单中选择"圆心_半径"、"半径"、"无中心线"选项，如图 1-43 所示。按空格键弹出工具点菜单，从中选择"中点"选项；接着在绘图区单击之前生成的等距线，则系统捕捉到该等距线的中点作为圆心，输入半径为 35 并按 Enter 键，右击结束圆绘制命令。创建的圆如图 1-44 所示。

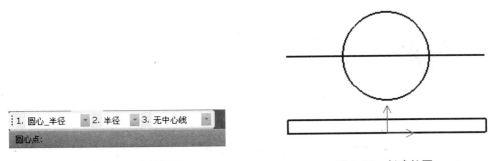

图 1-43　圆立即菜单设置　　　　　　　图 1-44　创建的圆

(5) 在"绘图工具"工具栏中单击 ∕(直线)按钮，从而激活直线绘制功能。在立即菜单中选择"两点线"和"单根"。使用鼠标依次捕捉到如图 1-45 所示的交点和垂足点来绘制一条直线。

使用同样的方法绘制另一条直线，如图 1-46 所示。

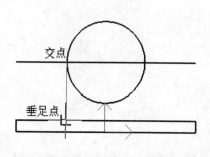

图 1-45　绘制一条直线

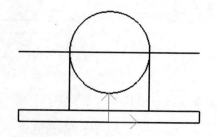

图 1-46　绘制另一条直线

　　(6) 在"编辑工具"工具栏中单击✐(删除)按钮，拾取要删除的图形对象，如图 1-47 所示，右击，从而将所选图形对象删除。

　　(7) 在"编辑工具"工具栏中单击✂(裁剪)按钮，在立即菜单中选择"快速裁剪"选项，在提示下拾取要裁剪的曲线，右击完成裁剪操作。裁剪后的图形如图 1-48 所示。

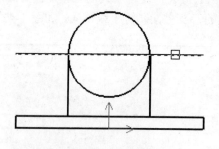

图 1-47　选择要删除的线段

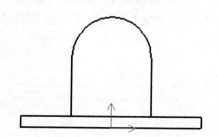

图 1-48　裁剪曲线

　　(8) 在"绘图工具"工具栏中单击✎(中心线)按钮，在立即菜单中设置延伸长度为 3，然后在绘图区单击圆弧，最后右击结束该命令。添加的中心线如图 1-49 所示。

　　(9) 选中竖直方向上的中心线，使用鼠标左键拖动下端点处的方形夹点将中心线拉长至合适位置，结果如图 1-50 所示。

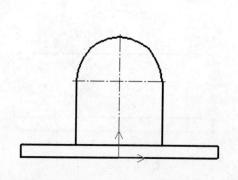

图 1-49　添加中心线

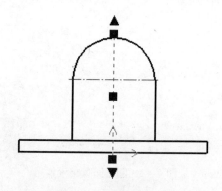

图 1-50　拉长中心线

　　(10) 尺寸标注。

　　单击"标注"工具栏中的⊢⊣(尺寸标注)按钮，在立即菜单中选择"基本标注"，按系统提示分别拾取标注元素，拾取完后在适当位置处单击确认。完成尺寸标注的主视图如图 1-51 所示。

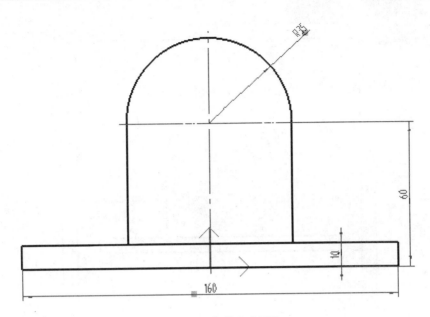

图 1-51　完成尺寸标注

(11) 设置图纸幅面并调入图框和标题栏。

在菜单栏的"幅面"菜单中选择"图幅设置"命令，弹出"图幅设置"对话框。选择"图纸幅面"为"A4"，"加长系数"为"0"，"绘图比例"为"1∶1"，"图纸方向"为"竖放"，并设置调入图框和标题栏，且当前明细表使用的风格和当前的零件序号风格均默认为"标准"，如图 1-52 所示。

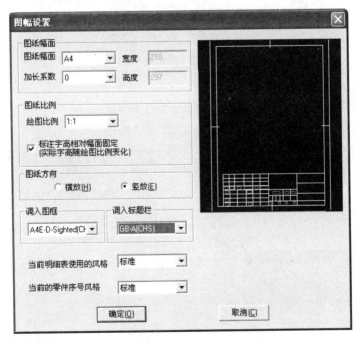

图 1-52　"图幅设置"对话框

最后单击"确定"按钮。调入图框和标题栏后，图纸幅面显示如图 1-53 所示。

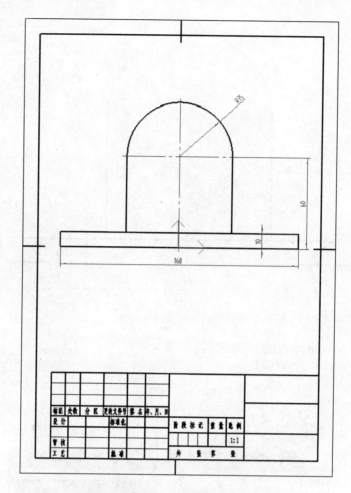

图 1-53 图纸显示

(12) 填写标题栏。

在"幅面"菜单中选择"标题栏"→"填写"命令(如图 1-54 所示),弹出"填写标题栏"对话框。利用该对话框填写相关内容(信息),如图 1-55 所示。

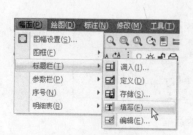

图 1-54 "标题栏"级联菜单

图 1-55 "填写标题栏"对话框

最后单击"确定"按钮。这样便完成了本实例的操作。

1.8 本章小结

CAXA 电子图板是我国自主版权的一款优秀的 CAD 软件系统，自发布以来，已经拥有数十万的正版用户，而且用户正在不断地大幅增长。CAXA 电子图板功能齐全，交互图形性能优异，为用户提供形象化的设计手段，帮助用户发挥创造性，提高工作效率，缩短新产品的设计周期，有助于促进产品设计的标准化、系列化和通用化。目前，CAXA 电子图板已经广泛应用于我国的机械、电子、航天航空、汽车、船舶、纺织、轻工、建筑等行业。

本章根据 CAXA 电子图板软件的功能特点，深入浅出地介绍 CAXA 电子图板 2009 的入门知识。具体内容包括：初识 CAXA 电子图板、启动与退出 CAXA 电子图板 2009、熟悉 CAXA 电子图板 2009 的用户界面、基本操作、文件管理操作、视图显示控制基础及绘图入门体验实例等。

通过本章的学习，用户应熟悉 CAXA 电子图板的用户界面，了解标题栏、菜单系统、绘图区、工具栏、状态栏和功能区等，其中要注意立即菜单和工具点菜单的应用。基本操作、文件管理操作和视图显示控制基础这些知识点是本章的重点。基本操作包括执行命令、输入点、拾取对象、右键快捷操作、立即菜单操作、动态输入和命令行输入；文件管理操作包括新建文件、打开文件、存储文件、并入文件和部分存储等；视图显示控制基础包括重生成、全部重新生成、显示窗口、显示全部、显示平移、显示复原、显示放大与显示缩小、显示比例、显示上一步、显示下一步、动态平移和动态缩放等。

本章还介绍了一个绘图入门体验实例，说明使用 CAXA 电子图板 2009 绘图的主要过程，让读者对使用 CAXA 电子图板制图有一个较为清晰的初步认识。

1.9 思考与练习

(1) 利用 CAXA 电子图板可以进行哪些工作？试述 CAXA 电子图板的应用特点。

(2) 如何启动 CAXA 电子图板 2009？

(3) 什么是立即菜单？可以通过某一个特例进行介绍。

(4) CAXA 电子图板提供了哪些典型的执行命令的操作方法？试分析这些操作方法的应用特点。

(5) 在什么情况下使用工具点菜单？

(6) 存储文件与部分存储有什么不同？

(7) 如何执行并入文件的操作？

(8) 在什么情况下执行"重新生成"命令或"全部重新生成"命令？

(9) 你掌握了视图显示控制的哪些功能命令？

(10) 初试牛刀：CAXA 电子图板系统具有强大的计算功能，可以在提示下输入包含计算符号的正确表达式。例如，以绘图区的原点作为圆心，绘制一个半径表达式为"500/9.9+sin(5*3.14159/180)"的圆，然后进行相关的视图显示控制练习操作。要求：尽可能练习本章所介绍的视图显示控制命令。

(11) 什么是动态输入和命令行输入？

第 2 章

系统设置与界面定制

本章导读：

本章介绍 CAXA 电子图板系统设置与界面定制的实用知识。对于初学者，采用系统的默认设置就可以满足制图的学习要求。当然，用户可以根据实际设计需要，对系统不满意的设置条件进行重新设置。了解系统设置与界面定制这些环境条件，可以帮助读者掌握软件的设计功能，以及提升软件的专业应用水平。

初学者可以在学习图形绘制和编辑等实际技能之前阅读本章知识，以了解系统设置与界面定制的知识；也可以跳过本章先学习后面章节的内容，待具备一定操作能力和设计技巧之后，再回过头来学习本章知识，从而对系统设置的内容和条件掌握得更加具体、透彻。

2.1　系统设置与界面定制概述

设计软件离不开系统设置，这就好比要为设计工作准备一个满意的设计环境，包括设置一些初始化的环境和条件，如图形元素的线型、颜色，文字的具体参数，以及层属性等。在某些特殊的设计场合，可能需要对系统中各项参数和条件进行重新设置以符合特定专业的设计要求。

在CAXA电子图板软件系统中，与系统设置相关的功能命令基本上位于如图2-1所示的"格式"菜单和如图2-2所示的"工具"菜单中。在"格式"菜单中，可以进行"图层"、"线型"、"颜色"、"线宽"、"点"、"文字"、"尺寸"、"引线"、"形位公差"、"粗糙度"、"焊接符号"、"基准代号"、"剖切符号"、"序号"、"明细表"和"样式管理"等的设置；在"工具"菜单中，则可以进行"三视图导航"、"捕捉设置"、"拾取设置"、"自定义界面"、"界面操作"和"选项"等命令操作。

图2-1　"格式"菜单　　　　　　　　图2-2　"工具"菜单

下面介绍其中的一些常用命令操作。

2.2　线　型　设　置

在工程制图领域中，在图纸上绘制的各种线条的线型都有一定的规定。例如轮廓线的线型与中心线的线型是不一样的。

在菜单栏的"格式"菜单中选择"线型"命令，或者在"颜色图层"工具栏中单击▦(线型)按钮，打开"线型设置"对话框，如图2-3所示。在该对话框的"当前线型"列表框中列出了系统已经加载的线型。使用该对话框，可以新建线型、修改线型、删除线型、加载线型、输出线型、合并线型和设置当前线型等。

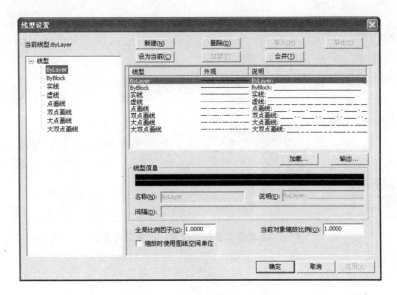

图 2-3　"线型设置"对话框

2.2.1　新建线型

在"线型设置"对话框中单击"新建"按钮，弹出如图 2-4 所示的"CAXA 电子图板"对话框。单击"是"按钮，系统弹出"新建风格"对话框，在"基准风格"下拉列表框中选择一种基准风格，并在"风格名称"文本框中设置线型风格名称，如图 2-5 所示。然后单击"下一步"按钮，创建一个新风格的线型，该新线型将出现在"线型设置"对话框的线型列表中。

图 2-4　"CAXA 电子图板"对话框

图 2-5　"新建风格"对话框

新建线型的设置默认使用所选的基准线型的设置。

2.2.2　修改线型

线型的参数主要包括线型名称、说明、全局比例因子、间隔、当前对象缩放比例等。用户可以修改新建线型及原有线型的参数，但不能修改"线型设置"对话框中的 Bylayer 线型和 Byblock 线型。

修改线型参数的操作方法很简单，即打开"线型设置"对话框后，在对话框的线型列表中选择要修改的一个线型，接着在"线型信息"选项组中修改名称、说明和间距，以及在"线型信息"选项组下方修改全局比例因子和当前对象缩放比例等参数。

下面介绍这些参数的功能含义。

- "名称"：在"名称"文本框中设置所选线型的名称。也可以在左侧的线型列表中选择要修改的一个线型后右击，从弹出的快捷菜单中选择"重命名"命令，然后在出现的编辑框中输入新名称。
- "说明"：在"说明"文本框中输入所选线型的说明信息。
- "间距"：在"间距"文本框中输入当前新型的代码。线型代码最多由 16 个数字组成，每个数字代表笔画或间隔长度的像素值。奇数位数字代表笔画长度，偶数位数字代表间隔长度，数字"0"代表 1 个像素，笔画和间隔用","逗号分开，线型代码数字个数必须是偶数。例如双点画线的间隔数字为"12,2,2,2,2,2"，其线型显示结果如图 2-6 所示。

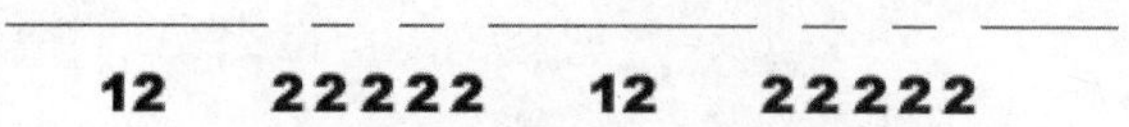

——————— —— — ——————— —— —
12   22222   12   22222

图 2-6　双点画线的线型间隔示例

- "全局比例因子"：在"全局比例因子"文本框中修改用于图形中所有线型的比例因子。
- "当前对象缩放比例"：在"当前对象缩放比例"文本框中设置所编辑线型的缩放比例因子。需要注意的是：绘制对象时所用线型的比例因子是全局比例因子与该线型缩放比例的乘积。

2.2.3　删除线型

在 CAXA 电子图板 2009 中，只能删除用户创建的线型，而不能删除系统的原始线型。另外，当线型被设置为当前线型时也不能被删除。

要删除用户创建的非当前线型，首先在"线型设置"对话框的线型列表中选择要删除的线型，接着单击"删除"按钮，系统弹出一个对话框询问："确认要删除该风格吗？"单击"是"按钮即可删除该线型。

2.2.4　设为当前线型

根据设计要求将某个所需的线型设置为当前线型，那么随后绘制的图形元素将使用该当前线型。当当前线型为 Bylayer 时，绘制的图形元素使用当前图层的线型；当当前线型为 Byblock 时，绘制的图形元素被定义为块后将使用块所应用的线型；当当前线型为其他线型时，绘制的图形元素使用所选择的线型。

在"线型设置"对话框中设置当前线型的方法很简单，即在线型列表中选择所需的线型后，单击"设为当前"按钮即可。

另外，用户在"颜色图层"工具栏中单击"线型"下拉列表框(见图 2-7(a))，或者在功能区的"常用"选项卡的"属性"面板中单击"线型"下拉列表框(见图 2-7(b))，打开"线型"列表，在该"线型"列表中单击所需的线型即可将该线型快速地设置为当前线型。

(a) "颜色图层"工具栏　　　(b) "常用"功能区选项卡的"属性"面板

图 2-7　利用线型下拉列表框设置当前线型

2.2.5　加载线型

加载线型是指从已有的文件中导入线型。

在"线型设置"对话框中单击"加载"按钮，系统弹出"加载线型"对话框，如图 2-8 所示。接着单击"文件"按钮，系统弹出"打开线型文件"对话框，选择所需的一个线型文件(*.lin)，单击"打开"按钮，从该文件导入的线型将显示在"加载线型"对话框的列表中，从中选择要加载的线型，然后单击"确定"按钮即可。

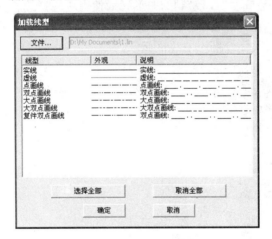

图 2-8　"加载线型"对话框

2.2.6　输出线型

输出线型是指将已有线型输出到一个线型文件保存。

在"线型设置"对话框中单击"输出"按钮，系统弹出如图 2-9 所示的"输出线型"对话框。接着单击"文件"按钮，系统弹出"选择线型文件"对话框，选择所需的一个线型文件，单击"打开"按钮。在"输出线型"对话框中指定要输出的线型，然后单击"确定"按钮，即可完成输出线型的操作。

图 2-9 "输出线型"对话框

2.3 线宽设置

线宽设置操作包括设置当前线宽和设置线宽比例。在设置当前线宽时需要注意以下事项：当将当前线宽设置为 Bylayer 时，绘制图形元素使用当前图层的线宽；当将当前线宽设置为 Byblock 时，绘制图形元素被定义为块后均使用块所应用的线宽；当将当前线宽设置为除去 Bylayer 或 Byblock 的其他线宽时，绘制的图形元素使用所选择的线宽。粗线和细线为 CAXA 电子图板中的两种特殊线宽，可以单独设置其显示比例和打印参数。在状态栏右侧部位提供的"线宽"按钮用于打开或关闭绘图区的线框显示。

单击"颜色图层"工具栏中的"线框"下拉列表框(见图 2-10(a))，或者单击"常用"功能区选项卡的"属性"面板中的"线宽"下拉列表框(见图 2-10(b))，可打开线宽列表。在该列表中单击所需的线宽，便将所选线宽设置为当前线宽。

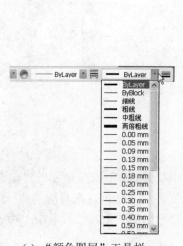

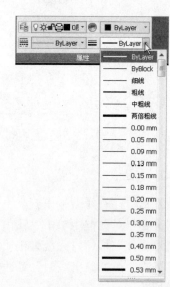

(a) "颜色图层"工具栏　　　　　(b) "常用"功能区选项卡的"属性"面板

图 2-10 设置当前线宽

要设置线宽比例，可在"格式"菜单中选择"线宽"命令，或者在相应工具栏或面板中单击 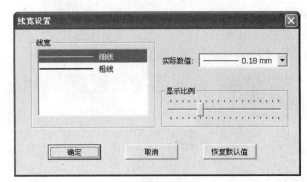(线宽)按钮，系统弹出如图 2-11 所示的"线宽设置"对话框。在"线宽"选项组中选择"细线"或"粗线"，接着在右侧的"实际数值"文本框中指定"细线"或"粗线"的实际线宽。在"显示比例"选项组中拖动滑块手柄可以调整系统所有线宽的显示比例，向右拖动手柄可提高线宽显示比例。如果对新设置的线宽不满意，可以单击"恢复默认值"按钮将线宽恢复为默认值。

图 2-11   "线宽设置"对话框

2.4 颜 色 设 置

"格式"菜单中的"颜色"命令用于设置和管理系统的当前颜色，而非系统背景颜色。

在"格式"菜单中选择"颜色"选项时，或者在"颜色图层"工具栏中单击 (颜色)按钮，弹出如图 2-12 所示的"颜色选取"对话框。在该对话框中可以使用标准颜色和定制颜色。

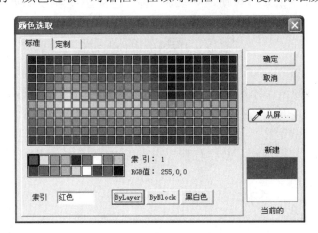

图 2-12   "颜色选取"对话框

在"标准"选项卡中选择一个标准颜色，选择好所需的颜色后，对话框显示其索引名称，并可以在对话框右下角的预览框中预显选择的颜色和当前颜色。在"标准"选项卡中选择的颜色包括以下几种。

- 索引颜色：单击颜色列表的颜色单元格可以使用索引选项卡上的颜色。
- ByLayer：单击 ByLayer 按钮可使用 ByLayer 的颜色，即使用指定给当前图层的颜色。

- ByBlock：单击 ByBlock 按钮可使用 ByBlock 的颜色。此时生成对象并创建为块时，对象颜色与块颜色一致。
- "黑白色"：单击"黑白色"按钮，当系统背景颜色为黑色时，绘制对象的颜色为白色；反之亦然，即当系统背景颜色为白色时，绘制对象的颜色为黑色。
- 从屏幕拾取：单击"从屏"按钮，可以使用光标拾取屏幕上的一个颜色。

使用定制颜色和使用标准颜色的方法类似。切换至"定制"选项卡，如图 2-13 所示。在该选项卡中可以使用鼠标直接在"颜色"框中拾取颜色，可以使用 HSL 模式(指定色调、饱和度、亮度)定制颜色，也可以使用 RGB 模式(指定红色、绿色和蓝色参数值)定义颜色，还可以单击"从屏"按钮从屏幕上拾取一个所需的颜色。

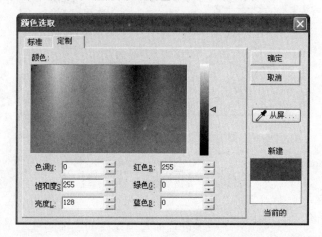

图 2-13　"定制"选项卡

选择颜色后，单击"确定"按钮，则系统当前颜色被设置为选择的颜色。

2.5　层控制基础

层(图层)是开展结构化设计不可缺少的软件环境。通常，可以将层理解为一张没有厚度的透明薄纸，将指定对象及其信息存放在这种透明薄纸上，一系列的透明薄纸叠放在一起便可以构成完整的图形。这些叠放在一起的层不会发生坐标关系混乱的情况。在 CAXA 电子图板系统中可以设置百层以上，每个层都必须有唯一的层名，不同的层可用来设置不同的线型和不同的颜色等，即每一个图层都对应一种由系统设定的线型和颜色。例如系统启动后的初始层为"0层"，其线型为粗实线，颜色为黑色/白色。为了便于用户使用，系统预先定义了几个常用的图层，包括"0 层"、"中心线层"、"虚线层"、"细实线层"、"尺寸线层"、"剖面线层"和"隐藏层"。

图层状态包括层名、层描述、线型、颜色、打开与关闭以及是否为当前层等。用户可以根据设计要求更改图层状态，或者新建图层、删除指定图层等。

在菜单栏的"格式"菜单中选择"图层"命令，或者在"颜色图层"工具栏中单击 (图层)按钮，打开如图 2-14 所示的"层设置"对话框。利用该对话框，可以进行新建图层、删除图层、导入图层、导出图层、设置当前层、过滤层、合并层操作，也可以更改选定图层的状态

(如层名、层描述、层状态、颜色、线型和层锁定等)。需要说明的是，图层的名称分为层名和层描述两个部分。其中层名是层的代号，它是唯一的；而层描述是对层的形象描述，不同图层的层描述可以相同。

图 2-14　"层设置"对话框

要重命名图层，可以在"层设置"对话框左侧的"图层"列表中选择要重命名的图层，接着右击，并在弹出的快捷菜单中选择"重命名"命令，如图 2-15 所示。此时该图层名称变为可编辑状态，在编辑框中输入新的名称即可。

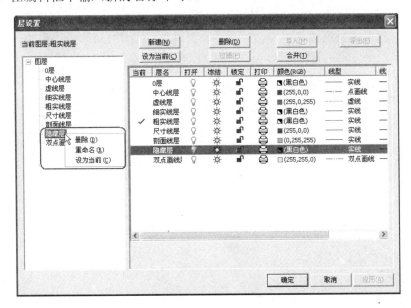

图 2-15　重命名图层

在这里还要简单地介绍如何更改选定层的某一个属性状态(层名除外)。更改层状态的一般操作方法很简单，即在打开的"层设置"对话框的右侧层属性列表框中选择要编辑的层，接着单击该层要更改的属性单元格(层名除外)，然后进行设置即可。例如，若要更改选定层的颜色，那么在选择该层后单击该层的"颜色"单元格，利用弹出的如图 2-16 所示的"颜色选择"对话框来重新设置该层的颜色。如果单击选定层的"打开"、"冻结"、"锁定"或"打印"等单元格，则会更改其相应状态。

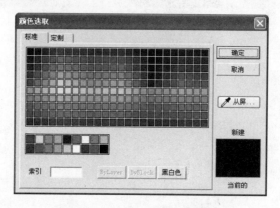

图 2-16　"颜色选取"对话框

关于层应用的详细内容将在第 6 章介绍。

2.6　捕　捉　设　置

捕捉设置其实就是设置鼠标在屏幕上的捕捉方式。所谓捕捉方式包括间距栅格、极轴导航和对象捕捉这三种方式，它们可以灵活设置并组合为多种捕捉模式(如自由、智能、栅格和导航)。

在"工具"菜单中选择"捕捉设置"命令，打开如图 2-17 所示的"智能点工具设置"对话框。

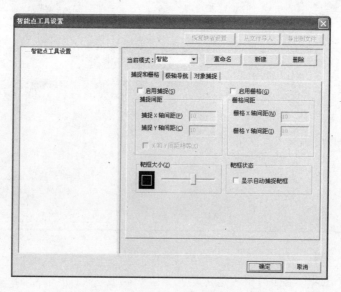

图 2-17　"智能点工具设置"对话框

在"当前模式"下拉列表框中提供了 4 种屏幕点捕捉模式，即"自由"、"栅格"、"智能"和"导航"。这些捕捉模式的功能含义如下。

- "自由"：选择该捕捉模式，将关闭捕捉和栅格、极轴导航、对象捕捉等所有捕捉方式，点的输入完全由当前光标的实际定位来确定。
- "栅格"：该捕捉模式只打开捕捉和栅格，鼠标捕捉栅格点并可设置栅格点可见或不可见。
- "智能"：该捕捉模式只打开对象捕捉，鼠标可以自动捕捉一些特征点。例如捕捉端点、中点、垂点、圆心、切点和交点等。系统默认捕捉模式为"智能"捕捉模式。
- "导航"：该捕捉模式同时打开极轴导航和对象捕捉，可以通过光标对若干种特征点(如孤立点、线段端点、线段中点、圆心或圆弧象限点等)进行导航，在导航的同时也可以执行智能点捕捉，从而提高捕捉精度。

知识点拨

利用"智能点工具设置"对话框可以新建、删除或重命名捕捉模式。此外，平时在设计过程中，利用 F6 键可以快速切换捕捉模式。当然也可以打开位于状态栏右侧的"捕捉模式"下拉列表框来设置捕捉模式。

下面介绍"智能点工具设置"对话框中 3 个选项卡的功能含义。

1) "捕捉和栅格"选项卡

"捕捉和栅格"选项卡用于设置间距捕捉和栅格显示等。

选中"启用捕捉"复选框，以启用间隔捕捉模式。此时可以在"捕捉间距"选项组中设置捕捉 X 轴间距和捕捉 Y 轴间距。

选中"启用栅格"复选框则打开栅格显示。此时可以在"栅格间距"选项组中设置栅格 X 轴间距和栅格 Y 轴间距。

在"靶框大小"选项组中拖动滑块手柄可以设置捕捉时的拾取框的大小。在"靶框状态"选项组中可以设置显示自动捕捉靶框。

2) "极轴导航"选项卡

"极轴导航"选项卡主要用于设置极轴导航的相关参数，如图 2-18 所示。用户可以根据制图情况决定是否启用极轴导航或特征点导航。

启用极轴导航后，可以设置极轴角参数来指定极轴导航的对齐角度。极轴角参数包括增量角、附加角和极轴角测量方式，其中增量角是设置用来显示极轴导航对齐路径的极轴角增量，附加角则是极轴导航使用列表中的任何一种附加角度(可以添加或删除)，而极轴角测量方式有"绝对"和"相对上一段"两种情况。

启用特征点导航时，可以设置特征点大小、特征点显示颜色、导航源激活时间，还可以设置启用三视图导航模式。

3) "对象捕捉"选项卡

"对象捕捉"选项卡用于设置对象捕捉的相关参数，如图 2-19 所示。选中"启用对象捕捉"复选框表示打开对象捕捉功能，此时可以选择"捕捉光标靶框内的特征点"选项或"捕捉最近的特征点"选项，还可以选中"自动吸附"复选框以设置对象捕捉时光标具有自动吸附功能。在"对象捕捉模式"选项组中可以按需设置捕捉哪些特征，如端点、中点、圆心、节点、象限点、交点、切点和垂足点等。

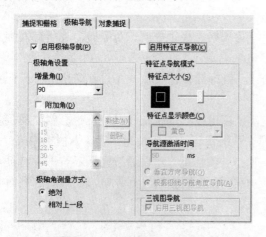

图 2-18 "极轴导航"选项卡

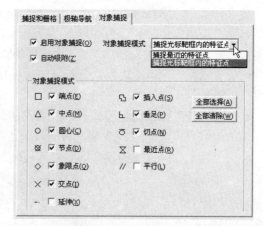

图 2-19 "对象捕捉"选项卡

2.7 拾取过滤设置

设置拾取过滤是指设置拾取图形元素的过滤条件。

在菜单栏的"工具"菜单中选择"拾取过滤"命令,弹出"拾取过滤设置"对话框,如图 2-20 所示。利用该对话框可以设置 4 类过滤条件,即实体拾取过滤条件、图层拾取过滤条件、线型拾取过滤条件和颜色拾取过滤条件。这 4 类条件的交集为有效拾取。通过对这 4 类条件进行过滤设置,可以快速而准确地从图中拾取到想要的图形元素。

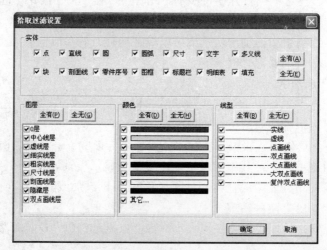

图 2-20 "拾取过滤设置"对话框

拾取过滤条件的设置很方便,即在"拾取过滤设置"对话框的相应选项组中选中或取消各项条件前的复选框便可添加或过滤拾取条件。

2.8　文字风格设置

在菜单栏的"格式"菜单中选择"文字"命令，或者在工具栏或面板中单击 按钮，弹出如图 2-21 所示的"文本风格设置"对话框。下面介绍该对话框各主要组成部分的功能含义。

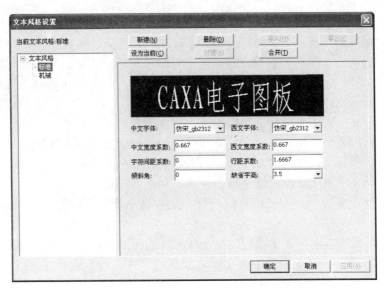

图 2-21　"文本风格设置"对话框

1) "当前文本风格"列表框

在"当前文本风格"列表框中列出了当前文件中所有已定义好的文本风格，例如"标准"、"机械"等。其中系统预定义的一个默认文本风格为"标准"，该默认文本风格不能被删除或改名，但可以被编辑。在该列表框中选择不同的选项名称来切换当前文本风格。改变当前文本风格时，对话框右侧的参数便变化为新文本风格对应的参数，而预显框用来显示当前文本样式的示例。

2) "新建"按钮

单击"新建"按钮，弹出如图 2-22 所示的"CAXA 电子图板"对话框。单击"是"按钮确认新建，弹出"新建风格"对话框。接着输入新风格名称，设定基准风格，如图 2-23 所示。然后单击"下一步"按钮，创建一个新文本风格。

图 2-22　"CAXA 电子图板"对话框

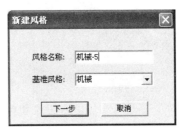

图 2-23　"新建风格"对话框

3)   "删除"按钮

单击"删除"按钮，将删除当前所选择的命名文字样式。

4)   "设为当前"按钮

在"当前文本风格"列表框中选择所需的命名文字样式，单击"设为当前"按钮，可以将所选的命名文字样式设置为当前文本风格(即当前文字样式)。

5)   "合并"按钮

"合并"按钮用于合并文本风格。

6)   编辑文本风格参数

在"当前文本风格"列表框中选择一个文字样式后，可以设置其字体、宽度系数、字符间距、行距系数、倾斜角、字高等参数，并可以在对话框中动态预览。下面介绍这些参数。

- "中文字体"：用于选择中文文字所使用的字体，包括 Windows 自带的 TrueType 字体和单线体(形文件)文字。
- "西文字体"：用于选择文字中的西文字体。
- "中文宽度系数"和"西文宽度系数"：用于指定文字的宽度系数。当宽度系数为 1 时，文字的长宽比例与 TrueType 字体文件中描述的字形保持一致；当宽度系数为其他值时，文字宽度在此基础上缩小或放大相应的倍数。
- "字符间距系数"：用于设置同一行或列中两个相邻字符之间的间距与设定字高的比值。
- "行距系数"：用于设置横写时两个相邻行的间距和设定字高的比值。
- "缺省字高"：用于设置生成文字时默认的字体高度。允许在生成文字时临时修改字高。
- "倾斜角(°)"：横写时为一行文字的延伸方向与坐标系的 X 轴正方向按逆时针测量的夹角；竖写时为一列文字的延伸方向与坐标系的 Y 轴负方向按逆时针测量的夹角。

当在"文本风格设置"对话框中修改选定文字样式的参数后，单击"确定"按钮或"应用"按钮，即可使用修改的文本样式设置。

2.9   标注风格设置

在菜单栏的"格式"菜单中选择"尺寸"命令，或者在工具栏或面板中单击📐(尺寸样式)按钮，弹出如图 2-24 所示的"标注风格设置"对话框。该对话框的左侧框为尺寸风格列表框，右侧区域为相关按钮及选项卡参数设置区域。利用该对话框可以新建、删除、合并尺寸样式，可以将选定的尺寸样式设置为当前尺寸样式，可以为选定尺寸样式设置"直线和箭头"、"文本"、"调整"、"单位"、"换算单位"、"公差"和"尺寸形式"这些方面的参数。

1)   "设为当前"按钮

"设为当前"按钮用于将在尺寸风格列表框中所选择的尺寸标注风格设置为当前使用风格。

2)   "新建"按钮

"新建"按钮用于创建新的尺寸标注风格。单击该按钮，弹出如图 2-25 所示的"CAXA电子图板"对话框，单击"是"按钮确认创建新尺寸标注风格；系统弹出如图 2-26 所示的"新建风格"对话框，指定风格名称和基准风格后，单击"下一步"按钮，可以新建一个尺寸标注样式。

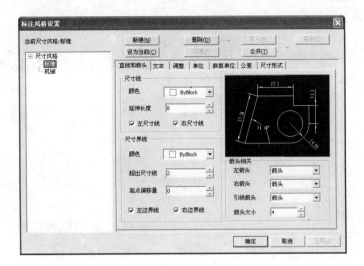

图 2-24 "标注风格设置"对话框

图 2-25 "CAXA 电子图板"对话框

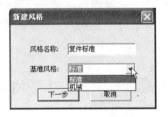

图 2-26 "新建风格"对话框

3) "删除"按钮

"删除"按钮用于删除在尺寸风格列表框中选定的一个尺寸标注样式。在执行该删除命令时，系统会弹出一个对话框询问："确实要删除该风格吗？"

4) "合并"按钮

"合并"按钮用于合并尺寸样式。

5) 尺寸风格的相关参数

在"标注风格设置"对话框的尺寸风格列表框中选择一个尺寸标注样式后，可以在该对话框右侧的选项卡参数区域设置它的相关参数，可以设置"直线和箭头"、"文本"、"调整"、"单位"、"换算单位"、"公差"和"尺寸形式"这七个选项卡的参数。在设置这些尺寸标注参数时，一定要遵守相关的制图标准，如国家标准、行业标准等。对于初学者而言，使用系统提供的"机械"标注风格和"标准"标注风格基本上可以满足学习任务。

2.10 点样式设置

点样式设置是指设置点在屏幕中的显示样式与大小。

在菜单栏的"格式"菜单中选择"点"命令，或者在相应工具栏或面板中单击 (点样式)按钮，弹出如图 2-27 所示的"点样式"对话框。从点样式列表中选择其中一种点样式图例，接着选中"按屏幕像素设置点的大小(像素)"单选按钮或"按绝对单位设置点的大小(毫米)"单选按钮，并输入点大小的相应数值。

图 2-27   "点样式"对话框

- "按屏幕像素设置点的大小(像素)"：使用该单选按钮确定的是相对于屏幕的大小关系，单位为像素。
- "按绝对单位设置点的大小(毫米)"：使用该单选按钮设置实际点的显示大小，单位是毫米(mm)。

2.11   样 式 管 理

在菜单栏的"格式"菜单中选择"样式管理"命令，或者在工具栏或面板中单击 (样式控制)按钮，弹出如图 2-28 所示的"样式管理"对话框。利用该对话框，可以集中设置系统的图层、线型、文本风格、尺寸风格、引线风格、形位公差风格、粗糙度风格、焊接符号风格、基准代号风格、剖切符号风格、序号风格和明细表风格，并且可以对相关样式执行导出、导入、合并、过滤等管理功能。

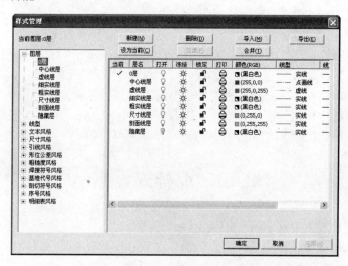

图 2-28   "样式管理"对话框

在"样式管理"对话框左侧的列表中列出了所有样式,从该列表中选中一个样式后,在该列表框右侧会出现该样式的状态。例如在左侧列表框中选中"尺寸风格"时,在右侧显示了该样式的状态,如图 2-29 所示。

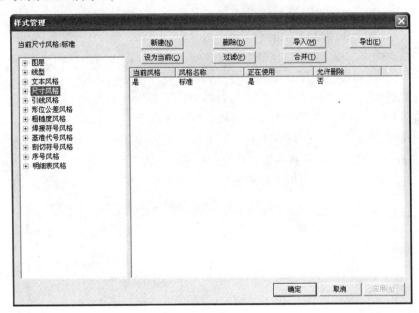

图 2-29　显示所选样式的状态

下面以利用"样式管理"对话框修改"机械"文本风格为例,说明如何修改样式参数。在左侧列表中单击文本风格左边的"+"符号,使系统展开文本风格的子级,接着选择"机械"文本风格,此时在列表右边的区域显示该文本风格的参数,如图 2-30 所示,从中进行直接修改。修改完成后可单击"确定"按钮或"应用"按钮。

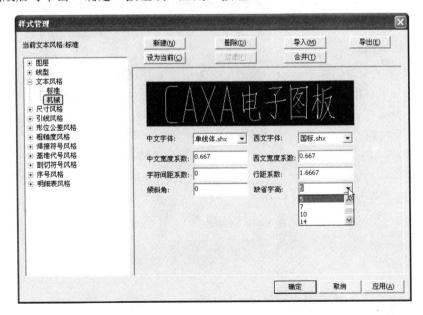

图 2-30　利用"样式管理"对话框修改样式参数

在这里，有必要介绍一下"样式管理"对话框中的"导入"、"导出"、"合并"和"过滤"按钮的功能。

1)　"导入"按钮

"导入"按钮用于将已经存储的模板或图纸文件中的风格导入到当前的图纸中。单击该按钮，弹出如图 2-31 所示的"CAXA 电子图板"对话框。单击"是"按钮，系统弹出如图 2-32 所示的"样式导入"对话框。从"文件类型"下拉列表中选择"图形文件(*.exb)"或"模板文件(*.tpl)"，接着在"查找范围"下拉列表框中选择要从中导入风格的图纸或模板。在"引入选项"列表框中单击各种样式的复选框来确定要导入的样式类别，还要设置导入样式后是否覆盖同名的样式。选择和设置完毕后，单击"样式"对话框中的"打开"按钮，完成相关风格的导入。

图 2-31　确认导入

图 2-32　"样式导入"对话框

2)　"导出"按钮

"导出"按钮用于将当前系统中的风格导出为图形文件或模板文件。单击此按钮，弹出"样式导出"对话框，接着指定保存位置、文件名和文件类型。保存的文件类型为"图形文件(*.exb)"或"模板文件(*.tpl)"，单击"保存"按钮。

3)　"合并"按钮

"合并"按钮用于对现有系统中的图形进行选定风格的合并管理。例如，假设系统中有两种标注风格(A 和 B)分别被尺寸标注引用，要想使 A 标注风格的尺寸标注转换为 B 标注风格的尺寸标注，则在"样式管理"对话框中选择尺寸风格样式，接着单击"合并"按钮，弹出"风格合并"对话框。在"原始风格"列表框中选择"A 风格"，在"合并到"列表框中选择"B 风格"，如图 2-33 所示，然后单击"合并"按钮，完成样式合并操作。这样就使原来使用 A 样式的对象改为使用 B 样式。

4)　"过滤"按钮

"过滤"按钮用于把系统中未被引用的风格过滤出来。通常执行此按钮把未被引用的风格过滤出来，然后单击"删除"按钮把不会使用的风格快捷地删除。

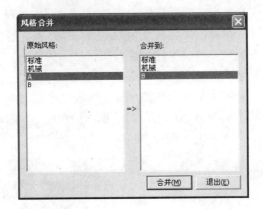

图 2-33 "风格合并"对话框

2.12 用户坐标系

在 CAXA 电子图板 2009 中,坐标系包括世界坐标系和用户坐标系。巧用用户坐标系可以便于编辑图形对象。本节将介绍用户坐标系的基本操作,包括新建用户坐标系、管理用户坐标系和切换用户坐标系。

2.12.1 新建用户坐标系

新建一个用户坐标系的操作方法如下。

(1) 在"工具"菜单中选择"用户坐标系"→"新建"命令,或者在"视图"功能区选项卡的"用户坐标系"面板中单击 (新建用户坐标系)按钮,或者在命令行中输入 newucs 命令。

(2) 在如图 2-34 所示的立即菜单中指定新用户坐标系的名称。

(3) 指定该用户坐标系的原点。可以用键盘输入坐标值,所输入的坐标值为新坐标系原点在原坐标系中的坐标值。

(4) 系统提示输入旋转角,如图 2-35 所示。在该提示下输入旋转角度后,新坐标系便创建好了,新用户坐标系被设为当前坐标系。

图 2-34 指定坐标系名称

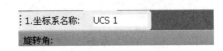

图 2-35 提示输入旋转角

2.12.2 管理用户坐标系

管理用户坐标系的一般操作方法如下。

(1) 在"工具"菜单中选择"用户坐标系"→"管理"命令,或者在"视图"功能区选项卡的"用户坐标系"面板中单击 (管理用户坐标系)按钮,系统弹出如图 2-36 所示的"坐标系"对话框。

(2) 利用"坐标系"对话框可以设置当前坐标系、重命名用户坐标系和删除用户坐标系。

- "设为当前"：在"坐标系"对话框的坐标系列表框中选择一个所需的坐标系后，单击"设为当前"按钮则将该坐标系设为当前坐标系。要注意的是被设为当前的坐标系在绘图区显示为亮紫色，其余坐标系在绘图区显示为红色。用户也可以通过系统配置来设定坐标系的显示颜色。
- "重命名"：在"坐标系"对话框的坐标系列表框中选择一个坐标系，接着单击"重命名"按钮，打开"重命名坐标系"对话框，如图 2-37 所示。在文本框中重新输入一个名称，然后单击"确定"按钮即可。

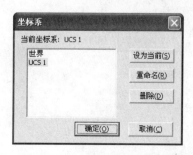

图 2-36　"坐标系"对话框

图 2-37　"重命名坐标系"对话框

- "删除"：在"坐标系"对话框的坐标系列表框中选择一个用户坐标系，接着单击"删除"按钮便可以直接将该用户坐标系删除。

2.12.3　切换坐标系

在实际的设计工作中，有时候需要切换系统当前的坐标系。例如在世界坐标系和用户坐标系间进行切换。切换坐标系的典型方法有如下几种。

方法 1：在"工具"菜单中选择"用户坐标系"→"管理"命令，或者在"视图"功能区选项卡的"用户坐标系"面板中单击 (管理用户坐标系)按钮，打开"坐标系"对话框后，利用"设为当前"按钮来切换坐标系作为当前坐标系。

方法 2：在"视图"功能区选项卡的"用户坐标系"面板中，从坐标系显示列表框中选择所需坐标系，如图 2-38 所示。

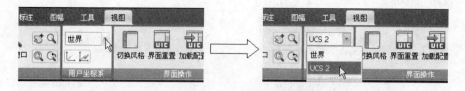

图 2-38　从坐标系显示列表框中切换坐标系

方法 3：使用 F5 键在不同的坐标系间循环切换。当前坐标系颜色默认为紫色。

2.13　三视图导航

CAXA 电子图板提供"三视图导航(投影规律)"功能，以帮助用户确定视图间的投影关系，为绘制三视图或多视图提供既实用又方便的导航制图方式。

要创建三视图导航线，可以按照以下典型方法进行操作。

(1) 在菜单栏中选择"工具"→"三视图导航"命令，或者按 F7 键。

(2) 在系统的"第一点"提示下，输入第一点。

(3) 在系统的"第二点"提示下，输入第二点，从而在屏幕上画出一条 135° 或 45° 的黄色导航线。

(4) 确保系统处于导航状态后，系统将以此导航线为视图转换线进行三视图导航，这为绘制三视图或多视图提供了方便。

使用三视图导航的制图示例如图 2-39 所示。

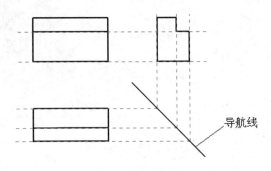

图 2-39　三视图导航示例

如果之前已经建立了某导航线，那么在菜单栏中选择"工具"→"三视图导航"命令，将删除文件中存在的原导航线，即取消三视图导航操作。如果下次再执行"三视图导航"命令，则系统出现"第一点<右键恢复上一次导航线>"的提示。此时如果想恢复上一次导航线，则右击即可。

2.14　系 统 配 置

用户可以根据设计需要对系统常用参数和系统颜色等进行设置。要进行系统设置，可以在菜单栏的"工具"菜单中选择"选项"命令，打开"选项"对话框。该对话框的左侧区域为参数列表，在参数列表中单击选中每项参数后，便可以在右侧区域进行设置。对话框中具有"恢复缺省设置"、"从文件导入"和"导出到文件" 3 个实用按钮："恢复缺省设置"按钮用于撤销参数修改，恢复默认的设置；"从文件导入"按钮用于加载已保存的参数配置文件，载入保存的参数设置；"导出到文件"按钮用于将当前的系统设置参数保存到一个参数文件中。

利用"选项"对话框，可以进行 8 大方面的设置，即系统参数设置、显示设置、文字设置、DWG 数据接口设置、路径设置、选择集设置、文件属性设置和智能点设置。其中智能点设置之前已经有所介绍，在这里不再赘述。

2.14.1　系统参数设置

在"选项"对话框的左侧参数列表中选择"系统"时，可以在参数列表右侧的区域设置系统常用参数，如系统存盘间隔、最大实数、缺省存储格式、文件并入设置等方面，如图 2-40 所示。下面介绍系统参数设置的主要内容。

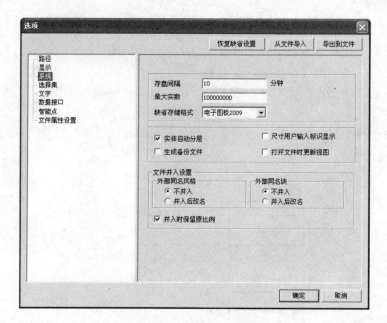

图 2-40　系统参数设置

- "存盘间隔"：用于设置存盘间隔分钟数。设置合适的存盘间隔可以使用户尽可能地避免在系统非正常退出情况下丢失全部图形数据。
- "最大实数"：用于设置系统立即菜单中所允许输入的最大实数。
- "缺省存储格式"：用于设置 CAXA 电子图板保存时默认的存储格式。存储格式可以为"电子图板 2009"、"电子图板 2007"、"电子图板 2005"和"电子图板 XP"。
- "实体自动分层"：选中该复选框时，自动把中心线、剖面线、尺寸标注等放在各自对应的层中。
- "生成备份文件"：选中该复选框时，在每次修改后自动生成.bak 文件。
- "尺寸用户输入标识显示"：选中该复选框时，在尺寸标注的时候，如果不使用系统测量的实际尺寸而是采用手工强行输入的尺寸值，系统将以规定的方法将其标识出来。
- "打开文件时更新视图"：选中此复选框时，打开视图文件的时候，系统将自动根据三维文件的变化对各个视图进行更新。
- "文件并入设置"：在此选项组中可以设置当并入文件或粘贴对象到当前的图纸时，外部同名的风格或块是否被并入，以及并入时是否保留原比例。

2.14.2　显示设置

在"选项"对话框的左侧参数列表中选择"显示"时，可以在参数列表右侧的区域设置系统的显示参数，如图 2-41 所示。在"颜色设置"选项组中显示了当前坐标系、非当前坐标系、当前绘图区、拾取加亮以及光标的颜色。用户可以在"颜色设置"选项组中更改这些项目的颜色设置。如果要恢复系统初始默认的颜色设置，那么可单击该选项组中的"恢复缺省设置"按钮。显示设置的内容还包括设置十字光标大小、文字显示最小单位等。如果选中"大十字光标"复选框，则设置系统的光标为大十字光标方式；如果选中"显示视图边框"复选框，则设置显示三维视图的边框。

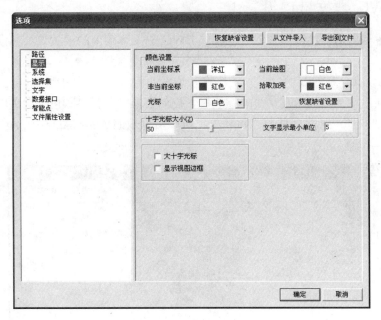

图 2-41　显示设置

2.14.3　文字设置

在"选项"对话框左侧参数列表中选择"文字"时，可以在右侧区域设置系统的文字参数，如图 2-42 所示。这些参数包括中文缺省字体、西文缺省字体、老文件代码页选项、文字镜像方式等的设置。

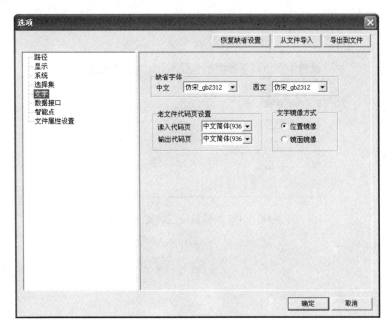

图 2-42　设置系统的文字参数

2.14.4　DWG数据接口设置

切换到"数据接口"参数类别，可以设置DWG输入和输出的相关选项和参数，如图2-43所示。

DWG读入设置包括CRC检查、默认线宽和线宽匹配方式等，其中线宽匹配方式可以为"实体线宽"或"颜色"。当从"线宽匹配方式"下拉列表框中选择"颜色"选项时，系统弹出如图2-44所示的"按照颜色指定线宽"对话框，从中可以按照AutoCAD中的线型颜色指定线型的宽度。

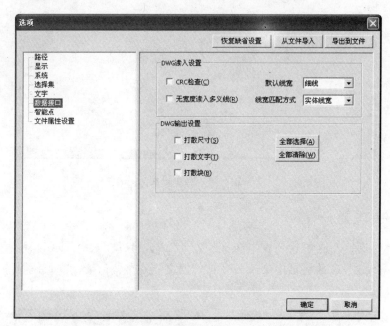

图2-43　DWG数据接口设置

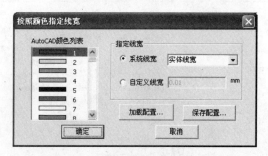

图2-44　"按照颜色指定线宽"对话框

在"DWG输出设置"选项组中可以设置输出DWG时是否打散尺寸，是否打散文字，是否打散块。

2.14.5　路径设置

切换到"路径"参数类别，可以设置系统的各种支持文件路径，如图2-45所示。可以设置的文件路径包括模板路径、图库搜索路径、自动保存文件路径、形文件路径和公式曲线文件路径。当用户在"文件路径设置"列表框中选择一个路径后，可以进行浏览、添加、删除、上移、下移等操作。

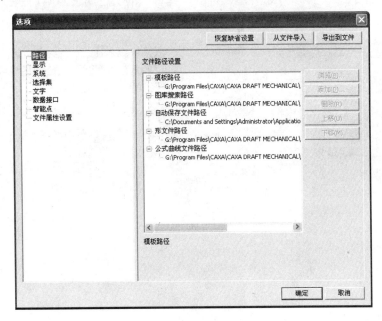

图 2-45　文件路径的参数设置

2.14.6　选择集设置

切换到"选择集"参数类别，可以设置系统的选择工具参数，包括拾取框大小、夹点大小、选择模式和夹点颜色等，如图 2-46 所示。

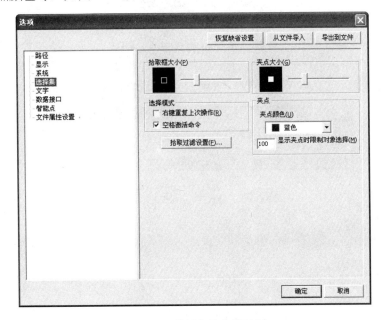

图 2-46　选择集的参数设置

2.14.7 文件属性设置

切换到"文件属性设置"参数类别,可以设置系统的文件属性参数,包括图形单位(长度图形单位和角度图形单位)、关联标注设置,如图 2-47 所示。

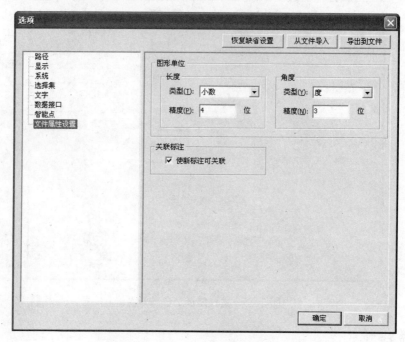

图 2-47 系统的文件属性参数设置

2.15 界 面 操 作

在"工具"→"界面操作"级联菜单中提供了 4 个实用的命令,即"切换"、"重置"、"加载"和"保存"命令,它们分别用于切换界面、重置界面、加载界面配置和保存界面配置。在"视图"功能区选项卡的"界面操作"面板中也可以执行相应的界面操作,如图 2-48 所示。

图 2-48 "视图"功能区选项卡

1) 切换风格

使用切换界面功能在经典风格界面和 Fluent 风格界面间切换。该命令的快捷键为 F9。

2) 界面重置

使用界面重置功能可以将系统界面恢复到默认状态。

3) 加载配置

使用加载界面配置功能可以加载已保存的界面配置文件来调用所需的系统界面状态。执行

"加载配置"命令后，系统弹出如图 2-49 所示的"加载交互配置文件"对话框。选择一个界面配置文件，然后单击"打开"按钮即可。

图 2-49   "加载交互配置文件"对话框

4) 保存配置

使用保存配置功能可以将用户定义的操作界面状态保存起来，保存的界面配置文件格式为.uic。执行"保存配置"命令后，系统弹出如图 2-50 所示的"保存交互配置文件"对话框，接着指定保存路径和文件名后，单击"保存"按钮即可。

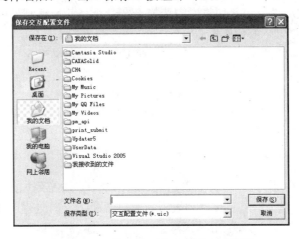

图 2-50   "保存交互配置文件"对话框

2.16   自定义界面内容

用户可以根据个人爱好或特定的约定来自定义界面内容，例如定制主菜单、工具栏、外部工具、快捷键、键盘命令等这些界面元素。

在菜单栏中选择"工具"→"自定义界面"命令，或者在工具栏或功能区上右击并在弹出的快捷菜单中选择"自定义"命令，弹出如图 2-51 所示的"自定义"对话框。该对话框提供了 6 个选项卡，即"命令"选项卡、"工具栏"选项卡、"工具"选项卡、"键盘"选项卡、"键盘命令"选项卡和"选项"选项卡。下面介绍在打开"自定义"对话框的情况下如何进行一些界面元素的定制操作。

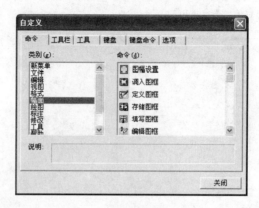

图 2-51　"自定义"对话框

2.16.1　定制菜单

用户可以定义符合自己使用习惯的菜单，其步骤如下。

(1) 执行"自定义界面"命令后，在主菜单栏中打开一个要定制的菜单。

(2) 在"自定义"对话框中切换到"命令"选项卡，接着在"类别"列表框中选择一个菜单类别，则在"命令"列表框中显示该菜单类别下的所有命令选项。

(3) 使用鼠标左键从"命令"列表框中选择一个命令，并拖动到界面打开的主菜单中，然后释放鼠标即可完成在该主菜单中添加一个命令。

(4) 如果需要，也可以将主菜单上的某命令拖动到"自定义"对话框中，以将该命令剔出该主菜单。

(5) 单击"自定义"对话框中的"关闭"按钮，完成定制菜单。

2.16.2　定制工具栏

定制工具栏的步骤如下。

(1) 执行"自定义界面"命令打开"自定义"对话框后，切换到如图 2-52 所示的"工具栏"选项卡，该选项卡的左侧显示了工具栏列表，右侧则提供了一些处理工具栏的按钮及复选框。

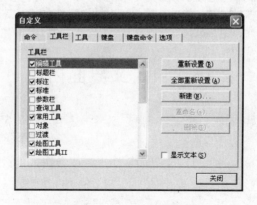

图 2-52　"工具栏"选项卡

（2）在左侧的"工具栏"列表中单击工具栏名称的复选框即可打开或关闭该工具栏。

（3）如果要新建一个工具栏，那么单击对话框中的"新建"按钮。用户还可以对工具栏进行重新设置、全部重新设置、重命名和删除等操作。

（4）切换到"命令"选项卡，将选定命令工具拖动到指定工具栏的预定位置处释放，也可以将工具栏中多余的命令工具拖出。

2.16.3　定制外部工具

定制外部工具是指把一些常用的工具集成到 CAXA 电子图板中。执行"自定义界面"命令打开"自定义"对话框后，切换到"工具"选项卡，如图 2-53 所示。在该选项卡中，单击位于"菜单目录"右侧的□□□□□这些按钮可以新建、删除、上移、下移外部工具；在列表框中选择一个外部工具时，单击位于"命令"文本框右侧的□(浏览)按钮可以选定该工具的启动路径。

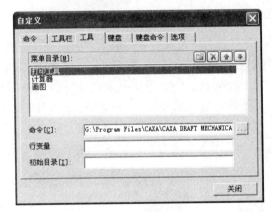

图 2-53　"工具"选项卡

2.16.4　定制快捷键

用户可以为某个命令定制快捷键。对于某些常用的功能，可以通过定制快捷键来提高实际操作的速度和效率。定制快捷键是在"自定义"对话框的"键盘"选项卡(见图 2-54)中进行的。

在"类别"下拉列表框中选择命令的类别，则在"命令"列表框中显示该类别下的各种命令。在"命令"列表框中选择一个命令时，系统会在"说明"文本框中给出该命令的简要说明，以及在"快捷键"文本框中显示该命令的现有快捷键(如果有的话)。

当选中要为其定制快捷键的一个命令后，在"请按新快捷键"文本框中单击一下，接着在键盘中按键盘组合键，所按键盘组合键的标识显示在"请按新快捷键"文本框中。然后单击"指定"按钮，将指定的组合键添加到"快捷键"文本框中。对于一个已指定的快捷键，在"快捷键"文本框中选择它时，单击"删除"按钮，则将该快捷键删除。

在自定义快捷键时，尽量不要使用单个的字母作为快捷键，而应加上 Ctrl、Alt、Shift 键或它们的组合。如果输入的快捷键已经被其他命令使用了，则系统会弹出对话框以提示用户重新输入。"自定义"对话框的"键盘"选项卡中的"重新设置"按钮一定要慎用，因为重置快捷键后，所有的用户快捷键设置都将丢失。

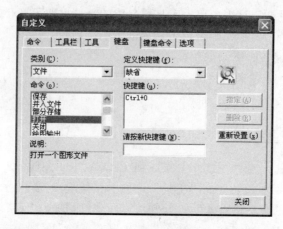

图 2-54　"键盘"选项卡

2.16.5　定制键盘命令

执行"自定义界面"命令打开"自定义"对话框后，切换到"键盘命令"选项卡，如图 2-55 所示，在该选项卡中可以执行定制键盘命令的各项操作。例如，在"目录"下拉列表框中选择命令的分类，则在"命令"下拉列表框中显示该分类目录下的各种命令。接着从"命令"下拉列表框中选择某一个命令，系统会显示该键盘命令信息。要为其定制新的键盘命令，则在"输入新的键盘命令"文本框中单击一下，接着输入命令条目，然后单击"指定"按钮即可。如果要删除一个已指定的键盘命令，那么先选中它，然后单击"删除"按钮即可。

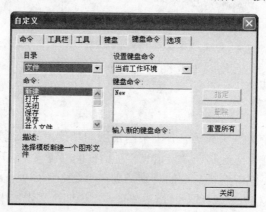

图 2-55　"键盘命令"选项卡

2.16.6　界面选项

切换到"自定义"对话框的"选项"选项卡，在该选项卡中可以设置相关的界面选项，如图 2-56 所示。可以设置的界面选项包括"显示关于工具栏的提示"、"在屏幕提示中显示快捷方式"、"大图标"、"在菜单中显示最近使用的命令"等。

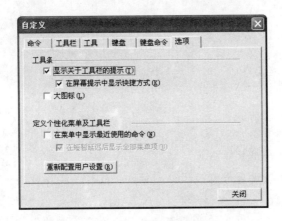

图 2-56　"选项"选项卡

2.16.7　改变图标按钮的外观

执行"自定义界面"命令打开"自定义"对话框后，还可以改变工具栏上图标按钮的外观。其方法是：在执行"自定义界面"命令时，在工具栏上指定的图标按钮处右击，弹出如图 2-57 所示的快捷菜单。利用该快捷菜单可以设置选中图标按钮的显示方式(其显示方式可以为图标、文本、图标文本等)，还可以进行复制按钮图标、删除按钮、将按钮重新设置为默认值等操作。

图 2-57　改变图标按钮的外观

2.17　本 章 小 结

本章介绍 CAXA 电子图板系统设置与界面定制的实用知识，具体内容包括：系统设置与界面定制概述、线型设置(新建线型、修改线型、删除线型、设为当前线型、加载线型和输出线型)、线宽设置、颜色设置、层控制基础、捕捉设置、拾取过滤设置、文字风格设置、标注风格设置、点样式设置、样式管理、用户坐标系(新建用户坐标系、管理用户坐标系和切换坐标系)、三视图导航、系统配置(系统参数设置、显示设置、文字设置、DWG 数据接口设置、路径设置、选择集设置和文件属性设置)、界面操作和自定义界面内容。

通常而言，初学者采用系统默认的设置便可以满足制图的学习要求了。建议用户还应了解系统设置与界面定制这些环境条件，这样有助于更好地掌握软件设计功能，提升软件的专业应用水平。

2.18　思考与练习

(1) 如何新建、修改和删除线型？

(2) 如何设置系统的当前颜色？

(3) 如何理解图层的概念？

(4) 系统提供了哪 4 种屏幕点方式选项？

(5) 简述文字风格参数设置和标注风格参数设置的相关操作方法。

(6) 如何定制点样式？

(7) 简述设置一个用户坐标系的典型方法。如果创建了多个用户坐标系，那么该如何进行当前坐标系的切换？

(8) 三视图导航功能主要用在什么设计情况下？

(9) 如何设置每隔 15 分钟自动存盘一次？

(10) 如果想将经典风格界面切换为 Fluent 风格界面，该如何操作？反之呢？

(11) 简述自定义快捷键的典型方法，并说明定义快捷键的注意事项。

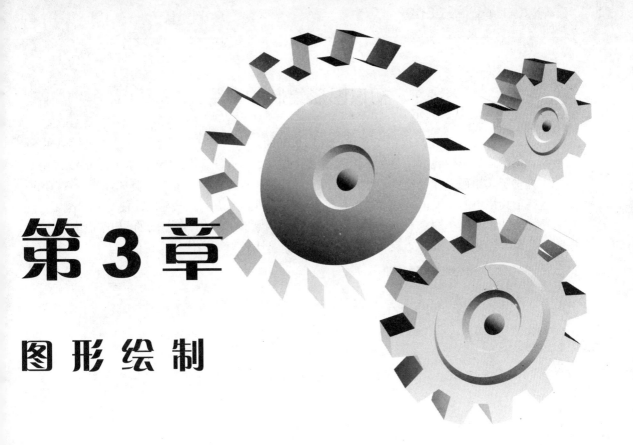

第3章

图形绘制

本章导读：

    CAXA 电子图板提供了功能齐全的图形绘制功能。在 CAXA 电子图板中，可以绘制各种各样复杂的工程图纸。本章首先介绍图形绘制工具，接着介绍基本曲线、高级曲线和文字的绘制方法，最后介绍一些图形综合绘制实例。

3.1 初识图形绘制的命令工具

CAXA 电子图板为用户提供了先进的计算机辅助技术和简捷的操作方式。在 CAXA 电子图板的"绘图"菜单中包含了各种图形元素的绘制命令，如图 3-1(a)所示；同时，CAXA 电子图板也提供了实用而操作快捷的"绘图工具"工具栏和"绘图工具Ⅱ"工具栏，如图 3-1(b)所示，这些工具栏中的绘图工具和"绘图"菜单中的绘图命令是一一映射的。使用鼠标操作时选择菜单命令或单击菜单命令对应的绘图工具按钮，其执行功能是完全相同的。通常而言，在"绘图工具"和"绘图工具Ⅱ"工具栏中单击工具按钮是比较直观和快捷方便的。

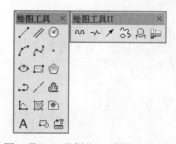

(a) "绘图"菜单　　　　(b) "绘图工具"工具栏和"绘图工具Ⅱ"工具栏

图 3-1　图形绘制的菜单命令及工具按钮

在 Fluent 风格界面中，用户在功能区的"常用"选项卡中也可以找到相应的基本绘图和高级绘图的工具图标，如图 3-2 所示。

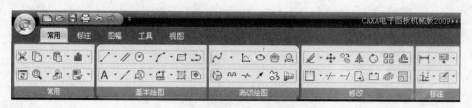

图 3-2　功能区的绘图图标

在 CAXA 电子图板中，可以使用鼠标和键盘两种输入方式。本书为了叙述上的方便，以鼠标方式作为主要的操作方式进行相关知识的介绍，但必要时还是会兼顾两种输入方式的。实践证明，要想成为一名出色的绘图设计者，应该熟练掌握鼠标输入和键盘输入两种操作方式，两者巧妙地结合应用会使得设计工作得心应手。

3.2　基本曲线绘制

本书所指的基本曲线包括点、直线、平行线、圆、圆弧、矩形、中心线、样条曲线、等距线、剖面线和多段线等。下面以一些简单的图形为例进行相关介绍。

3.2.1　绘制点

绘制点包括两种典型情形，即在屏幕指定位置处绘制一个孤立的点，或者在曲线上创建等分点。

绘制点的典型方法和步骤如下。

(1) 在"绘图工具"工具栏中单击 ▪ (点)按钮，或者在功能区"常用"选项卡的"高级绘图"面板中单击 ▪ (点)按钮。

(2) 在立即菜单中打开 1 下拉列表框，从该下拉列表框中可以选择"孤立点"选项、"等分点"选项或"等弧长点"选项。

(3) 根据设计要求，执行以下操作之一。

● 选择"孤立点"选项，则可以使用鼠标在绘图区拾取点，或通过键盘直接输入点坐标。在一些设计场合，可利用工具点菜单捕捉端点、中点、圆心点等特征点来绘制一个孤立点；可以继续绘制其他孤立点。

● 选择"等分点"选项，接着在立即菜单"2.等分数"的文本框中输入等分数，然后拾取要在其上创建等分点的曲线，则在该曲线上创建出的等分点如图 3-3 所示。

(a) 在立即菜单中操作　　　　　　　　　　　　(b) 选择要等分的曲线

图 3-3　创建等分点的示例

● 选择"等弧长点"选项，此时单击"2."文本框，可以在"指定弧长"方式和"两点确定弧长"方式之间切换。当选择"指定弧长"方式时，则需要在"3.等分数"文本框中设定等分份数，在"4.弧长"文本框中设定每段弧的长度，然后拾取要等分的曲线，并在提示下分别拾取起始点、等分方向，从而在所选的曲线上绘制出等弧长点；当选择"两点确定弧长"方式时，在"3.等分数"文本框中输入等分份数，接着在提示下依次拾取要等分的曲线、起始点、等弧长点(弧长)，则在该曲线上绘制出等弧长点。例如，在圆弧上创建出等弧长点的示例如图 3-4 所示。

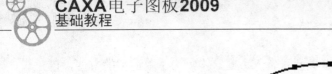

图 3-4 绘制等弧长点的示例

3.2.2 绘制直线

要绘制直线，首先想到的是"两点确定一条直线"。为了绘制各种情形下的直线，CAXA 电子图板提供了直线的几种绘制方式，包括"两点线"、"角度线"、"角等分线"、"切线/法线"和"等分线"，如图 3-5 所示。

图 3-5 绘制直线的几种方式

1. 两点线

可以在屏幕上通过指定两点绘制一条直线段，还可以按照给定的连续条件绘制连续的直线段。

使用"两点线"方式绘制直线的方法和步骤如下。

(1) 在"绘图工具"工具栏中单击 ✎ (直线)按钮，或者在功能区"常用"选项卡的"基本绘图"面板中单击 ✎ (直线)按钮。

(2) 单击立即菜单"1."，在该立即菜单的上方弹出一个选项菜单，从中选择"两点线"选项。

(3) 单击立即菜单"2."，则该列表框中的选项在"连续"和"单根"之间切换。

● "连续"：将绘制相互连接的直线段，前一根直线段的终点为下一根直线段的起点。

● "单根"：每次绘制的直线段相互独立，互不相关。

(4) 在状态栏中单击"正交"按钮，从而在"非正交"模式和"正交"模式之间切换。

● "非正交"：将绘制自由的平面直线，在非正交情况下，第一点和第二点均可以为 3 种类型的点，即切点、垂足点、其他点(工具点菜单中所列出来的点)。

● "正交"：将绘制具有正交关系的直线段(简称为"正交线段")，此正交线段与坐标轴平行。按 F8 键可以快速在"正交"和"非正交"模式之间切换。采用正交模式时，可以通过输入坐标值或直接输入距离来确定直线的后续点。

(5) 在提示下使用鼠标指定两个点，则完成绘制一条直线。在需要精确制图的时候，则采用键盘输入两个点的坐标或相应距离。

(6) 可以继续绘制直线。若右击则结束该命令操作。

在如图 3-6 所示的示例中，左边绘制的为连续直线段(可采用正交模式绘制)，绘制时依次单击点 1、2、3、4、5、6、7 和 8；右侧绘制的为两根非正交直线。

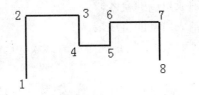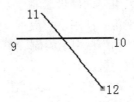

图 3-6   绘制直线的示例

在采用"两点线"方式绘制直线时，巧用工具点菜单，可以绘制出多种特殊关系的直线，例如绘制两个圆的公切线。请看下面的一个典型操作实例。

(1) 假设在绘图区已经绘制好两个圆，如图 3-7 所示。在"绘图工具"工具栏中单击 ╱ (直线)按钮。

(2) 在立即菜单中设置"1.两点线"、"2.单根"，采用非正交模式。

(3) 在"第一点(切点，垂足点)"提示下，按空格键使系统弹出工具点菜单，接着从工具点菜单中选择"切点"选项，拾取第一个圆(拾取位置为如图 3-8 所示的"1"处)；系统出现"第二点(切点，垂足点)"的提示，此时按空格键弹出工具点菜单，从中选择"切点"选项，拾取第二个圆(拾取位置为如图 3-8 所示的"2"处)。

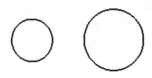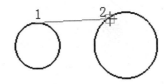

图 3-7   绘制好的两个圆   图 3-8   拾取第二个圆

为两个圆绘制的一条公切线如图 3-9 所示，该公切线一般被称为外公切线。

在拾取圆或圆弧时，拾取位置不同，则绘制的切线位置也可能有所不同。如果在上述例子中，拾取第二个圆的位置在如图 3-10 所示的"3"处，那么绘制的则为两个圆的内公切线。

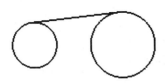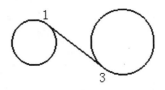

图 3-9   绘制两圆的外公切线   图 3-10   绘制两圆的内公切线

2. 角度线

绘制角度线是指按给定角度、给定长度绘制一条直线段。

绘制角度线的方法和步骤如下。

(1) 在"绘图工具"工具栏中单击 ╱ (直线)按钮。

(2) 单击立即菜单"1."，选择"角度线"选项。

(3) 单击立即菜单"2."，弹出其菜单选项。可供选择的夹角类型选项有"X 轴夹角"、

"Y 轴夹角"和"直线夹角"。

- "X 轴夹角"：用于绘制一条与 X 轴成角度的直线段。
- "Y 轴夹角"：用于绘制一条与 Y 轴成角度的直线段。
- "直线夹角"：用于绘制一条与已知直线段成指定夹角的直线段。选择此夹角类型时需要拾取一条已知直线段。

(4) 单击立即菜单"3."，则可在"到点"选项和"到线上"选项之间切换。当选择"到线上"选项时，系统不提示输入第二点，而提示拾取直线来定义角度线的终点位置。在这里以选择"到点"选项为例。

(5) 单击立即菜单"4.度"的文本框，输入一个(-360,360)范围的角度值。使用同样的办法，分别输入"5.分"值和"6.秒"值，如图 3-11 所示。

图 3-11　定义角度

(6) 根据提示指定第一点，系统操作提示为"第二点(切点)或长度"。此时，用户可以利用键盘输入一个长度数值并按 Enter 键，则绘制一条由用户设定长度值的直线段；用户也可以移动鼠标，移动鼠标时会动态随光标出现一条角度线，确定光标位置时单击，即绘制出一条角度线。

(7) 可以继续绘制角度线的操作，要结束绘制操作，右击即可。

绘制角度线的示例如图 3-12 所示，该直线段与 Y 轴成 60°，其长度为 80mm。

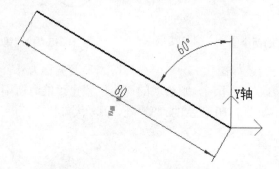

图 3-12　绘制与 Y 轴成指定角度的角度线

3. 角等分线

绘制角等分线是指按给定等分份数、给定长度绘制一个夹角的等分直线。

绘制角等分线的方法和步骤如下。

(1) 在"绘图工具"工具栏中单击 ✎ (直线)按钮。

(2) 单击立即菜单"1."，选择"角等分线"选项，如图 3-13 所示。

图 3-13　角等分线立即菜单

(3) 单击立即菜单"2.份数",输入一个等分份数值。

(4) 单击立即菜单"3.长度",输入一个等分线长度值。

(5) 在提示下选择第一条直线和第二条直线,从而完成角等分线的绘制。

绘制角等分线的示例如图 3-14 所示,将两条直线构成的夹角等分成 3 份,等分线长度为 90。

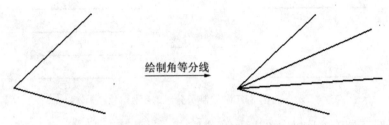

图 3-14　绘制角等分线的示例

4．切线/法线

可以过给定点绘制已知曲线的切线或法线。其典型的绘制方法和步骤如下。

(1) 在"绘图工具"工具栏中单击 ✎(直线)按钮。

(2) 单击立即菜单"1.",选择"切线/法线"选项。

(3) 单击立即菜单"2.",可在"切线"选项和"法线"选项之间切换。

(4) 单击立即菜单"3.",可在"非对称"选项和"对称"选项之间切换。当选择"非对称"选项时,则表示选择的第一点为所要绘制的直线的一个端点,选择的第二点为另一个端点;当切换为"对称"选项时,则表示选择的第一点为所要绘制的直线的中点,第二点为直线的一个端点。

(5) 单击立即菜单"4.",可在"到点"选项和"到线上"选项之间切换。当切换为"到线上"选项时,表示绘制一条到已知线段为止的切线或法线,即所画切线或法线的终点在一条已知线段上。

(6) 按照当前提示拾取一条曲线,选中该曲线后,该曲线以红色显示。接着指定第一点,系统将出现"第二点或长度"的提示,在该提示下指定第二点或线段长度。其中长度可以由鼠标或键盘输入数值来决定。

值得注意的是,如果拾取的是圆弧,那么圆弧的法线必在所选第一点与圆心所决定的直线上,而切线则垂直于法线。

绘制切线/法线的典型示例如图 3-15 所示。

(a) 绘制圆弧的切线和法线　　(b) 绘制直线的法线　　(c) 绘制直线的切线

图 3-15　绘制切线/法线的典型示例

5. 等分线

绘制等分线是指在拾取的两条线间绘制一系列的线，这些线将两条线之间的部分等分成 n 份。下面结合一个简单的操作实例介绍如何创建等分线。在该实例中，要求在平行的两条直线之间创建等分线，等分量为 3，操作图解如图 3-16 所示。

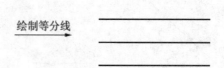

图 3-16　绘制等分线的示例

(1) 在"绘图工具"工具栏中单击 ／(直线)按钮。

(2) 单击立即菜单"1."，选择"等分线"选项，如图 3-17 所示。

(3) 单击立即菜单"2.等分量"，输入等分量实数为 3，如图 3-18 所示。

图 3-17　选择"1.等分线"　　　　　图 3-18　输入等分量实数

(4) 拾取第一条直线，接着拾取第二条直线，从而完成绘制等分线的操作。

> **知识点拨**
>
> 　　不平行、不相交且其中任意一条线的延长线不与另一条直线本身相交，这样的两条直线段也可以用于创建等分线；另外，不平行且一条线的某端点与另一条线的端点重合(而两直线的夹角不等于 180°)，这样的两个直线段同样可以用于创建等分线。对于具有夹角的直线而言，其等分线是按照端点连线的距离等分的，这与角等分线在概念上来说是明显不同的。

3.2.3　绘制平行线

在 CAXA 电子图板中，绘制已知线段的平行线是很方便的。绘制平行线的典型方法及步骤如下。

(1) 在"绘图工具"工具栏中单击 ／／(平行线)按钮。

(2) 单击立即菜单"1."，可以在"偏移"选项和"两点方式"选项之间切换。

(3) 当选择"1.偏移"选项时，单击立即菜单"2."，其内容可以在"单向"和"双向"之间切换。

- "单向"：在一侧绘制与已知线段平行的线段，如图 3-19(a)所示。在单向模式下，使用键盘输入距离时，系统首先根据"十"字光标在所选线段的哪一侧来判断绘制线段的位置。

- "双向"：绘制与已知线段平行、长度相等的双向平行线段，如图 3-19(b)所示。

设置偏移方式下的"单向"或"双向"选项后，使用鼠标拾取一条已知线段。拾取已知线段后，系统提示："输入距离或点"。此时在绘图区移动光标时，跟随光标动态显示与已知线段平行、长度相等的线段，在合适位置处单击即可完成平行线绘制。也可以输入一个距离值来确定平行线位置。

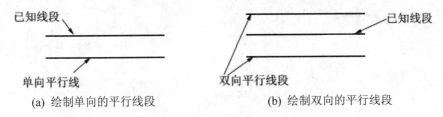

(a) 绘制单向的平行线段　　　　(b) 绘制双向的平行线段

图 3-19　绘制平行线

(4) 当选择"1.两点方式"选项时，还需要单击立即菜单"2."，选择"点方式"选项或"距离方式"选项。接着根据情况设置其他选项及参数，并根据系统提示拾取对象和输入参数来绘制相应的平行线。

3.2.4　绘制圆

绘制圆的方式也有好几种，包括"圆心_半径"方式、"两点"方式、"三点"方式和"两点_半径"方式。

1．"圆心_半径"方式

可以根据已知圆心和半径来绘制一个圆或多个同心的圆。

(1) 在"绘图工具"工具栏中单击 ⊘ (圆)按钮。

(2) 单击立即菜单"1."，从该菜单列表框中选择"圆心_半径"选项，如图 3-20 所示。

图 3-20　选择"圆心_半径"选项

(3) 单击立即菜单"2."，可以在"直径"选项和"半径"选项之间切换。

(4) 单击立即菜单"3."，可以在"无中心线"选项和"有中心线"选项之间切换。如果选择"有中心线"选项，还需设置中心线延伸长度，如图 3-21 所示。

图 3-21　设置有中心线

(5) 在提示下指定圆心点，接着输入半径(直径)或圆上一点，从而绘制一个圆，如图 3-22 所示。可以继续指定半径(直径)或圆上一点来绘制圆，后续圆默认为同心圆，如图 3-23 所示。

2．"两点"方式

可以通过两个已知点绘制圆，这两个已知点定义了圆的直径。

(1) 在"绘图工具"工具栏中单击 ⊘ (圆)按钮。

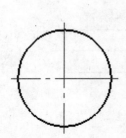

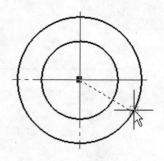

图 3-22　绘制一个圆(有中心线)　　　　　图 3-23　绘制同心圆

(2) 单击立即菜单 "1."，从该菜单列表框中选择 "两点" 选项。

(3) 单击立即菜单 "2."，可以在 "有中心线" 和 "无中心线" 选项之间切换。如果切换为 "有中心线" 选项，那么可设置中心线延伸长度。

(4) 按提示要求分别输入第一点和第二点，如图 3-24 所示，从而绘制一个圆。

3．"三点" 方式

可以通过指定 3 个点来绘制一个圆，其方法和步骤如下。

(1) 在 "绘图工具" 工具栏中单击 ☉(圆)按钮。

(2) 单击立即菜单 "1."，从该菜单列表框中选择 "三点" 选项。

(3) 单击立即菜单 "2."，可以在 "有中心线" 和 "无中心线" 选项之间切换。如果切换为 "有中心线" 选项，那么可设置中心线延伸长度。

(4) 按提示要求分别输入第一点、第二点和第三点，从而绘制一个圆，如图 3-25 所示。

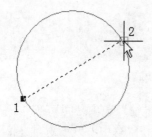

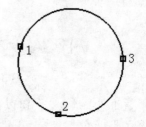

图 3-24　通过两点绘制一个圆　　　　　图 3-25　通过三点绘制一个圆

4．"两点_半径" 方式

可以过两个已知点和给定半径绘制一个圆，其方法和步骤如下。

(1) 在 "绘图工具" 工具栏中单击 ☉(圆)按钮。

(2) 单击立即菜单 "1."，从该菜单列表框中选择 "两点_半径" 选项。

(3) 单击立即菜单 "2."，可以在 "有中心线" 和 "无中心线" 选项之间切换。如果切换为 "有中心线" 选项，那么可设置中心线延伸长度。

(4) 根据提示分别输入第一点和第二点，然后在 "第三点(切点)或半径" 提示下指定第三点或者利用键盘输入一个半径值，从而绘制一个圆。

3.2.5 绘制圆弧

在 CAXA 电子图板中绘制圆弧是比较灵活的。绘制圆弧的方式包括"三点圆弧"、"圆心_起点_圆心角"、"两点_半径"、"圆心_半径_起终角"、"起点_终点_圆心角"和"起点_半径_起终角"。

1. "三点圆弧"方式

使用"三点圆弧"方式绘制圆弧其实就是分别指定 3 个有效点，以第一点为起点，第二点决定圆弧的位置和方向，第三点为圆弧的终点，如图 3-26 所示。

使用该方式绘制圆弧的典型操作步骤如下。

(1) 在"绘图工具"工具栏中单击 (圆弧)按钮。

(2) 单击立即菜单"1."，从中选择"三点圆弧"选项，如图 3-27 所示。

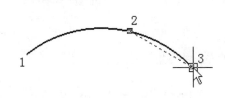

图 3-26　三点圆弧

图 3-27　选择"三点圆弧"

(3) 在提示下分别指定第一点和第二点，此时移动光标可以动态显示一条经过上述两点和光标位置的圆弧，确定第三点后即可完成一条圆弧。

2. "圆心_起点_圆心角"方式

"圆心_起点_圆心角"方式是通过分别指定圆心、起点和圆心角来绘制圆弧，其典型操作步骤如下。

(1) 在"绘图工具"工具栏中单击 (圆弧)按钮。

(2) 单击立即菜单"1."，从中选择"圆心_起点_圆心角"选项。

(3) 在提示下指定一点作为圆心，接着指定一点作为圆弧起点，然后在"圆心角或终点(切点)"提示下输入圆心角数值或终点来完成圆弧，如图 3-28 所示。圆心角可以通过移动光标来定义。

3. "两点_半径"方式

"两点_半径"方式是通过指定两点及圆弧半径绘制一个圆弧。采用该方式绘制圆弧的典型操作步骤如下。

(1) 在"绘图工具"工具栏中单击 (圆弧)按钮。

(2) 单击立即菜单"1."，从中选择"两点_半径"选项。

(3) 在提示下分别指定第一点和第二点，然后在"第三点或半径"提示下输入一个半径值，则系统根据"十"字光标当前的位置判断圆弧的绘制方向，即"十"字光标当前位置处在第一点和第二点所在直线的哪一侧，那么圆弧就绘制在哪一侧，如图 3-29 所示。

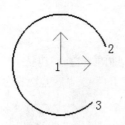

图 3-28 使用"圆心_起点_圆心角"方式绘制圆弧　　图 3-29 使用"两点_半径"方式绘制示例

如果在指定两点后移动光标，则在绘图区出现一段由输入的两点和光标所在位置处形成的3 点动态圆弧，单击则间接确定半径来完成圆弧绘制。

4．"圆心_半径_起终角"方式

"圆心_半径_起终角"方式是通过指定圆心、半径和起终角来绘制圆弧。要注意起始角和终止角均是从 X 方向开始的，逆时针方向为正，顺时针方向为负。采用该方式绘制圆弧的典型操作步骤如下。

(1) 在"绘图工具"工具栏中单击 (圆弧)按钮。

(2) 单击立即菜单"1."，从中选择"圆心_半径_起终角"选项。

(3) 单击立即菜单"2.半径"，输入半径实数。

(4) 单击立即菜单"3.起始角"，输入起始角度，其范围为(-360,360)。

(5) 单击立即菜单"4.终止角"，输入终止角度，其范围为(-360,360)。

(6) 在提示下输入圆心点即可绘制一段圆弧。

5．"起点_半径_起终角"方式

"起点_半径_起终角"方式是通过指定起点、半径和起终角来绘制圆弧。典型的操作步骤如下。

(1) 在"绘图工具"工具栏中单击 (圆弧)按钮。

(2) 单击立即菜单"1."，从中选择"起点_半径_起终角"选项。

(3) 单击立即菜单"2.半径"，在其文本框中输入半径值。

(4) 分别单击立即菜单"3.起始角"和"4.终止角"，根据制图需要分别设定起始角度和终止角度。

(5) 在系统提示下指定圆弧起点，从而完成一段圆弧。

6．"起点_终点_圆心角"方式

"起点_终点_圆心角"方式是指通过指定起始点、终点和圆心角来绘制圆弧。典型的操作步骤如下。

(1) 在"绘图工具"工具栏中单击 (圆弧)按钮。

(2) 单击立即菜单"1."，从中选择"起点_终点_圆心角"选项。

(3) 单击立即菜单"2.圆心角"，在其文本框中输入圆心角的数值，其范围为(-360,360)。

知识点拨

如果输入的圆心角为负值，那么表示从起点到终点按照顺时针方向绘制圆弧；如果输入的圆心角为正值，那么表示从起点到终点按照逆时针方向绘制圆弧。

(4) 根据系统提示分别输入起点和终点，从而绘制一段圆弧。

使用"起点_终点_圆心角"方式绘制圆弧的操作图解如图 3-30 所示。

图 3-30　使用"起点_终点_圆心角"方式绘制圆弧的操作图解

3.2.6　绘制矩形

绘制矩形分两种方式，一种是"两角点"方式，另一种是"长度和宽度"方式。下面结合典型操作范例分别介绍使用这两种方式绘制矩形的典型方法和步骤。

1. "两角点"方式

采用"两角点"方式绘制矩形的方法和步骤如下。

(1) 在"绘图工具"工具栏中单击□(矩形)按钮。

(2) 单击立即菜单"1."，切换到"两角点"选项。

(3) 单击立即菜单"2."，切换到"无中心线"选项。

(4) 使用键盘输入第一点的坐标为(100,0)，按 Enter 键。

(5) 使用键盘输入第二点的坐标为(300,120)，按 Enter 键。绘制的矩形如图 3-31 所示。

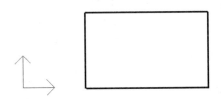

图 3-31　采用"两角点"方式绘制的矩形

2. "长度和宽度"方式

采用"长度和宽度"方式绘制矩形的方法和步骤如下。

(1) 在"绘图工具"工具栏中单击□(矩形)按钮。

(2) 单击立即菜单"1."，切换到"长度和宽度"选项。

(3) 单击立即菜单"2."，从该菜单选项下拉列表框中可以选择"中心定位"、"顶边中点"或"左上角点定位"选项。在本例中选择"中心定位"选项。

(4) 单击立即菜单"3."、"4."和"5."分别定义角度、长度和宽度。在本例中设置的角度、长度和宽度值如图 3-32 所示。

图 3-32　定义角度、长度和宽度

(5) 单击立即菜单"6."，可以在"无中心线"和"有中心线"选项之间切换。在本例中选择"无中心线"选项。

(6) 使用鼠标输入定位点的坐标为(0,0)，按 Enter 键。绘制的矩形如图 3-33 所示。

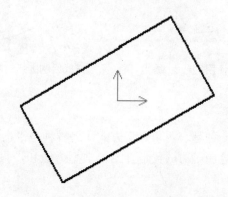

图 3-33　采用"长度和宽度"绘制的矩形

3.2.7　绘制中心线

在 CAXA 电子图板中，允许通过拾取一个圆、圆弧或椭圆来直接生成一对相互正交的中心线，如图 3-34 所示。也可以为两条相互平行的或特定非平行线(如锥体)创建中心线，如图 3-35 所示。

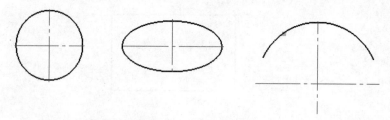

图 3-34　绘制中心线示例

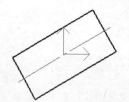
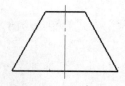

图 3-35　创建中心线示例

为对象绘制中心线的典型方法和步骤如下。

(1) 在"绘图工具"工具栏中单击 (中心线)按钮。

(2) 出现的立即菜单如图 3-36 所示。如果要修改默认的延伸长度，则单击立即菜单"1.延伸长度"，接着在其文本框中输入超出轮廓线的长度实数。

图 3-36　立即菜单

(3) 选择第一条曲线。如果选择的是圆、圆弧或椭圆,那么在所选的圆、圆弧或椭圆上绘制出相互垂直且超出其轮廓线指定长度的中心线;如果选择的是一条直线,则还需要在提示下选择另一条直线,系统将在两条直线之间创建一条中心线。

3.2.8 绘制样条曲线

样条曲线在某些工程图中会使用到。可以通过若干点(样条插值点)来生成样条曲线。系统允许通过直接作图(点输入方式)来创建样条曲线,也允许从外部样条数据文件中直接读取数据来绘制样条曲线。

1. 直接作图

采用"直接作图"方式创建样条曲线的步骤如下。

(1) 在"绘图工具"工具栏中单击 ~(样条)按钮。

(2) 在"1."立即菜单中选择"直接作图"选项。

(3) 在"2."立即菜单中选择"缺省切矢"或"给定切矢"选项,在"3."立即菜单中选择"开曲线"或"闭曲线"选项。

(4) 在这里以选择"1.直接作图"、"2.缺省切矢"和"3.开曲线"为例,在"输入点"的提示下使用鼠标拾取或通过键盘输入一系列点,则系统绘制一条样条曲线,如图 3-37 所示。

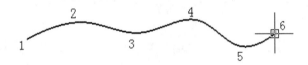

图 3-37　绘制一条样条曲线

2. 从文件读入

采用从文件读入方式绘制样条曲线的步骤如下。

(1) 在"绘图工具"工具栏中单击 ~(样条)按钮。

(2) 单击"1."立即菜单,切换到"从文件读入"选项,此时弹出如图 3-38 所示的"打开样条数据文件"对话框。

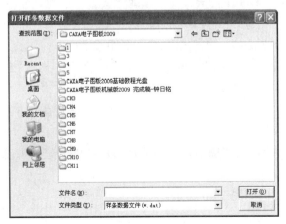

图 3-38　"打开样条数据文件"对话框

(3) 通过"打开样条数据文件"对话框选择所需要的数据文件，单击"打开"按钮，则系统读取文件中的数据来绘制样条曲线。

3.2.9 绘制等距线

等距线是根据选定的曲线经过偏移一定的距离来创建的，如图 3-39(a)所示。可以将首尾相连的图形元素作为一个整体进行等距操作，如图 3-39(b)所示。

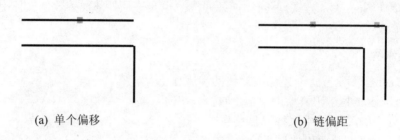

(a) 单个偏移   (b) 链偏距

图 3-39　创建偏距线

绘制等距线的典型方法及步骤如下。

(1) 在"绘图工具"工具栏中单击 (等距线)按钮。

(2) 根据制图需求，在立即菜单"1."中选择"单个拾取"选项或"链拾取"选项。

● "单个拾取"：只选择一个元素。

● "链拾取"：选择元素时，把与该元素首尾相连的元素也一起选中。

(3) 单击立即菜单"2."，选中"指定距离"选项或"过点方式"选项。

● "指定距离"：选中该选项时，选择箭头方向确定等距方向，根据给定距离的数值来生成选定曲线的等距线。

● "过点方式"：选中该选项时，通过某个给定的点生成给定曲线的等距线。

(4) 单击立即菜单"3."，可以选择"单向"选项或"双向"选项。

● "单向"：该选项用于只在用户选定曲线的一侧绘制等距线。

● "双向"：该选项用于在曲线两侧均绘制等距线。

(5) 在立即菜单"4."中选择"空心"选项或"实心"选项。

● "空心"：只绘制等距线，不进行填充。

● "实心"：绘制等距线，并在原曲线和等距线之间进行填充。

(6) 如果设置的是"2.指定距离"方式，那么还需要在立即菜单"5.距离"中设置偏移距离，在立即菜单"份数"中设置份数值。

(7) 如果在立即菜单"1."中选择"单个拾取"选项，并且在立即菜单"4."中选择"空心"选项，那么需要在立即菜单"份数"中设置偏距份数。

(8) 在提示下进行拾取曲线等操作，最后完成等距线的创建。可以继续创建等距线，右击结束命令操作。

创建等距线的一个示例如图 3-40 所示。

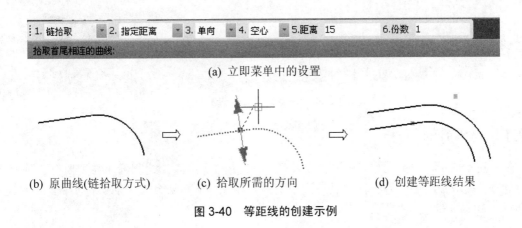

(a) 立即菜单中的设置

(b) 原曲线(链拾取方式)　　　(c) 拾取所需的方向　　　(d) 创建等距线结果

图 3-40　等距线的创建示例

3.2.10　绘制多段线

CAXA 电子图板中的多段线是作为单个对象创建的相互连接的线段序列。多段线可以是直线段、弧线段或两者的组合线段。

绘制多段线的典型方法和步骤如下。

(1) 在"绘图工具"工具栏中单击 ↷(多段线)按钮，打开如图 3-41 所示的立即菜单。

图 3-41　多段线立即菜单

(2) 单击立即菜单"1."可以切换为"直线"选项或"圆弧"选项。单击立即菜单"2."可以在"封闭"选项与"不封闭"选项之间切换。立即菜单"3."和"4."用于指定多段线的起始宽度和终止宽度。

根据制图要求设定绘制直线段还是绘制圆弧段。通过立即菜单进行切换可以很方便地绘制由直线段和圆弧段组成的连续复合线段。绘制多段线的示例如图 3-42 所示，其起始宽度和终止宽度均为 0。

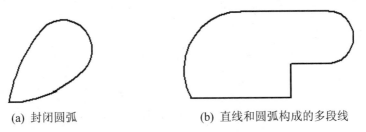

(a) 封闭圆弧　　　　　　　(b) 直线和圆弧构成的多段线

图 3-42　多段线绘制示例

再看绘制多段线的一个典型示例。该示例在多段线立即菜单中设置的参数如图 3-43(a)所示，接着指定第一点为(200,0)，第二点为(210,0)，完成绘制的具有宽度的多段线图形如图 3-43(b)所示，其起始宽度为 0，终止宽度为 5。

(a) 多段线立即菜单　　　　　　　　　　(b) 具有宽度的多段线

图 3-43　绘制具有宽度的多段线

3.2.11　绘制剖面线

在工程制图中，时常需要绘制剖面线来表示零件的剖切结果。绘制剖面线主要有两种方式，一种是通过拾取点绘制，另一种则是通过拾取边界绘制。下面结合典型的操作实例来介绍这两种绘制剖面线的方式。

1. 通过拾取点绘制剖面线

通过拾取点绘制剖面线的方法和步骤如下。

(1) 在"绘图工具"工具栏中单击🔲(剖面线)按钮。

(2) 在立即菜单"1."中选择"拾取点"选项。

(3) 在立即菜单"2."中选择"不选择剖面图案"选项，以按默认图案生成。接着分别设置"3.比例"、"4.角度"和"5.间距错开"的数值，如图 3-44 所示。

图 3-44　立即菜单中的设置

(4) 使用鼠标左键在封闭环内拾取一点，系统会自动默认从拾取点开始并从右向左搜索最小的封闭环，搜索到的封闭环上的各条曲线变为红色。此时右击确认，从而在该封闭环内绘制出一组按照立即菜单中设定参数的剖面线。

如果在一组封闭环内还有一组封闭环，那么在拾取环内点时要注意拾取位置。如图 3-45所示，拾取点位置不同，则绘制的剖面线区域也会有所不同。

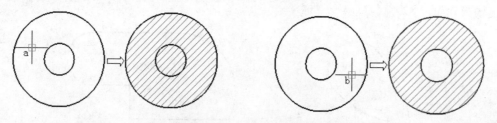

图 3-45　环内拾取点不同

再看一个通过拾取点绘制剖面线的范例。未绘制剖面线之前的图形如图 3-46(a)所示(随书光盘提供了配套练习文件"绘制剖面线范例.exb")。

(1) 在"绘图工具"工具栏中单击🔲(剖面线)按钮。

(2) 在立即菜单中设置"1.拾取点"、"2.不选择剖面图案"、"3.比例"的数值为5、"4.角度"的数值为135、"5.间距错开"的数值为0。

(3) 在"拾取环内点"提示下依次在如图 3-46(b)所示的区域 1、2、3 和 4 中单击。

(4) 右击,绘制的剖面线如图 3-46(c)所示。

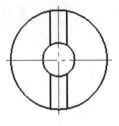
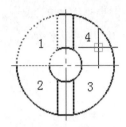
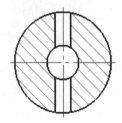

(a) 未绘制剖面线　　　　(b) 拾取环内点　　　　(c) 绘制的剖面线

图 3-46　通过拾取点绘制剖面线的范例

在执行"剖面线"命令的过程中,可以在立即菜单的"2."中单击,选择"选择剖面图案"选项,接着拾取环内一点,确定后系统弹出如图 3-47 所示的"剖面图案"对话框。在该对话框中可以从图案列表中选择剖面线图案,并设置剖面线的比例、旋转角度和间距错开参数。

图 3-47　"剖面图案"对话框

在"剖面图案"对话框中单击"高级浏览"按钮,打开如图 3-48 所示的"浏览剖面图案"对话框。从该对话框的"剖面图案"列表中可以很直观地选择所要的一种剖面图案。

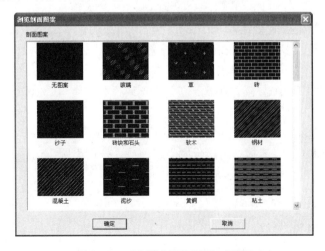

图 3-48　"浏览剖面图案"对话框

2. 通过拾取边界绘制剖面线

通过拾取边界绘制剖面线的方式是根据拾取到的曲线搜索环来创建剖面线。

(1) 在"绘图工具"工具栏中单击 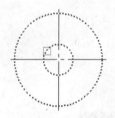(剖面线)按钮。

(2) 在立即菜单"1."中选择"拾取边界"选项。

(3) 确定剖面图案及参数。例如设置"2.不选择剖面图案",并分别设置"3.比例"、"4.角度"和"5.间距错开"的参数值。

(4) 通过鼠标拾取构成封闭环的若干条曲线,如图3-49所示。在拾取边界时,既可以单个拾取每一条曲线,也可以使用窗口快速拾取。

(5) 右击确认,完成剖面线绘制,如图3-50所示。

图 3-49   拾取边界曲线

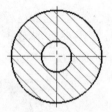

图 3-50   绘制剖面线

需要注意的是,要求所拾取的曲线能够构成互不相交的封闭环,否则无法生成剖面线。如果碰到拾取边界曲线不能生成互不相交的封闭环的情况,那么应该改为采用拾取点的方式。

3.3   高级曲线绘制

通常将由基本图形元素组成的一些特定的图形(或曲线)统称为高级曲线。本书将正多边、椭圆、波浪线、孔/轴、双折线、填充、公式曲线、箭头、齿轮和圆弧拟合样条归纳在高级曲线的范畴中,并对这些高级曲线的绘制方法及技巧进行详细介绍。

3.3.1   绘制正多边形

可以在绘图区的指定位置处绘制一个给定半径、边数的正多边形,如正方形、正五边形、正六边形和正七边形等。多边形生成后属性为多段线。

(1) 在"绘图工具"工具栏中单击 (正多边形)按钮。

(2) 在立即菜单"1."中选中"中心定位"选项或"底边定位"选项。

(3) 当设置为"1.中心定位"时,可以单击立即菜单"2.",以在"给定半径"和"给定边长"选项之间切换,选项不同则要设定的参数也会有所不同。如果选择"给定半径"选项,那么还需要在立即菜单"3."中选择"内接于圆"选项或"外切于圆"选项,并需要分别设置"4.边数"和"5.旋转角"的参数或选项,如图3-51所示。

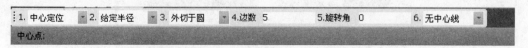

图 3-51   按"中心定位"设置立即菜单参数和选项

然后在提示下输入中心点，并在提示下指定圆上点或内切圆(或外接圆)半径。

(4) 当设置为"1.底边定位"时，则可根据制图需求分别设置"2.边数"、"3.旋转角"的参数值和选择"4.无中心线"选项，如图 3-52 所示。

图 3-52　按"底边定位"设置立即菜单参数和选项

在提示下输入第一点，接着输入第二点或边长。

【**课堂范例**】 绘制正多边形的示例如图 3-53 所示。有兴趣的读者可以采用上述方法绘制这些正多边形。

图 3-53　绘制正多边形的示例

3.3.2　绘制椭圆

绘制椭圆的方式包括"给定长短轴"、"轴上两点"和"中心点_起点"。下面结合实例介绍如何使用这些方式绘制椭圆。

1. "给定长短轴"方式

采用"给定长短轴"方式绘制椭圆的方法和步骤如下。

(1) 在"绘图工具"工具栏中单击 ⬭(椭圆)按钮。

(2) 在立即菜单"1."中选择"给定长短轴"选项。

(3) 在立即菜单中设置"2.长半轴"、"3.短半轴"、"4.旋转角"、"5.起始角"和"6.终止角"参数，如图 3-54 所示。

图 3-54　椭圆的立即菜单

(4) 在"基准点："的提示下输入基准点的坐标为(256,0)，按 Enter 键确认后完成的椭圆如图 3-55 所示。

知识点拨

如果在椭圆绘制的立即菜单中设置椭圆的起始角为 0，终止角为 270，那么绘制的椭圆弧如图 3-56 所示。

2. "轴上两点"方式

采用"轴上两点"方式绘制椭圆的方法和步骤如下。

(1) 在"绘图工具"工具栏中单击 ⬭(椭圆)按钮。

(2) 在立即菜单"1."中选择"轴上两点"选项。

(3) 输入轴上第一点的坐标为(299,0)，接着输入轴上第二点的坐标为(500,0)。

(4) 输入另一轴的半径为60。绘制完的椭圆如图3-57所示。

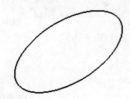 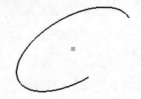

图 3-55 绘制的完整椭圆　　　　　　　　图 3-56 绘制的一段椭圆弧

3. "中心点_起点"方式

采用"中心点_起点"方式绘制椭圆的方法和步骤如下。

(1) 在"绘图工具"工具栏中单击 ⬭(椭圆)按钮。

(2) 在立即菜单"1."中选择"中心点_起点"选项。

(3) 在"中心点"提示下使用键盘输入"300,200"，按 Enter 键。

(4) 在"起点"提示下使用键盘输入"360,118"，按 Enter 键。

(5) 在"另一半轴的长度"提示下使用键盘输入"200"，按 Enter 键。

使用"中心点_起点"方式绘制完的椭圆效果如图3-58所示。

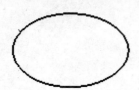 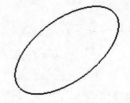

图 3-57 采用"轴上两点"方式绘制的椭圆　　　图 3-58 采用"中心点_起点"方式绘制的椭圆

3.3.3 绘制波浪线

可以按照给定的方式绘制波浪形状的曲线，改变该曲线的波峰高度则可以调整波浪曲线各段的曲率和方向。所述的这类波浪形状的曲线被形象地称为"波浪线"。

绘制波浪线的方法和步骤比较简单。例如采用以下步骤绘制一条波浪线。

(1) 在菜单栏的"绘图"菜单中选择"波浪线"命令，或者在"绘图工具Ⅱ"工具栏中单击 ∿(波浪线)按钮。

(2) 单击立即菜单"1.波峰"，在其文本框中输入新的波峰值实数，如图3-59所示。注意输入的波峰值应在(-100,100)范围内。

图 3-59 更改波峰值

(3) 按照提示连续指定几个点，从而绘制出一条波浪线，其中每指定的两个相邻点之间会形成一个波峰和一个波谷。例如在本例中通过键盘依次输入(0,0)、(12,0)、(24,0)、(36,0)和(100,0)坐标，最后右击，绘制完成的波浪线如图 3-60 所示。

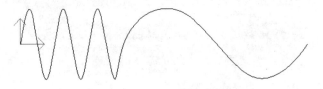

图 3-60　绘制的波浪线

3.3.4　绘制孔/轴

在 CAXA 电子图板中提供的"孔/轴"功能是很实用的，使用该功能可以在给定位置绘制出带有中心线的轴和孔，也可以绘制出带有中心线的圆锥孔和圆锥轴。

绘制孔/轴的典型操作方法和步骤如下。

(1) 在菜单栏的"绘图"菜单中选择"孔/轴"命令，或者在"绘图工具Ⅱ"工具栏中单击 (孔/轴)按钮。

(2) 单击立即菜单"1."，可以在"孔"和"轴"之间切换。轴和孔的绘制方法都是相同的，只是在绘制孔时系统省略孔两端的端面线，如图 3-61 所示。

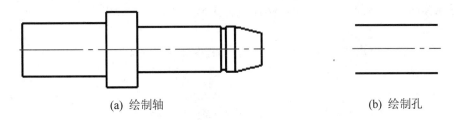

(a)　绘制轴　　　　　　　　　　　　　　(b)　绘制孔

图 3-61　绘制孔/轴

(3) 单击立即菜单"2."，可以在"直接给出角度"选项和"两点确定角度"选项之间切换。

(4) 移动光标或使用键盘输入一个插入点。此时立即菜单出现的相关内容如图 3-62 所示。

图 3-62　立即菜单

(5) 分别设置起始直径、终止直径，并可以单击立即菜单"4."以选择"有中心线"或"无中心线"选项。选中"有中心线"选项时，表示在要绘制的轴或孔上自动添加中心线，并可以设置中心线延伸长度；选中"无中心线"选项时，则绘制的轴或孔上不会添加上中心线。

(6) 根据提示进行操作来绘制当前设定参数的一段轴或孔。完成一段轴(或孔)后，可根据设计要求设置下一阶梯轴(或孔)的参数(如起始直径、终止直径)，然后指定轴(或孔)上的一点或轴(或孔)的长度。右击停止操作。

【课堂范例】 绘制一个阶梯轴的操作实例。

绘制阶梯轴的方法和步骤如下。

(1) 在菜单栏的"绘图"菜单中选择"孔/轴"命令。

(2) 在立即菜单中设置的内容与条件为"1.轴"、"2.直接给出角度",并设置"3.中心线角度"的值为 0,如图 3-63 所示。

图 3-63　在立即菜单中设置

(3) 使用键盘输入"0,0",按 Enter 键。

(4) 单击立即菜单"2.起始直径",输入起始直径为 25,按 Enter 键确认后,立即菜单如图 3-64 所示。终止直径也随之默认为 25。

图 3-64　设置起始直径和终止直径

(5) 移动光标至 X 轴正方向区域,在"轴上一点或轴的长度"提示下输入"38",按 Enter 键。输入的"38"表示轴的长度为 38。

(6) 在立即菜单中单击"2.起始直径",输入起始直径为 45。系统自动将终止直径也设置为 45。

(7) 将光标向要绘制轴的右侧方向移动,如图 3-65 所示,接着通过键盘输入轴的长度为 15,单击☑(确定)按钮。

(8) 在立即菜单中单击"2.起始直径",输入起始直径为 30。

(9) 在立即菜单中单击"3.终止直径",输入终止直径为 20。

(10) 向右侧移动光标至适当位置以指示轴生成方向,接着通过键盘输入轴的长度为 30。

(11) 右击,结束该命令操作。完成绘制的阶梯轴如图 3-66 所示。

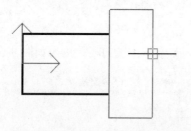

图 3-65　使用鼠标确定轴的生成方向

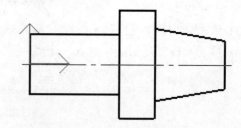

图 3-66　绘制的阶梯轴

3.3.5　双折线

在实际设计中,可以使用双折线来表示一些按比例绘制会超出图幅限制的图形,使绘制的图形得以完全位于图幅图框内。用户可以通过直接输入两点来绘制双折线,也可以通过拾取现有的一条直线来将其改变为双折线。

绘制双折线的典型方法和步骤如下。

(1) 在菜单栏的"绘图"菜单中选择"双折线"命令,或者在"绘图工具Ⅱ"工具栏中单

击 ⌐ᴧ⌐(双折线)按钮。

(2) 在立即菜单"1."中单击,可以切换为"折点个数"选项或"折点距离"选项。

● "折点个数":需要在立即菜单"2.个数"中设置折点的个数,然后拾取直线或点来生成给定折点个数的双折线。

● "折点距离":需要在立即菜单"2.距离"中设置折点的距离值,然后拾取直线或点来生成给定折点距离的双折线。

双折线的示例如图 3-67 所示。

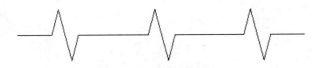

图 3-67　双折线示例

3.3.6　填充

填充这一种特殊类型的图形实际上是填充封闭区域的内部而形成的,例如对某些部件剖面进行涂黑,如图 3-68 所示。有些资料将填充归纳在基本曲线的范畴里面。

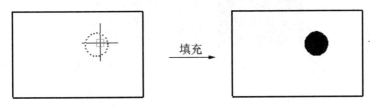

图 3-68　填充示例

执行填充操作的方法及步骤是比较简单的,即在"绘图工具"工具栏中单击 ⬤(填充)按钮,接着使用鼠标左键拾取要填充的封闭区域内任意一点(环内点),右击结束命令操作即可。

3.3.7　绘制公式曲线

所谓公式曲线是指根据数学表达式(或参数表达式)创建的曲线图形。使用公式曲线可完成一些复杂的精确图形。在设计中,用户只需要在交互界面中输入数学公式,设定参数等,系统便可以自动绘制出该数学公式描述的曲线。

【**课堂范例**】 通过三角函数绘制一条公式曲线的典型范例。

通过三角函数绘制公式曲线的方法和步骤如下。

(1) 在"绘图工具"工具栏中单击 ⌐(公式曲线)按钮,或者在"绘图"菜单中选择"公式曲线"命令,打开如图 3-69 所示的"公式曲线"对话框。

(2) 在"坐标系"选项组中选中"直角坐标系"单选按钮或"极坐标系"单选按钮。在本例中选择"直角坐标系"单选按钮。

(3) 在"参数"选项组中,设置参变量、起始值和终止值,定制单位,并在相应的编辑文本框中输入公式名、公式和精度,然后单击"预显"按钮,则要绘制的公式曲线显示在"公式

曲线"对话框左上角的预览框中，如图 3-70 所示。

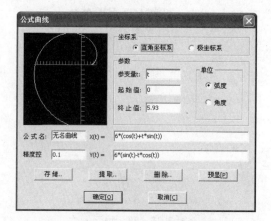

图 3-69 "公式曲线"对话框

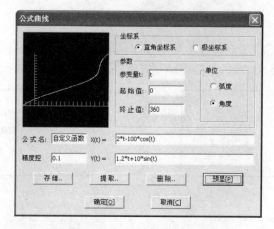

图 3-70 定制公式曲线

知识点拨

在"公式曲线"对话框中还提供了"存储"、"提取"和"删除" 3 个实用的按钮。"存储"按钮用于保存当前设置的曲线公式，"提取"按钮用于从列出的已存在公式曲线库中选取所需的曲线，"删除"按钮用于删除从列出的已存在公式曲线库中选定的曲线。

(4) 在"公式曲线"对话框中单击"确定"按钮。

(5) 指定曲线定位点。例如，通过键盘输入定位点的坐标为(500,100)，确认后在绘图区可以看到绘制好的公式曲线，如图 3-71 所示。

图 3-71 绘制的公式曲线

3.3.8 绘制箭头

允许在样条、圆弧、直线或某一个点处绘制指定正方向或反方向的一个实心箭头,如图 3-72 所示。

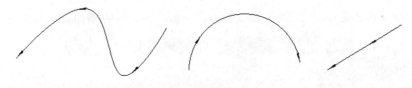

图 3-72 绘制箭头的示例

绘制箭头的典型方法和步骤如下。

(1) 在菜单栏的"绘图"菜单中选择"箭头"命令,或者在"绘图工具 II"工具栏中单击 ✎(箭头)按钮。

(2) 单击立即菜单"1.",可以在"正向"选项和"反向"选项之间切换。

(3) 拾取直线、圆弧、样条或第一点,然后在"箭头位置"操作提示下使用鼠标来确定箭头位置。

用户可以使用"箭头"命令像绘制两点线一样绘制带箭头的直线,在创建过程中如果选择"反向"选项,那么箭头由指定的第 2 点指向第 1 点;如果选择"正向"选项,那么箭头由第 1 点指向第 2 点,如图 3-73 所示。如果在某一点处要绘制不带引线的箭头,那么在选定"箭头位置"后不必拖动鼠标,直接单击即可。绘制的箭头如图 3-74 所示。

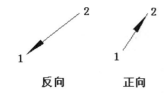

图 3-73 指定两点绘制带引线的箭头　　　　　**图 3-74 不带引线的箭头**

> **知识点拨**
>
> 在 CAXA 电子图板中,箭头生成方向的定义法则如下(摘自 CAXA 电子图板帮助文件)。
>
> 直线:当箭头指向与 X 正半轴的夹角大于等于 0° 小于 180° 时为正向,大于等于 180° 小于 360° 时为反向。
>
> 圆弧:逆时针方向为箭头的正方向,顺时针方向为箭头的反方向。
>
> 样条:逆时针方向为箭头的正方向,顺时针方向为箭头的反方向。
>
> 指定点:指定点的箭头无正、反方向之分,它总是指向该点。

3.3.9 绘制齿轮

在 CAXA 电子图板中绘制齿轮零件图是很方便的,系统允许根据设定的参数生成整个齿轮或生成给定个数的齿形。注意 CAXA 电子图板系统要求齿轮模数大于 0.1 而小于 50,齿数大于等于 5 而小于 1000。

绘制齿轮的典型方法和步骤如下。

(1) 在菜单栏的"绘图"菜单中选择"齿轮"命令，或者在"绘图工具Ⅱ"工具栏中单击 ⚙(齿轮)按钮。

(2) 系统弹出"渐开线齿轮齿形参数"对话框，从中可以设置齿轮的基本参数(包括齿数、压力角、模数和变位系数)以及其他参数，如齿顶高系数和齿顶隙系数等，如图 3-75 所示。

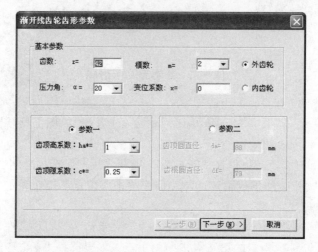

图 3-75　"渐开线齿轮齿形参数"对话框

(3) 在"渐开线齿轮齿形参数"对话框中设置好尺寸的相关参数后，单击"下一步"按钮，系统弹出"渐开线齿轮齿形预显"对话框，如图 3-76 所示。

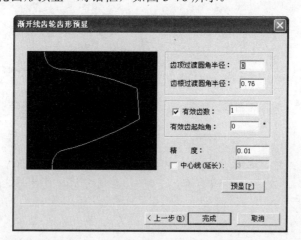

图 3-76　"渐开线齿轮齿形预显"对话框

在"渐开线齿轮齿形预显"对话框中，可以根据经验或设计手册设置齿顶过渡圆角半径、齿根过渡圆角半径、有效齿数、有效齿起始角和精度等。设定参数后单击"预显"按钮来观察要生成的齿形。

如果要修改上一步设置的参数，那么可以单击"上一步"按钮返回到"渐开线齿轮齿形参数"对话框进行设置操作。

在“渐开线齿轮齿形预显”对话框中单击“完成”按钮，然后指定齿轮定位点即可绘制按照参数设定的齿轮形状。齿轮绘制示例如图 3-77 所示。要绘制完整齿形，需要在先前的“渐开线齿轮齿形预显”对话框中取消选中“有效齿数”复选框。

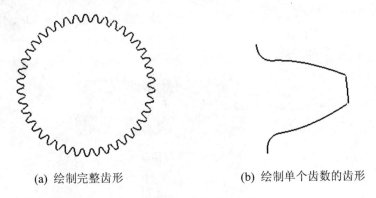

(a) 绘制完整齿形　　(b) 绘制单个齿数的齿形

图 3-77　齿轮绘制示例

3.3.10　圆弧拟合样条

使用系统提供的“圆弧拟合样条”功能，可以将样条分解为多段圆弧，并且可以指定拟合精度，也就是可以用多段圆弧拟合已有的样条曲线。

(1) 在菜单栏的“绘图”菜单中选择“圆弧拟合样条”命令，或者在“绘图工具Ⅱ”工具栏中单击(圆弧拟合样条)按钮。

(2) 在立即菜单中设置参数，如图 3-78 所示。在“1.”下拉列表框中可以选择“不光滑连续”选项或“光滑连续”选项；在“2.”下拉列表框中可以选择“保留原曲线”选项或“删除原曲线”选项；在“3.拟合误差”和“4.最大拟合半径”中设置所需的参数。

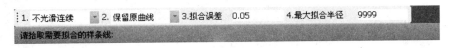

图 3-78　在立即菜单中设置参数

(3) 拾取需要拟合的样条线。完成圆弧拟合样条操作后，用户可以在菜单栏的“工具”→“查询”级联菜单中选择“元素属性”命令，接着使用窗口方式选择样条的所有拟合圆弧，然后右击确定，则系统弹出一个记事本对话框，显示各拟合圆弧的属性，如图 3-79 所示。

attribute - 记事本

文件(F) 编辑(E) 格式(O) 查看(V) 帮助(H)

第 1 个实体 圆弧
层: 0层
线型: ByLayer
线型比例: 1.00
线宽: ByLayer
颜色: ByLayer
圆心: X = 316.787, Y = -25.918
半径: 19.323
起点: X = 306.514, Y = -9.552
终点: X = 303.291, Y = -12.090
圆心角: 12.187
弧长: 4.110

第 2 个实体 圆弧

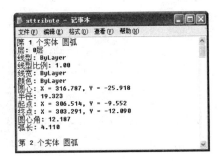

图 3-79　查询样条拟合圆弧属性

3.4 绘 制 文 字

在工程制图工作中，通常需要在图纸上注写各种技术说明，包括常见的技术要求等。

在"绘图工具"工具栏中单击 **A**(文字)按钮，出现立即菜单，在"1."下拉列表框中提供了 3 种文字绘制方式，即"指定两点"、"搜索边界"和"曲线文字"，如图 3-80 所示。

图 3-80　文字立即菜单

1) 指定两点

当选择"指定两点"选项时，接着根据提示使用鼠标指定要标注文字的矩形区域的第一角点和第二角点，系统弹出"文本编辑器"对话框和文字输入框，如图 3-81 所示。在"文本编辑器"对话框中设置文字参数，在文字输入框中输入文字，然后单击"文本编辑器"对话框的"确定"按钮即可。

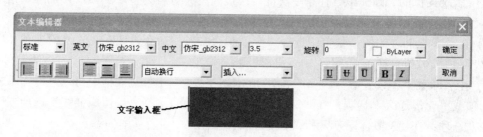

图 3-81　"文本编辑器"对话框与文字输入框

使用"文本编辑器"对话框可以单独编辑在文字输入框内选择的文字的相关属性，如字高、颜色、字体等，如图 3-82 所示的文本编辑示例。

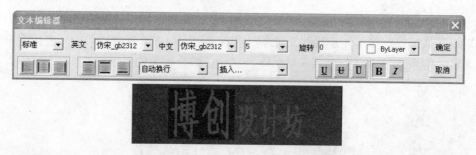

图 3-82　编辑指定文字的字高等属性

文字创建好之后，如果不满意，那么可以在绘图区双击它，打开"文本编辑器"对话框与文本输入框，然后即时修改文字的相关属性，如颜色、字体或字高等。

2) 搜索边界

当选择"搜索边界"选项时，需要设置边界间距参数值(如图 3-83 所示)，以及指定矩形边界内的一点，系统在矩形边框内根据边界间距而出现文字输入框，同时将弹出"文本编辑器"对话框，如图 3-84 所示。输入文字和编辑文本属性，然后单击"确定"按钮即可。

图 3-83 设置边界间距

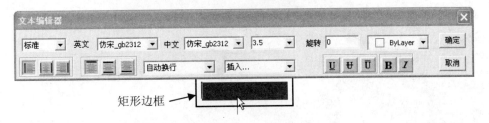

图 3-84 "文本编辑器"对话框与文字输入框

在矩形边界内绘制文字的示例如图 3-85 所示。

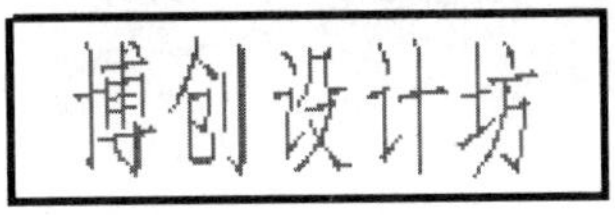

图 3-85 以"搜索边界"方式完成的文字

3) 曲线文字

当选择"曲线文字"选项时，则根据提示拾取曲线，接着拾取文字标注的方向，如图 3-86 所示。然后分别指定起点和终点，系统将弹出如图 3-87 所示的"曲线文字参数"对话框，利用该对话框设置曲线文字的相关参数及内容，然后单击"确定"按钮即可。

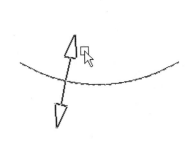

图 3-86 拾取所需的方向

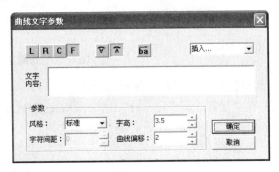

图 3-87 "曲线文字参数"对话框

下面介绍"曲线文字参数"对话框中的各种参数和含义。

对齐方式：L用于设置文字左对齐，R用于设置文字右对齐，C用于设置文字居中对齐，F用于设置文字均布对齐。

文字方向：用于设置文字书写方向的按钮有、和。应用文字方向的典型示例如图 3-88 所示。

文字内容：在"文字内容"文本框中输入文字，如果需要则可以使用"插入"下拉列表框来插入一些特殊符号，如"Φ"、"°"、"±"、"×"、"%"、"偏差"、"上下标"、"分数"、"粗糙度"、"尺寸特殊符号"、"其他字符"、"开始上划线"、"开始下划线"等。

文字参数：在"参数"选项组中可以设置文字样式(文字风格)、字符间距、字高和曲线偏移参数(即文字与曲线的偏移距离)等。

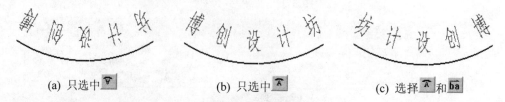

(a) 只选中 (b) 只选中 (c) 选择 和

图 3-88　文字书写方向的典型示例

使用"曲线文字"方式绘制的一个文本效果如图 3-89 所示。

图 3-89　绘制的文本效果

【**课堂范例**】 在绘图区绘制如图 3-90 所示的标注文本。

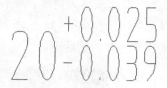

图 3-90　绘制文本示例

绘制本范例中的文本的步骤如下。

(1) 在"绘图工具"工具栏中单击 **A**(文字)按钮。

(2) 单击立即菜单"1."，选择"指定两点"选项。

(3) 在绘图区域分别指定两角点来定义标注文字的矩形区域，如图 3-91 所示。

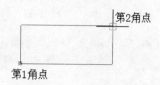

图 3-91　指定矩形区域

(4) 系统弹出一个文字输入框和"文本编辑器"对话框。在"文本编辑器"对话框的"文本样式"下拉列表框中选择"机械"选项，选中▊(垂直居中)按钮和▊(水平居中)按钮，其他默认，接着在文字输入框中输入"20"，如图 3-92 所示。

图 3-92　设置文本属性和输入基本文本

（5）在"文本编辑器"对话框中打开"插入"下拉列表框，从中选择"偏差"选项，如图 3-93 所示，系统弹出"上下偏差"对话框。设置上偏差为"+0.025"，下偏差为"-0.039"，如图 3-94 所示，然后单击"上下偏差"对话框中的"确定"按钮。

图 3-93　选择"偏差"选项

图 3-94　设置上下偏差

（6）此时在文字输入框中可以看到预览的尺寸偏差显示效果如图 3-95 所示。然后单击"确定"按钮，完成本例文本的输入操作。

图 3-95　完成文字输入

使用同样的方法，绘制如图 3-96 所示的组合文字。在绘制该表示其余粗糙度的文字的过程中需要在"文本编辑器"对话框的"插入"下拉列表框中选择"粗糙度"选项，系统弹出如图 3-97 所示的"表面粗糙度"对话框，然后进行相关的参数设置。

【课堂范例】　在绘图区的曲线上方绘制文字。

（1）打开随书光盘提供的配套文件"曲线文字范例.exb"，该文件已经绘制好了一个波浪线，如图 3-98 所示。

（2）在"绘图工具"工具栏中单击 **A**(文字)按钮。

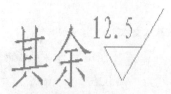

图 3-96　绘制其余粗糙度

图 3-97　"表面粗糙度"对话框

图 3-98　原始波浪线

(3) 单击立即菜单"1."，选择"曲线文字"选项。

(4) 在绘图区选择原始波浪线，如图 3-99 所示，在所选曲线上出现两个箭头，在状态栏中显示"请拾取所需的方向"提示信息。在波浪线上方区域单击确定文字生成方向。

图 3-99　选择原始波浪线

(5) 选择波浪线左端点作为起点，右端点作为终点，系统弹出"曲线文字参数"对话框。

(6) 在"曲线文字参数"对话框中设置如图 3-100 所示的参数和文字内容，注意风格采用"机械"，字高设置为 10，曲线偏移值设置为 2。

图 3-100　设置曲线文字参数

(7) 在“曲线文字参数”对话框中单击“确定”按钮，创建的文字如图3-101所示。

博创设计坊——CAXA培训专家

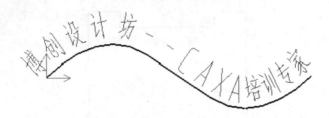

图3-101　完成的文字效果

3.5　综合绘制实例演练

本节介绍两个综合绘制实例，目的是使读者温习和巩固本章学习的一些绘制命令，并且掌握一些综合绘制技巧等。

3.5.1　实例演练1——多图形组合

要绘制的图形如图3-102所示。在该实例中主要应用到“多段线”、“圆”、“矩形”、“等距线”和“中心线”等绘制命令。

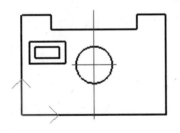

图3-102　要绘制的图形

步骤1：绘制轮廓线。

(1) 在“绘图工具”工具栏中单击(多段线)按钮。

(2) 在“多段线”立即菜单中的设置如图3-103所示。

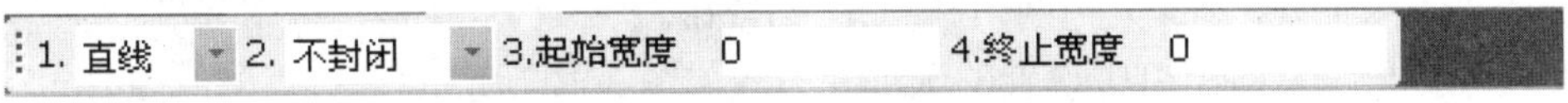

1. 直线
2. 不封闭
3.起始宽度 0
4.终止宽度 0

图3-103　在“多段线”立即菜单中的设置

(3) 使用键盘输入第一点的坐标为(0,0)，按Enter键确认该点输入。

(4) 继续使用键盘依次输入其他点，这些点的坐标依次是(100,0)、(100,68)、(80,68)、(80,58)、(20,58)、(20,68)、(0,68)和(0,0)。

操作点拨

可以在状态栏中启用“正交”模式，那么在绘制下一条直线时可以先使用鼠标确定下一条直线的生成方向，然后输入直线长度，按Enter键即可绘制这一段直线。

(5) 右击结束多段线的绘制。绘制的多段线如图 3-104 所示。

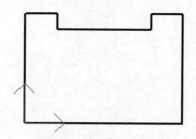

图 3-104　绘制的多段线

步骤 2：绘制圆。

(1) 在"绘图工具"工具栏中单击⊙(圆)按钮。

(2) 在"圆"立即菜单中设置如图 3-105 所示的选项及参数。

图 3-105　在"圆"立即菜单中的设置

(3) 使用键盘输入圆心点的坐标为(50,34)。

(4) 使用键盘输入半径为 12.5。

(5) 右击结束圆的绘制。绘制的圆如图 3-106 所示。

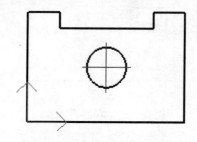

图 3-106　绘制的圆

步骤 3：绘制矩形。

(1) 在"绘图工具"工具栏中单击▭(矩形)按钮。

(2) 在"矩形"立即菜单中设置的选项及参数如图 3-107 所示。

图 3-107　"矩形"立即菜单

(3) 输入定位点的坐标为(5,50)。完成绘制的矩形如图 3-108 所示。

步骤 4：绘制等距线。

(1) 在"绘图工具"工具栏中单击⊡(等距线)按钮。

(2) 在"等距线"立即菜单中的设置如图 3-109 所示。

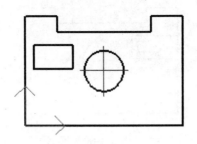

图 3-108　绘制的矩形

图 3-109　在"等距线"立即菜单中的设置

(3) 使用鼠标拾取矩形。

(4) 在"请拾取所需的方向"提示下单击矩形内部区域一点，如图 3-110 所示。

(5) 右击结束等距线操作。完成该等距线的图形效果如图 3-111 所示。

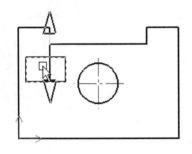

图 3-110　设置所需的方向

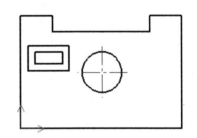

图 3-111　绘制等距线

步骤 5：绘制中心线。

(1) 在"绘图工具"工具栏中单击 ✏ (中心线)按钮。

(2) 接受立即菜单"1.延伸长度"的默认值为 3，如图 3-112 所示。

(3) 在提示下分别单击如图 3-113 所示的轮廓线段 1 和轮廓线段 2。

图 3-112　指定延伸长度

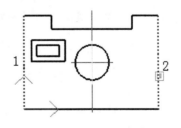

图 3-113　选择两条直线

(4) 右击确认。最终完成的图形如图 3-114 所示。

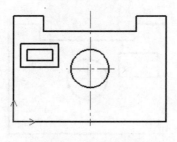

图 3-114　完成的图形

3.5.2　实例演练 2——轴视图绘制

要绘制的轴视图如图 3-115 所示。在该实例中主要应用到"孔/轴"、"多段线"、"直线"和"圆弧"命令，并注意线型设置和图层应用。开始绘制图形之前，确保将线型设置为"粗实线"。

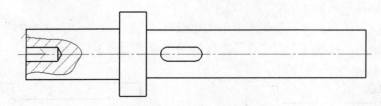

图 3-115　要绘制的轴视图

步骤 1：绘制轴。

(1) 在菜单栏的"绘图"菜单中选择"孔/轴"命令，或者在"绘图工具Ⅱ"工具栏中单击 ⊯(孔/轴)按钮。

(2) 单击立即菜单"1."，在其中选择"轴"选项，接着在立即菜单"2."中选择"两点确定角度"选项。

(3) 在"插入点："提示下输入"0,0"，按 Enter 键。

(4) 单击立即菜单"2.起始直径"，输入起始直径为 18，系统自动将终止直径也设置为 18，在"4."下拉列表框中选择"有中心线"选项，如图 3-116 所示。

| 1. 轴 ▼ | 2.起始直径 | 18 | 3.终止直径 | 18 | 4. 有中心线 ▼ | 5.中心线延伸长度 | 3 |

请确定轴的角度和长度(点)：

图 3-116　设置起始直径和终止直径等参数

(5) 在屏幕右下角的下拉列表框中选择"导航"模式，接着使用光标在 X 轴正方向上放置以指示沿着 X 轴导航。在"请确定轴的角度和长度(点)"提示下输入"35"，按 Enter 键，绘制的该段长度为 35 的轴如图 3-117 所示。

(6) 单击立即菜单"2.起始直径"，输入起始直径为 30，其终止直径也为 30。

(7) 使用鼠标确定轴向方向，输入新轴段的长度为 10。

(8) 单击立即菜单"2.起始直径"，输入起始直径为 17，其终止直径也为 17。

(9) 使用同样的方法，在轴向方向上指定新轴段的长度为 80。

(10) 右击结束"孔/轴"绘制命令。绘制的轴如图 3-118 所示。

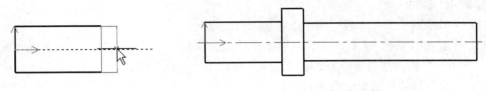

图 3-117 完成一段轴 　　　　　　图 3-118 绘制的轴

步骤 2：绘制多段线。

(1) 在菜单栏的"绘图"菜单中选择"多段线"命令。

(2) 在立即菜单中设置"1.直线"、"2.不封闭"选项，并设置"3.起始宽度"和"4.终止宽度"的值为 0。不启用正交模式。

(3) 输入第一点的坐标为(52.5,-2.5)，输入第二点的坐标为(62.5,-2.5)。

(4) 单击立即菜单"1.直线"，使其选项切换为"圆弧"。

(5) 使用键盘输入下一点的坐标为(62.5,2.5)并确认。

(6) 单击立即菜单"1.圆弧"，使其选项切换为"直线"。

(7) 使用键盘输入下一点的坐标为(52.5,2.5)并确认。

(8) 单击立即菜单"1.直线"，使其选项切换为"圆弧"。

(9) 使用鼠标捕捉并单击如图 3-119 所示的端点。

(10) 右击，完成的键槽轮廓线如图 3-120 所示。

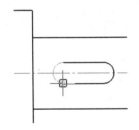 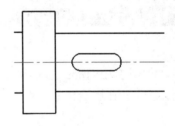

图 3-119 单击所需的端点 　　　　　　图 3-120 绘制的键槽轮廓线

步骤 3：绘制孔。

(1) 在菜单栏的"绘图"菜单中选择"孔/轴"命令，或者在"绘图工具Ⅱ"工具栏中单击 (孔/轴)按钮。

(2) 在孔立即菜单中设置"1.孔"、"2.直接给出角度"，并且设置"3.中心线角度"的值为 0。

(3) 在"插入点："提示下输入"0,0"，按 Enter 键。

(4) 单击立即菜单"2.起始直径"，设置起始直径为 5，其终止直径也随之默认为 5。

(5) 使用鼠标确定孔的角度并输入长度为 12，然后右击。绘制的孔如图 3-121 所示。

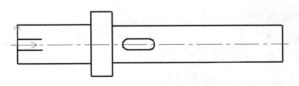

图 3-121 绘制的孔

步骤4：绘制"两点"直线。

(1) 在"绘图工具"工具栏中单击✎(直线)按钮。

(2) 单击立即菜单"1."，在该立即菜单的上方弹出一个选项菜单，从中选择"两点线"选项。使用同样的方法设置"2.单根"，并且不启用"正交"模式。

(3) 使用鼠标依次拾取如图3-122所示的点1和点2。

(4) 右击结束该直线命令绘制。绘制的直线如图3-123所示。

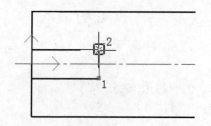

图 3-122　拾取两点绘制直线　　　　　图 3-123　绘制的直线段

步骤5：绘制角度线。

(1) 在"绘图工具"工具栏中单击✎(直线)按钮。

(2) 在立即菜单中设置相关的选项及参数，如图3-124所示。

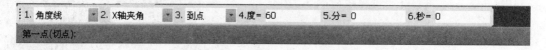

图 3-124　设置角度线参数

(3) 单击如图3-125所示的A端点，接着使用导航功能指定如图3-126所示的B点作为第二点，B点位于X轴上。

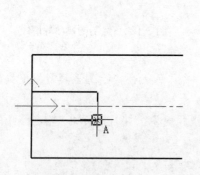
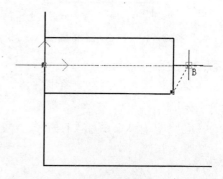

图 3-125　指定第一点　　　　　　　图 3-126　指定第二点

使用同样的方法，绘制另一根角度线，完成的角度线如图3-127所示。

步骤6：绘制样条曲线。

(1) 绘制样条曲线之前，在"颜色图层"工具栏的线宽下拉列表框中选择"细线"，如图3-128所示，以使接下来绘制的样条曲线为细实线。

(2) 在"绘图工具"工具栏中单击〜(样条)按钮。

(3) 在立即菜单中设置"1.直接作图"、"2.缺省切矢"和"3.开曲线"。

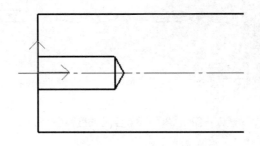

图 3-127　绘制的角度线

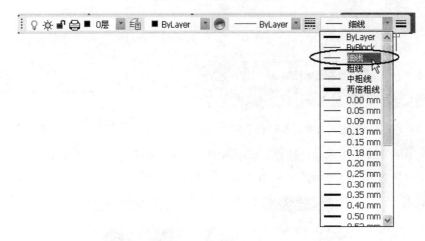

图 3-128　选择"细线"

(4) 在状态栏的点捕捉状态设置区选择"导航"选项。

(5) 使用鼠标并结合导航捕捉等功能依次指定若干点来绘制样条曲线,然后右击结束样条绘制命令。绘制的样条曲线如图 3-129 所示。

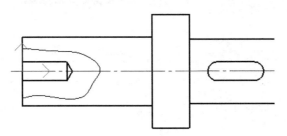

图 3-129　绘制样条曲线

步骤 7:绘制剖面线。

(1) 在"颜色图层"工具栏的层下拉列表框中选择"剖面线层",并设置其他 3 个列表框的选项为 ByLayer,如图 3-130 所示。

(2) 在"绘图工具"工具栏中单击 (剖面线)按钮。

(3) 在立即菜单"1."中选择"拾取点"选项,在立即菜单"2."中切换为"选择剖面图案"选项,如图 3-131 所示。

(4) 分别在如图 3-132 所示的区域 1 和区域 2 内单击,然后右击。

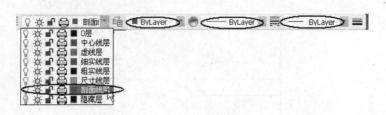

图 3-130　设置层及线型类型

图 3-131　在"剖面线"立即菜单中进行选项设置

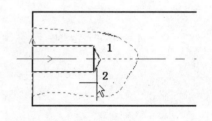

图 3-132　拾取环内点

(5) 系统弹出"剖面图案"对话框，从"图案列表"列表框中选择 ANSI31，并设置"比例"为 1，"旋转角"为 0，"间距错开"值为 0，如图 3-133 所示。

图 3-133　选择剖面图案

(6) 在"剖面图案"对话框中预览剖面线满意后，单击"确定"按钮。完成绘制的剖面线如图 3-134 所示。

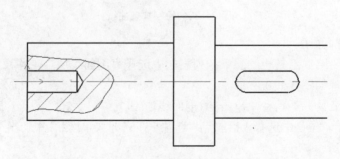

图 3-134　绘制完成的剖面线

3.6 本章小结

CAXA 电子图板的特点在于其强大的二维绘制功能。本章结合软件应用特点深入浅出地、全面地介绍了图形绘制的方法与技巧等。

首先列举常用的图形绘制工具，让读者初步了解有哪些绘制命令工具以及它们所在的位置。用户可以从 CAXA 电子图板的"绘图"菜单或功能区中选择图形元素的具体绘制命令，也可以从"绘图工具"工具栏或"绘图工具 II"工具栏中选用相关的绘图工具，并在立即菜单中选择创建方式。不管是执行菜单命令，还是执行工具栏中的绘图工具并使用立即菜单选项，两者的目标功能是一样的。

初识图形绘制命令工具后，接着便详细地介绍了基本曲线绘制、高级曲线绘制和文字绘制的知识点。本书将点、直线、平行线、圆、圆弧、矩形、中心线、样条曲线、等距线、多段线和剖面线归纳为基本曲线；将正多边形、椭圆、波浪线、孔/轴、双折线、填充、公式曲线、箭头、齿轮和圆弧拟合样条等归纳在高级曲线的范畴中。这些曲线的绘制方法一定要熟练掌握，它们是软件应用的基础所在。至于如何注写文字，也是很重要的，例如在工程制图工作中，通常需要在图纸上注写各种技术说明，包括常见的技术要求等。系统提供了 3 种文字绘制方式，即"指定两点"、"搜索边界"和"曲线文字"。

在学习完图形绘制命令工具的使用方法后，特意介绍两个综合绘制实例演练，目的是通过应用操作来让读者温习和快速掌握本章所介绍的一些重要知识点，并体会较为复杂的图形绘制思路和方法，学以致用，举一反三。

通过本章的学习，将为后面章节的深入学习打下扎实的基础。

3.7 思考与练习

(1) 如何设置在 CAXA 电子图板工作界面中显示"绘图工具"工具栏和"绘图工具 II"工具栏？怎样才能在功能区中找到基本绘图和高级绘图的命令？

(2) 绘制点包括哪两种典型情形？试举例来说明。

(3) 在 CAXA 电子图板中，直线的绘制方式包括哪几种？这些绘制方式分别用在什么情况下？

(4) 如何绘制圆和圆弧？可以举例进行说明。

(5) 如何绘制中心线？可以举例进行说明。

(6) 在什么情况下使用"多段线"命令绘制图形比"直线"命令和"圆弧"命令结合使用要方便？

(7) 绘制矩形主要有哪几种方式？可以举例进行说明。

(8) 想一想：你掌握了哪几种高级曲线的绘制方法？

(9) 上机操作：绘制如图 3-135 所示的图形。

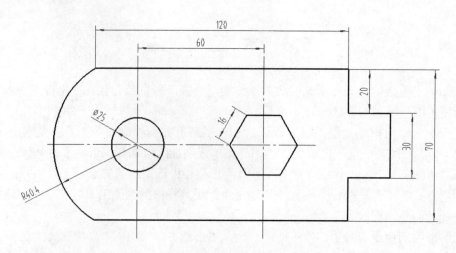

图 3-135　上机练习题(1)

(10) 上机操作：绘制如图 3-136 所示的图形，具体参数和尺寸自己确定。

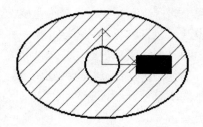

图 3-136　上机练习题(2)

(11) 上机操作：绘制如图 3-137 所示的图形，具体尺寸由练习者自己确定。

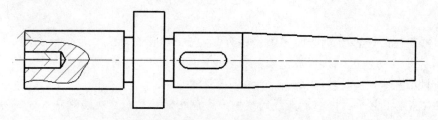

图 3-137　上机练习题(3)

(12) 在绘图区绘制如图 3-138 所示的文字。

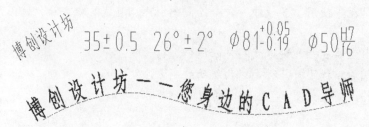

图 3-138　绘制文字练习

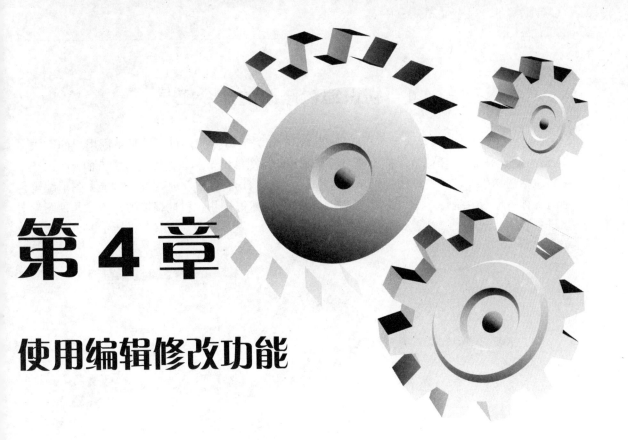

第 4 章

使用编辑修改功能

本章导读：

在制图中少不了对当前图形进行编辑修改。巧用编辑修改功能，在很多设计场合下可以提高绘图速度和质量。在 CAXA 电子图板中，编辑修改功能主要包括基本编辑、图形编辑和属性编辑三个方面。本章将重点介绍这些常用的编辑修改功能。

4.1 初识编辑修改的命令工具

CAXA 电子图板的编辑修改功能是较为齐全和灵活方便的，可以满足不同用户的需求。CAXA 电子图板的编辑修改功能主要包括基本编辑、图形编辑和属性编辑三大方面。所谓基本编辑包括选择所有、撤销与恢复、插入对象、复制、剪切和粘贴等常用编辑功能；图形编辑包括对各种图形对象进行平移、旋转、镜像、阵列、裁剪等操作；属性编辑则是指对各种图形对象进行颜色、图层、线型等属性修改。编辑修改的命令基本上位于如图 4-1 所示的"编辑"菜单和如图 4-2 所示的"修改"菜单中。

图 4-1 "编辑"菜单　　　　　　　图 4-2 "修改"菜单

同时，CAXA 电子图板也提供了一些快捷方式的工具按钮图标，这些工具按钮图标集中在相应的工具栏中。例如在如图 4-3 所示的"编辑工具"工具栏中便包含许多常用的编辑修改工具。

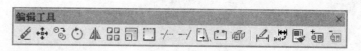

图 4-3 "编辑工具"工具栏

在 CAXA 电子图板的 Fluent 风格界面中，切换到功能区的"常用"选项卡，在"常用"面板和"修改"面板中也可以找到编辑修改的命令图标，如图 4-4 所示。不管是菜单命令、工具栏按钮还是功能区中的命令图标，其功能应用都是一样的，用户可以根据自己的操作习惯灵活选用。

图 4-4 Fluent 风格界面的"常用"功能区选项卡

4.2 基本编辑

基本编辑主要包括选择所有、撤销与恢复、复制、剪切、粘贴、删除、删除全部、插入对象、对象链接与嵌入(Object Linking and Embeding，OLE)等。这里提到的 OLE 是 Windows 提供的一种机制，它可以用户将其他 Windows 应用程序创建的"对象"(如图片、图表、文本、电子表格等)插入到文件中。

4.2.1 选择所有

选择所有是指选择打开的图层上符合拾取过滤条件的所有对象。

选择所有的操作步骤很简单，即在菜单栏的"编辑"菜单中选择"选择所有"命令，此时所有在打开图层上并且未被设置拾取过滤的对象都被一起选中。执行该命令，对于快速选择所有满足要求的图形元素是很有用的。

4.2.2 撤销与恢复

撤销操作与恢复操作是相互关联的。在执行撤销操作后，如果需要，则可以执行恢复操作来返回，也就是说恢复操作是撤销操作的逆过程。

1. 撤销操作

撤销操作用于取消最近一次发生的编辑动作。在"编辑"菜单中选择"撤销操作"命令，或者在"标准"工具栏中单击 ↰ (撤销操作)按钮，可取消当前最近一次发生的编辑动作。通常，"撤销操作"命令用于取消当前一次误操作。另外，该命令具有多级回退功能，可以回退至当前进程中的某一次图形元素操作状态。

2. 恢复操作

恢复操作与撤销操作一起配合使用才有效。在"编辑"菜单中选择"恢复操作"命令，或者在"标准"工具栏中单击 ↱ (恢复操作)按钮，可以取消最近一次的撤销操作，也就是把撤销操作恢复。恢复操作与撤销操作一样具有多级回退功能，能够退回到当前进程中的任意一次关于图形元素进行取消操作的状态。

值得注意的是，在 CAXA 电子图板中，撤销操作与恢复操作只对在 CAXA 电子图板绘制、编辑的图形元素有效，而不能对 OLE 对象和幅面的修改进行撤销和恢复操作。

4.2.3 复制、剪切、粘贴与选择性粘贴

在实际设计工作的某些场合，巧用"剪切"、"复制"、"粘贴"和"选择性粘贴"这几个命令是很有帮助的。

1. 剪切与复制

"剪切"命令用于将选中的图形剪切到剪贴板，即选中的图形不再存在于当前绘图区界面中。图形存入剪贴板后，可以供图形粘贴时使用。从"编辑"菜单中选择"剪切"命令，或者

在"标准"工具栏中单击✖(剪切)按钮，使用鼠标选择所需的图形，然后右击确认，则所选择的图形对象被删除并且存储到 Windows 剪贴板。

"复制"命令用于将选中的图形存入到剪贴板中，以供图形粘贴时使用。图形复制与图形剪切的命令操作方法是相同的，只是图形复制操作后仍然在屏幕上保留着用户拾取的图形。图形复制的典型操作方法是：从"编辑"菜单中选择"复制"命令，或者在"标准"工具栏中单击▢(复制)按钮，接着选择要复制的图形，右击确认，则所选择的图形对象被存储到 Windows 剪贴板，而绘图区中的这些图形也由被选中时的显示颜色恢复为原来的显示颜色。

也可以先拾取要编辑的图形对象，然后再执行"图形剪切"或"复制"命令。

在"编辑"菜单中还有一个复制性质的命令，这个命令就是"带基点复制"命令。"带基点复制"与"复制"的区别在于："带基点复制"操作需要指定图形对象的基点，粘贴时也要指定基点放置位置；而"复制"操作时是不用指定基点的，其粘贴默认以选择对象的左下角点作为放置基点。

2. 粘贴

图形粘贴是指将剪贴板中存储的图形内容粘贴到用户所指定的位置。

在"编辑"菜单中选择"粘贴"命令，或者在"标准"工具栏中单击▢(粘贴)按钮，出现如图 4-5 所示的立即菜单。在"1."中可以选择"定点"选项或"定区域"选项，在"2."中可以选择"保持原态"选项或"粘贴为块"选项。当选择"定点"选项时，可以设置比例值，在提示下指定定位点和旋转角度便将该图形粘贴到当前的图形中。如果设置"粘贴为块"时，还可以设置是否消隐。

图 4-5   "粘贴"立即菜单

3. 选择性粘贴

选择性粘贴是指将剪贴板中的内容按照所需的类型和方式粘贴到文件中。例如，在其他支持 OLE 的 Windows 应用程序中选择一部分内容复制到剪贴板中(如在 Microsoft Word 中复制所需的文字到剪贴板中)，然后将这些内容粘贴到电子图板文件中。

在 CAXA 电子图板的"编辑"菜单中选择"选择性粘贴"命令，系统弹出如图 4-6 所示的"选择性粘贴"对话框。在该对话框中列出了复制内容所在的源。如果在该对话框中选择"粘贴"单选按钮，则所选内容作为嵌入对象插入到文件中。可以在列表框中选择作为什么类型插入到文件中，也可以在"结果"选项组中查看相关的粘贴类型说明。

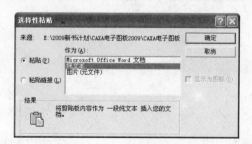

图 4-6   "选择性粘贴"对话框

如果在"选择性粘贴"对话框中选择"粘贴链接"单选按钮，则将剪贴板的一个对象作为链接对象插入到文件中。

4.2.4　删除和删除所有

在"编辑"菜单中提供了用于删除对象的两个命令，即"删除"和"删除所有"。"删除"命令用于删除拾取到的图形对象，"删除所有"命令用于将所有已打开图层上的符合拾取过滤条件的实体全部删除。

要删除绘图中的某些图形对象，则在"编辑"菜单中选择"删除"命令，在提示下拾取要被删除的若干个图形对象，被拾取到的图形对象呈红色显示状态，右击可结束拾取操作，同时被拾取的图形对象从当前屏幕中删除。

如果要将所有已打开图层上的符合拾取过滤条件的实体全部删除，那么需要在"编辑"菜单中选择"删除所有"命令。执行"删除所有"命令后，系统弹出如图 4-7 所示的"CAXA 电子图板"对话框，单击"确定"按钮则删除所有打开层的实体。如果单击"取消"按钮，则放弃此"删除所有"操作。

图 4-7　"CAXA 电子图板"对话框

4.2.5　插入对象

插入对象是指在文件中插入一个 OLE 对象，其概念本质是从支持 OLE 的其他应用程序向图形中输入信息。用户既可以新创建对象，也可以从现有文件中创建，新创建的对象可以是链接的对象也可以是嵌入的对象。下面介绍插入对象的操作方法和注意事项。

(1) 在 CAXA 电子图板的"编辑"菜单中选择"插入对象"命令，系统弹出如图 4-8 所示的"插入对象"对话框。

图 4-8　"插入对象"对话框

(2) 在"插入对象"对话框中，默认选中的是"新建"单选按钮，表示以创建新对象的方式插入对象。在"对象类型"列表框中则列出了在系统注册表中注册的 OLE 对象类型，用户可以从该列表框中选择所需的一个对象，并可以在"结果"选项组中获知该对象的一些简要说明。单击"确定"按钮后，系统弹出相应对象的工作编辑窗口，以对插入对象进行编辑处理。

如果在"插入对象"对话框中选中"由文件创建"单选按钮，则对话框变为如图 4-9 所示的情况。从中单击"浏览"按钮，可打开"浏览"对话框，接着从文件列表中选择所需要的文件，单击"打开"按钮，将该文件以对象的方式嵌入到文件中。嵌入的对象成为电子图板文件的一部分。

图 4-9 选中"由文件创建"单选按钮

另外，还可以采用链接的方式插入对象。链接与嵌入在本质上是不同的，链接的对象并不真正是电子图板文件的一部分，它只是存在于一个外部的文件中，并在电子图板文件中保留一个链接信息，当外部文件被修改时，电子图板文件的该对象也自动被更新。要实现对象链接，则需要在如图 4-9 所示的"插入对象"对话框中选中"链接"复选框。

在"插入对象"对话框中，如果选中"显示为图标"复选框，则对象在文件中显示为图标，而不是对象本身的内容。

用户可以改变插入到文件中的对象的位置、大小和内容。这些编辑 OLE 对象的知识，本书不作进一步的介绍。

4.3　图　形　编　辑

图形编辑主要是指对 CAXA 电子图板生成的图形对象(如曲线、文字、块和标注等)进行相关的编辑。本节介绍的图形编辑知识包括删除重线、平移、平移复制、旋转、镜像、比例缩放、阵列、裁剪、过渡、齐边、打断、拉伸、打散(分解)和夹点编辑等。

4.3.1　删除图形与删除重线

在"修改"菜单中提供了"删除"和"删除重线"这两个实用命令，它们相对应的按钮图标分别为 ✐(删除)和 ✐(删除重线)。"删除"用于从图形中删除对象；"删除重线"则用于将完全重合或包含于所选图形的图素全部删除，但该命令只对直线、圆、圆弧和椭圆这几个特定的图素对象有效。

4.3.2　平移

可以以指定的角度和方向平移拾取到的图形对象。

在"编辑工具"工具栏中单击 ✛(平移)按钮，弹出如图 4-10 所示的立即菜单。下面介绍相关选项的功能或应用概念。

图 4-10 "平移"立即菜单

在立即菜单"1."中单击，可以选择"给定两点"选项或"给定偏移"选项定义偏移方式。

● "给定两点"：通过两点的定位方式完成图形元素的移动。

● "给定偏移"：将图形对象移动到一个指定偏移的位置上，也就是按照给定的偏移量将选定的图形对象进行平移。

在立即菜单"2."中单击，可以在"保持原态"选项和"平移为块"选项之间切换。

在"3.旋转角"文本框中单击，可以通过键盘输入新的旋转角度。

在"4.比例"文本框中单击，可以设置被平移图形的缩放系数。

如果采用"给定偏移"方式进行曲线平移，那么当用户拾取曲线并右击确定后，系统会自动给出一个基准点。通常直线的基准点默认在中点处，圆、圆弧、矩形和椭圆等图形对象的基准点也定在中心处；另外，系统操作提示为"X 或 Y 方向偏移量"，在该操作提示下输入 X 和 Y 的偏移量或使用鼠标给出一个平移的位置点，从而完成曲线平移。在平移操作过程中，可以根据设计需求，在拾取曲线之前先设置旋转角度和缩放比例，以获得所需的平移效果。

对于一些曲线图元，用户还可以采用更为简便的操作方法来实现曲线的平移。以平移一条直线段为例，首先拾取该直线段，接着使用鼠标靠近该曲线中点的位置，如图 4-11 所示，接着单击以拾取该中点位置。再次移动鼠标，则拾取的直线段依附在"十"字光标上，如图 4-12 所示。此时可以在提示下指定一点作为平移基点，从而快捷完成曲线平移。这便是所谓夹点编辑方法，在 4.3.14 小节中将有专门的介绍。

图 4-11 靠近曲线中点　　　　**图 4-12 拾取的直线段依附在"十"字光标上**

4.3.3 平移复制

"平移复制"编辑命令用于对拾取到的曲线进行复制粘贴，以指定的角度和方向创建拾取图形对象的副本。该编辑命令的操作方法和"平移"编辑命令的操作方法很相似，只是平移操作时没有份数设置的概念。另外，要搞清楚"平移复制"功能与基本编辑的"复制"功能的区别："平移复制"是在同一个电子图板文件内对图形对象创建副本，所选择的对象并不存入 Windows 剪贴板；而"复制"将所选图形存储到 Windows 剪贴板上，与"粘贴"功能配合使用，既可以在不同的电子图板文件中进行复制粘贴操作，也可以将内容粘贴到其他支持 OLE 的软件(如 Word)中。

在"编辑工具"工具栏中单击 (复制选择到)按钮，弹出如图 4-13 所示的立即菜单。

图 4-13 弹出的立即菜单

在立即菜单"1."中单击,可以选择"给定两点"选项或"给定偏移"选项定义偏移方式。

● "给定两点":通过两点的定位方式来完成图形元素的平移复制。

● "给定偏移":按照给定的偏移量对选定的图形对象进行平移复制。

在立即菜单"2."中单击,可以在"粘贴为块"和"保持原态"之间选择。当选择"粘贴为块"时,还需要在立即菜单中设置是否消隐。

可以根据设计情况在立即菜单中设置旋转角、比例和份数,其中份数是指要复制的图形对象的数量。例如系统可根据用户设定的两点距离和份数,算出每份的间距,然后再进行复制。当设置份数大于 1 时,实际上就是将基准点和目标点之间所确定的偏移量和方向,朝着目标点方向排布若干个被复制的图形。执行"平移复制"命令,设置的选项及参数为"1.给定两点"、"2.保持原态"、"3.旋转角"数值为 30、"4.比例"数值为 1、"5.份数"数值为 3,以窗口方式拾取矩形,接着右击,然后在提示下指定第一点和第二点,从而完成平移复制操作,结果为如图 4-14 中箭头右侧的图形。

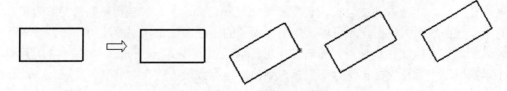

图 4-14 "平移复制"操作示例

4.3.4 旋转

可以对拾取到的图形进行旋转或旋转复制。下面介绍图形旋转的典型方法及步骤。

(1) 在"编辑工具"工具栏中单击 ⟳(旋转)按钮,或者从菜单栏的"修改"菜单中选择"旋转"命令。

(2) 在立即菜单中分别设置"1."和"2."中的选项,如图 4-15 所示。单击立即菜单"1.",可以选择"给定角度"或"起始终止点";单击立即菜单"2.",则可以选择"旋转"或"拷贝",在这里选择"旋转"选项。至于要不要在状态栏中启用"正交"模式,需要根据制图的具体情况来决定。

(3) 在"拾取元素"提示下拾取要旋转的图形。在选择时,可以单个拾取,也可以采用窗口的方式进行拾取,拾取完成后右击确认。

(4) 在提示下指定一个旋转基点,然后执行以下操作之一。

● 若之前设置"1.给定角度",则操作提示变为"旋转角",在该提示下使用键盘输入旋转角度,或使用鼠标移动来确定旋转角(要使用鼠标指定旋转角时,移动鼠标则拾取的图形对象随光标移动而旋转,如图 4-16 所示,单击确定旋转角)。

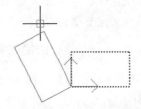

图 4-15　"旋转"立即菜单　　　　　　图 4-16　曲线跟随光标移动而旋转

- 若之前设置"1.起始终止点"时，则此时操作提示变为"起始点"，在该提示下输入起始点，接着操作提示变为"终止点"，由用户指定终止点即可完成旋转操作。

如果在立即菜单"2."中设置其选项为"拷贝"，那么用户进行的是旋转复制操作。旋转复制操作的具体方法和旋转操作的方法相同，只是操作结果有所区别，旋转复制操作时的复制原图不消失。

4.3.5　镜像

所谓镜像操作是指对拾取到的图素以某条直线作为镜像中心线来进行对称镜像或对称复制。镜像基本操作的典型示例如图 4-17 所示。

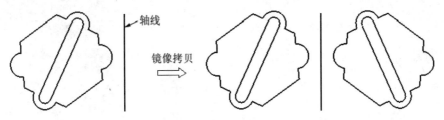

图 4-17　镜像拷贝的典型示例

下面介绍镜像操作的一般方法及步骤。

(1) 在"编辑工具"工具栏中单击 ▲(镜像)按钮，或者从"修改"菜单中选择"镜像"命令，系统弹出如图 4-18 所示的立即菜单，并且提示"拾取元素"。

(2) 单击立即菜单中的"1."下拉列表框，可以在"选择轴线"选项和"拾取两点"选项之间切换，如图 4-19 所示。当切换为"拾取两点"选项时，还可以根据设计情况在状态栏中设置是否启用"正交"模式。

图 4-18　"镜像"立即菜单　　　　　　图 4-19　"拾取两点"设置时

(3) 单击立即菜单中的"2."下拉列表框，可以在"拷贝"选项和"镜像"选项之间切换。拷贝操作的方法和镜像操作的方法是相同的，只是拷贝后原图仍然保留。

(4) 在"拾取元素"的提示下拾取要镜像的图素，既可以单个拾取，也可以使用窗口拾取。拾取到的图素变为默认的亮红色显示。拾取完成后右击确认。

(5) 如果之前在"1."选项框中指定"选择轴线"，则此时使用鼠标拾取一条作为镜像操作的轴线，从而完成镜像操作。如果之前在"1."选项框中指定"拾取两点"，那么分别指定第一点和第二点来定义镜像轴线。

【课堂范例】 一个简单的镜像实例。

(1) 打开随书光盘 CH4 文件夹中的"BC_镜像练习.exb"文件，该文件中存在着的原始图形如图 4-20 所示。

(2) 在"编辑工具"工具栏中单击▲(镜像)按钮，或者从"修改"菜单中选择"镜像"命令。

(3) 在立即菜单中设置"1.选择轴线"和"2.镜像"。

(4) 用窗口拾取中心线左侧的所有曲线，右击确认。

(5) 使用鼠标拾取中心线作为镜像轴线。得到的镜像结果如图 4-21 所示。

图 4-20　原始图形

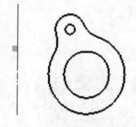

图 4-21　镜像结果

说　明

有兴趣的读者可以尝试采用"拾取两点"定义镜像轴线的方式来完成本镜像实例。

4.3.6　比例缩放

所谓比例缩放是对拾取到的图形对象进行按比例放大或缩小操作。进行比例缩放的一般方法和步骤如下。

(1) 在"编辑工具"工具栏中单击□(比例缩放)按钮，或者从"修改"菜单中选择"缩放"命令。

(2) 在"拾取添加"提示下用鼠标拾取图形对象，拾取完成后右击确认。

(3) 系统出现的"比例缩放"立即菜单如图 4-22 所示。

图 4-22　"比例缩放"立即菜单

在立即菜单的"1."下拉列表框中单击，可以指定为"平移"选项或"拷贝"选项。"平移"选项用于进行比例缩放操作后只生成目标图形，原图在屏幕上消失；"拷贝"选项用于在进行比例缩放时，除了生成缩放比例目标图形外，还保留着原始图形。

在立即菜单的"2."下拉列表框中单击，可以指定为"尺寸值变化"选项或"尺寸值不变"选项。当指定为"尺寸值变化"选项时，则尺寸值(拾取的元素中若包含尺寸元素)会根据相应的比例进行放大或缩小；反之，当指定为"尺寸值不变"选项时，则所选择的尺寸元素不会随着比例变化而变化。

在立即菜单的"3."框中单击，可以指定为"比例变化"选项或"比例不变"选项。当选择"比例变化"选项时，尺寸会根据比例系数发生变化。

(4) 指定比例变换的基点。

(5) 指定比例系数。在"比例系数："提示下，在绘图区移动鼠标时，系统自动根据基点和当前光标点的位置来计算当前比例系数，并且会动态地在屏幕上显示比例变换的结果，如图 4-23 所示。当确定比例系数后，一个变换后的图形立即显示在屏幕上。

【课堂范例】 比例缩放范例。

可以使用随书光盘 CH4 文件夹中的"BC_比例缩放练习.exb"文件来进行比例缩放练习，要求将如图 4-24 所示的原始图形放大至 1.5 倍。

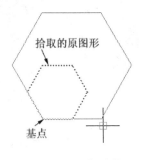

图 4-23　比例缩放

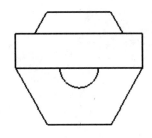

图 4-24　原始图形

4.3.7　阵列

阵列是经常使用的重要操作，它可以通过一次操作同时创建若干个相同类型的图形。在 CAXA 电子图板中，阵列的方式包括"矩形阵列"、"圆形阵列"和"曲线阵列"3 种。

1. 矩形阵列

可以对拾取到的图形按照矩形阵列的方式进行阵列复制。

首先介绍矩形阵列的一般方法及步骤。

(1) 在"编辑工具"工具栏中单击 ⊞(阵列)按钮，或者从菜单栏中选择"修改"→"阵列"命令。

(2) 在立即菜单中的"1."下拉列表框中选择"矩形阵列"，如图 4-25 所示。

图 4-25　"矩形阵列"立即菜单

(3) 当前矩形阵列的立即菜单给出了矩形阵列的默认行数、行间距、列数、列间距和旋转角。其中行间距和列间距是指阵列后各元素基点之间的相应间距，旋转角则指与 X 轴正方向的夹角。用户可以根据实际设计情况来修改这些值。

(4) 拾取要阵列的曲线图形，右击确认，完成矩形阵列。

【课堂范例】 矩形阵列范例。

新建一个图形文件，以原点位置处作为圆心绘制一个直径为 10 的圆，接着创建该圆的矩形阵列。要求该矩形阵列的行数为 3，行间距为 20，列数为 5，列间距为 25，旋转角为 15°。完成的矩形阵列效果如图 4-26 所示。

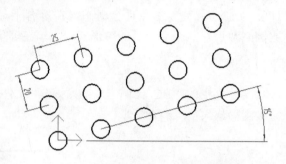

图 4-26　矩形阵列练习范例结果

2. 圆形阵列

可以对拾取到的图形以指定的基点为圆心进行圆形阵列复制。

创建圆形阵列的一般步骤和方法如下。

(1) 在"编辑工具"工具栏中单击 （阵列)按钮，或者从菜单栏中选择"修改"→"阵列"命令。

(2) 在立即菜单中的"1."下拉列表框中选择"圆形阵列"，如图 4-27 所示。

图 4-27　"圆形阵列"立即菜单

(3) 在"2."下拉列表框中可以选择"旋转"选项或"不旋转"选项。当选择"旋转"选项时，在阵列时自动对图形进行旋转。

(4) 在"3."下拉列表框中可以选择"均布"选项或"给定夹角"选项。当选择"均布"选项时，系统将根据均布份数(包括用户拾取的图形)自动计算各插入点的位置，且各点之间夹角相等，各阵列图形均匀地排列在同一个圆周上。

如果在"3."下拉列表框中选择"给定夹角"选项，需要分别设置相邻夹角和阵列填角，如图 4-28 所示，所谓阵列填角是指从拾取的图形对象所在位置处开始，绕中心点逆时针方向转过的角度。图中的设置表示系统用给定夹角的方式进行圆形阵列，各相邻图形之间的夹角为 30°，阵列填角为 270°。以给定夹角方式创建的圆形阵列示例效果如图 4-29 所示。

图 4-28　给定夹点的圆形阵列设置

(5) 在提示下进行相关的操作，如拾取元素、指定中心点和指定基点。

【课堂范例】 进行"均布"方式的圆形阵列操作练习。

(1) 打开随书光盘 CH4 文件夹中的"BC_圆形阵列练习.exb"文件，该文件中存在着的原始图形如图 4-30 所示。

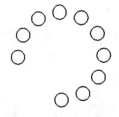

图 4-29 给定夹角的圆形阵列

图 4-30 原始图形

(2) 在"编辑工具"工具栏中单击▦(阵列)按钮，或者从菜单栏中选择"修改"→"阵列"命令。

(3) 在立即菜单中的设置为"1.圆形阵列"、"2.旋转"、"3.均布"，并设置"4.份数"为 5。

(4) 使用鼠标拾取以粗实线表示的圆，右击确认。

(5) 使用鼠标拾取坐标原点作为中心点，也可以通过键盘输入"0,0"并按 Enter 键。完成的均布方式的圆形阵列效果如图 4-31 所示。

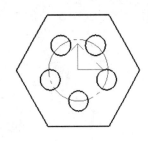

图 4-31 均布方式的圆形阵列

3. 曲线阵列

曲线阵列也是很实用的，它是在一条或多条首尾相连的曲线上生成均布的图形选择集，阵列成员的姿态是否相同取决于"旋转"/"不旋转"选项。

创建曲线阵列的一般方法和步骤如下。

(1) 在"编辑工具"工具栏中单击▦(阵列)按钮，或者从菜单栏中选择"修改"→"阵列"命令。

(2) 在立即菜单中的"1."下拉列表框中选择"曲线阵列"选项，如图 4-32 所示。从图 4-32 中可以看出，通过立即菜单可以设置曲线阵列的曲线拾取方式、是否旋转以及阵列份数。其中，在"2."下拉列表框中可供切换的选项有"单个拾取母线"和"链拾取母线"；在"3."下拉列表框中可供切换的选项包括"旋转"和"不旋转"；在"4."下拉列表框中设置阵列份数。

图 4-32 "曲线阵列"立即菜单

操作点拨

对于单个拾取母线，可拾取的曲线类型包括直线、圆、圆弧、样条、椭圆和多段线；对于链拾取母线，链中只能有直线、圆弧或样条。当单个拾取母线时，阵列从母线的端点处开始；当链拾取母线时，阵列从鼠标单击到的那根曲线的端点开始。如果母线不闭合，那么母线的两个端点均生成新选择集，新选择集的份数不变。

(3) 对于"不旋转"方式而言,首先拾取一个选择集 A,接着确定基点,然后选择母线,即可在母线上生成均布的与原选择集 A 结构相同、姿态相同但位置不同的多个选择集。其典型示例如图 4-33 所示。

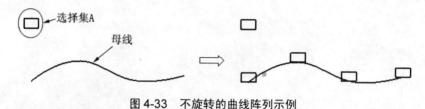

图 4-33   不旋转的曲线阵列示例

对于"旋转"方式而言,首先拾取选择集 B,接着确定基点,然后选择母线,并确定生成方向,完成的曲线阵列结果是在母线上生成均布的与原选择集 B 结构相同但姿态与位置不同的多个选择集。例如,在某曲线阵列中,设置"曲线阵列"、"单个拾取母线"、"旋转",并设置份数为 4,完成的该曲线阵列结果如图 4-34 所示。

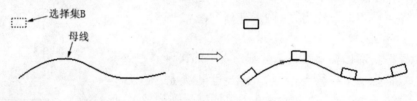

图 4-34   旋转的曲线阵列示例

【课堂范例】 曲线阵列范例。

在随书光盘的 CH4 文件夹中提供了相应的用于曲线阵列的练习文件"BC_曲线阵列练习.exb",用户可以利用该文件练习创建旋转的或不旋转的曲线阵列。

4.3.8   裁剪

CAXA 电子图板中的裁剪操作分为快速裁剪、拾取边界裁剪和批量裁剪 3 种方式。

●   快速裁剪:使用鼠标直接拾取要被裁剪的曲线,由系统自动判断边界并做出相应的裁剪响应。
●   拾取边界裁剪:拾取一条或多条曲线作为剪刀线以构成裁剪边界,对一系列要被裁剪的曲线进行裁剪操作,系统将裁剪掉所拾取的曲线段,并保留在剪刀线另一侧的曲线段。根据需要,也可使剪刀线被裁剪。
●   批量裁剪:主要用在曲线较多的场合,用于对这些曲线进行批量裁剪。

下面结合操作示例介绍这 3 种裁剪的应用。

1. 快速裁剪

快速裁剪具有很大的灵活性,是最为常用的一种曲线裁剪方式,熟练掌握该方式可以在实践工作中大大提高制图工作的效率。

在"编辑工具"工具栏中单击 (裁剪)按钮,或者从菜单栏的"修改"菜单中选择"裁剪"命令,接着在立即菜单的"1."下拉列表框中选择"快速裁剪"选项("快速裁剪"为系统默认的裁剪方式),然后直接在各交叉曲线中单击要被裁剪掉的线段,系统根据与该线段相交的曲线自动确定出裁剪边界，从而将被拾取的线段裁剪掉。

在进行快速裁剪时，一定要注意拾取曲线的位置段。如果拾取同一曲线的不同位置段，将产生不同的裁剪结果，如图 4-35 所示。

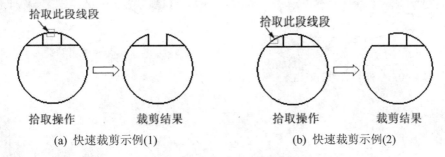

图 4-35　快速裁剪的拾取位置情况

【课堂范例】　通过范例掌握快速裁剪直线和圆弧的方法。

(1) 打开随书光盘 CH4 文件夹中的"BC_快速裁剪练习.exb"文件，该文件中存在着的原始图形如图 4-36 所示。

(2) 在"编辑工具"工具栏中单击 ⁄ (裁剪)按钮，或者从菜单栏的"修改"菜单中选择"裁剪"命令。

(3) 确保立即菜单中的裁剪方式选项为"快速裁剪"。此时，依次单击如图 4-37 所示的直线段 1、2、3、4、5 和 6。快速裁剪掉所拾取的直线段的图形结果如图 4-38 所示。

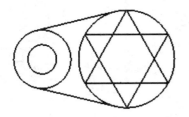

图 4-36　原始图形

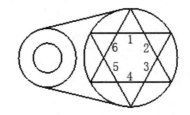

图 4-37　单击要被裁剪掉的直线段

(4) 在"拾取要裁剪的曲线"提示下，继续使用鼠标拾取如图 4-39 所示的一段圆弧段。

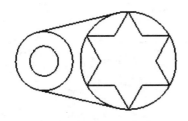

图 4-38　快速裁剪直线段

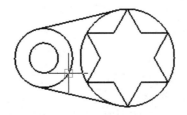

图 4-39　拾取要裁剪的圆弧段

(5) 右击结束裁剪操作。快速裁剪得到的图形结果如图 4-40 所示。

有兴趣的读者可以继续执行快速裁剪操作，图形最终效果如图 4-41 所示。

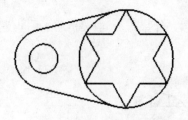

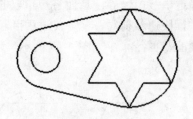

图 4-40　快速裁剪的图形结果　　　　　图 4-41　快速裁剪练习结果

2. 拾取边界裁剪

如果图形具有较为复杂的相交关系，可采用"拾取边界裁剪"方式对曲线进行相关的裁剪操作。采用此方式可以在选定边界的情况下对一系列的曲线进行精确的裁剪。在边界复杂的制图场合下，拾取边界裁剪将会比快速裁剪节省计算边界的时间，执行速度较快。当然，多种裁剪方式结合应用，才能够使设计真正变得得心应手。

【课堂范例】　拾取边界裁剪练习。

(1) 打开随书光盘 CH4 文件夹中的"BC_拾取边界裁剪练习.exb"文件，该文件中存在着的原始图形如图 4-42 所示。

(2) 在"编辑工具"工具栏中单击 （裁剪)按钮，或者从菜单栏的"修改"菜单中选择"裁剪"命令。

(3) 在立即菜单的"1."中选择"拾取边界"选项。

(4) 使用鼠标拾取如图 4-43 所示的两条相切直线作为剪刀线，右击确定。

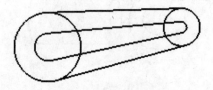

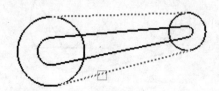

图 4-42　原始图形　　　　　　　图 4-43　拾取剪刀线

(5) 使用鼠标拾取要裁剪的曲线，如图 4-44 所示。

(6) 右击，结束边界裁剪操作。完成的裁剪效果如图 4-45 所示。

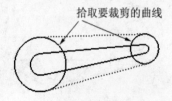

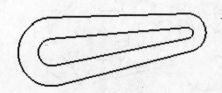

图 4-44　拾取要裁剪的曲线　　　　图 4-45　完成的裁剪效果

3. 批量裁剪

批量裁剪的一般方法及步骤如下。

(1) 在"编辑工具"工具栏中单击 ⁄˙(裁剪)按钮，或者从菜单栏的"修改"菜单中选择"裁剪"命令。

(2) 在立即菜单的"1."下拉列表框中选择"批量裁剪"选项。

(3) 拾取剪刀链。所拾取的剪刀链可以是一条曲线，也可以是首尾相切的多条曲线。

(4) 使用窗口方式拾取要裁剪的曲线，拾取完成后右击确认。

(5) 选择要裁剪的方向，从而完成裁剪操作。

批量裁剪的示例如图 4-46 所示，矩形作为剪刀链，要裁剪的为 3 条直线，将裁减方向设定为朝向矩形外侧。

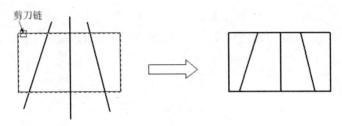

图 4-46　批量裁剪的示例

4.3.9　过渡

过渡主要包括圆角、多圆角、倒角、多倒角、外倒角、内倒角和尖角这些类型。在"编辑工具"工具栏中单击 (过渡)按钮，弹出一个过渡立即菜单，可以根据制图情况从"1."下拉列表框中选择所需的过渡形式选项，如图 4-47 所示。也可以直接在如图 4-48 所示的"修改"→"过渡"级联菜单中选择具体的过渡命令，而不必在立即菜单中选择过渡形式选项。

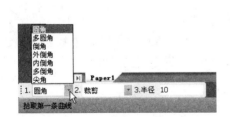

图 4-47　"过渡"立即菜单

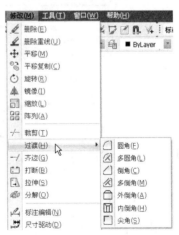

图 4-48　从"过渡"子菜单中选择过渡命令

下面结合示例介绍创建各种过渡的方法及技巧等。

1. 圆角过渡

圆角过渡是指在两直线或两圆弧之间进行圆角的光滑过渡。

进行圆角过渡的典型方法及步骤如下。

(1) 在"编辑工具"工具栏中单击 ⬚(过渡)按钮。

(2) 从立即菜单的"1."下拉列表框中选择"圆角"选项。

(3) 单击立即菜单"2."框，出现如图 4-49 所示的下拉列表，从中选择所需的裁剪方式。可供选择的裁剪方式包括"裁剪"、"裁剪始边"和"不裁剪"。

图 4-49　选择圆角过渡的裁剪方式

- "裁剪"：裁剪掉过渡后所有边的多余部分，如图 4-50 所示。
- "裁剪始边"：只将起始边的多余部分裁剪掉(所谓起始边是用户拾取的第一条曲线)。示例如图 4-51 所示。

(a) 过渡前　　(b) 过渡后　　　　　(a) 过渡前　　　　(b) 过渡后

图 4-50　圆角过渡(裁剪)　　　　　**图 4-51　圆角过渡(裁剪始边)**

- "不裁剪"：在执行过渡操作的整个过程(包括完成操作)中，原线段保留原样而不被裁剪。示例如图 4-52 所示。

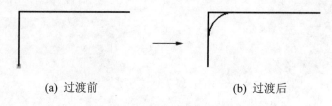

(a) 过渡前　　　　　　　　　(b) 过渡后

图 4-52　圆角过渡(不裁剪)

(4) 单击立即菜单"3."，可以更改系统默认的过渡圆弧的半径值。

(5) 使用鼠标拾取第一条曲线，接着拾取第二条曲线，则在所选的两条曲线之间创建一个光滑的圆弧过渡。注意用鼠标拾取的曲线位置不同，则会生成不同的过渡结果。另外，过渡圆角的半径应该合适。

【**课堂范例**】　创建圆角过渡。

(1) 打开位于随书光盘 CH4 文件夹中的"BC_圆角过渡练习.exb"文件，该文件中存在着的原始图形如图 4-53 所示。

(2) 在"编辑工具"工具栏中单击 ⬚(过渡)按钮。

(3) 在立即菜单的"1."下拉列表框中选择"圆角"选项，在"2."下拉列表框中选择"裁剪"选项，在"3.半径"下拉列表框中设置过渡圆角半径为 16。

(4) 使用鼠标分别拾取两条曲线来创建圆角，一共创建 4 个半径为 16 的圆角过渡，如

图 4-54 所示。

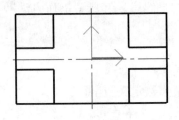

图 4-53 原始图形

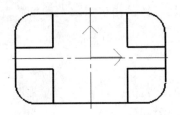

图 4-54 创建 4 个圆角过渡

(5) 单击立即菜单 "3.半径"，设置新的当前圆角半径为 8。

(6) 使用鼠标分别拾取如图 4-55 所示的第一条直线和第二条直线来创建一个圆角。用同样的方法，创建其他 3 处相同半径的圆角过渡，结果如图 4-56 所示。

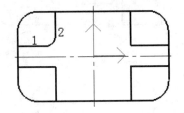

图 4-55 创建一个小圆角

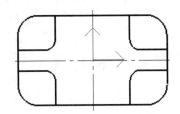

图 4-56 完成 4 处相同半径的圆角过渡

(7) 单击立即菜单 "2."，从中选择 "裁剪始边" 选项。

(8) 拾取第一条直线，如图 4-57 所示；接着拾取如图 4-58 所示的第二条直线。创建的该 "裁剪始边" 方式的圆角如图 4-59 所示。

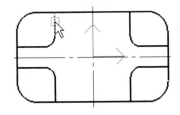

图 4-57 拾取第一条曲线

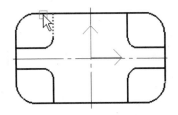

图 4-58 拾取第二条曲线

(9) 使用同样的方法，以 "裁剪始边" 方式创建其他几处此类圆角。最后完成的效果如图 4-60 所示。

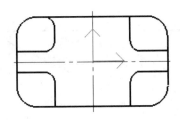

图 4-59 创建 "裁剪始边" 的一处圆角

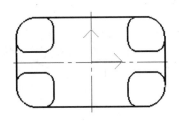

图 4-60 完成圆角的效果

2. 多圆角过渡

多圆角过渡是指用设定半径过渡一系列首尾相连的直线段，其典型操作方法和步骤简述如下。

(1) 在"编辑工具"工具栏中单击▦(过渡)按钮。

(2) 在立即菜单的"1."下拉列表框中选择"多圆角"选项。

(3) 单击立即菜单的"2."文本框，在其中输入一个实数定义新半径。

(4) 使用鼠标拾取一系列首尾相连的直线，在所选的这些首尾相连的直线中生成多圆角。值得注意的是，这一系列首尾相连的直线既可以是开放的(不封闭的)，也可以是封闭的，如图 4-61 所示。

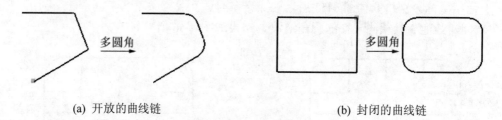

(a) 开放的曲线链   (b) 封闭的曲线链

图 4-61　多圆角过渡的两种情形

【**课堂范例**】　熟悉如何创建多圆角过渡。

(1) 使用直线工具在绘图区域绘制一个长为 30、宽为 25 的矩形。

(2) 在"编辑工具"工具栏中单击▦(过渡)按钮。

(3) 选择"多圆角"选项和设置半径为 5。

(4) 拾取矩形边，将该矩形的直角连接变为圆角过渡，如图 4-62 所示。

图 4-62　多圆角过渡的结果

3. 倒角过渡

倒角过渡是指在两条直线间进行倒角形式的过渡，其中直线可以被裁剪或向着角的方向延伸，如图 4-63 所示的示例。

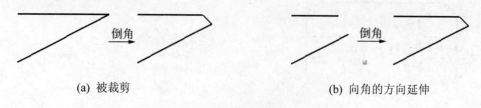

(a) 被裁剪   (b) 向角的方向延伸

图 4-63　倒角过渡的两种典型情形

创建倒角过渡的一般方法和步骤如下。

(1) 在"编辑工具"工具栏中单击▣(过渡)按钮。

(2) 在立即菜单的"1."下拉列表框中选择"倒角"选项,如图 4-64 所示。

图 4-64　"倒角过渡"的立即菜单

(3) 单击立即菜单"2."下拉列表框,从中指定裁剪的方式,如选择"裁剪"选项、"裁剪始边"选项或"不裁剪"选项。这些选项的功能含义和圆角过渡的一样。

(4) 在立即菜单中分别设置"3.长度"和"4.倒角"两项的参数值。其中,"3.长度"表示倒角结构的轴向长度(指从两直线的交点开始,沿所拾取的第一条直线方向的长度),"4.倒角"表示倒角结构的角度(指倒角线与所拾取第一条直线的夹角,其有效范围在 0°～180°之间)。相关定义如图 4-65 所示。

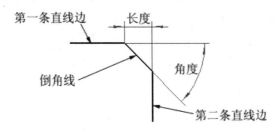

图 4-65　倒角结构的长度和角度定义图解

(5) 在提示下拾取第一条直线,接着再拾取第二条直线,从而完成倒角过渡。

【课堂范例】 倒角过渡练习。

要求理解倒角的结构,注意倒角的轴向长度和角度的定义均与第一条直线的拾取有关,即若拾取两条直线的顺序不同,则创建的倒角会有不同。

(1) 打开随书光盘 CH4 文件夹中的"BC_倒角过渡练习.exb"文件,该文件中存在着的原始图形如图 4-66 所示。

(2) 在"编辑工具"工具栏中单击▣(过渡)按钮。

(3) 在立即菜单的"1."下拉列表框中选择"倒角"选项,在"2."下拉列表框中选择"裁剪"选项。

(4) 在立即菜单中设置"3.长度"的值为 10,角度为 30°。

(5) 使用鼠标先拾取左侧图形的水平直线,接着拾取左侧图形的竖直直线,完成左侧图形的倒角过渡。再使用鼠标拾取右侧图形的竖直直线,然后拾取右侧图形的水平直线,从而完成右侧图形的倒角过渡。应该仔细观察这两处倒角过渡的结果有什么不同,倒角结果如图 4-67 所示。

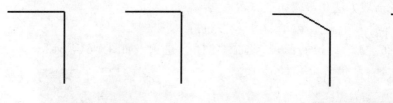

图 4-66　原始图形　　　　　　　　　图 4-67　倒角结果

4. 外倒角过渡和内倒角过渡

可以为 3 条相垂直的直线进行外倒角过渡或内倒角过渡。外倒角过渡和内倒角过渡具有一定的共性，所谓"外倒角"和"内倒角"是相对特定的位置而定的。

创建外倒角过渡或内倒角过渡的一般方法和步骤如下。

(1) 在"编辑工具"工具栏中单击🔲(过渡)按钮。

(2) 在立即菜单的"1."下拉列表框中选择"外倒角"选项或"内倒角"选项。

(3) 在立即菜单中分别设置"2.长度"和"3.角度"两项的参数值。其中，"2.长度"这项内容表示倒角的轴向长度，"3.角度"这项内容则表示倒角的角度。

(4) 在提示下拾取 3 条有效直线，从而在这 3 条直线之间创建外倒角或内倒角。

【课堂范例】 创建外倒角和内倒角。

(1) 打开位于随书光盘 CH4 文件夹中的"BC_内外倒角过渡练习.exb"文件，该文件中存在着的原始图形如图 4-68 所示。

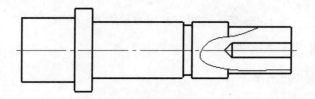

图 4-68　原始图形

(2) 在"编辑工具"工具栏中单击🔲(过渡)按钮。

(3) 在立即菜单的"1."下拉列表框中选择"外倒角"选项。

(4) 在立即菜单的"2.长度"下拉列表框中设置轴向长度为 2，在"3.角度"下拉列表框中设置角度为 45°。

(5) 根据提示分别单击如图 4-69 所示的直线段 1、2 和 3，创建的外倒角图形如图 4-70 所示。

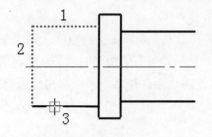

图 4-69　拾取 3 条直线段

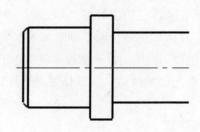

图 4-70　创建的外倒角

(6) 单击立即菜单"1.",从中选择"内倒角"。同时，接受默认的轴向长度为 2，倒角为 45°。

(7) 在提示下分别拾取如图 4-71 所示的直线段 4、5 和 6，完成的内倒角如图 4-72 所示。

(8) 右击结束过渡命令。

(9) 选择剖面线层，单击 ▨(剖面线)按钮，创建剖面线，范例完成的效果如图 4-73 所示。

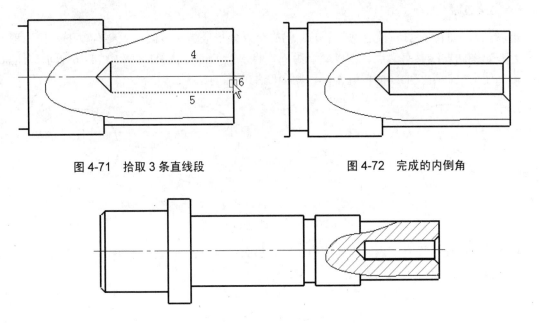

| 图 4-71　拾取 3 条直线段 | 图 4-72　完成的内倒角 |

图 4-73　范例完成的效果

5. 多倒角过渡

多倒角过渡是指倒角过渡一系列首尾相连的直线。创建多倒角过渡的一般方法及步骤如下。

(1) 在"编辑工具"工具栏中单击 ▨(过渡)按钮。

(2) 在立即菜单的"1."下拉列表框中选择"多倒角"选项，接着分别设置轴向长度和倒角角度，如图 4-74 所示。

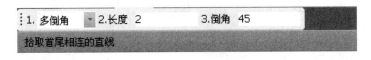

图 4-74　多倒角设置

(3) 在提示下拾取首尾相连的直线，则在所选直线链中创建多个倒角。

【课堂范例】 多倒角过渡范例。

绘制一个长为 50、宽为 30 的矩形，接着将该矩形分解成首尾相连的直线，然后在该矩形中创建多倒角过渡，其中倒角轴向长度为 5，角度为 45°。该范例图解如图 4-75 所示。

图 4-75　创建多倒角过渡

6. 尖角过渡

可以在两条曲线(包括直线、圆和圆弧等)的交点处形成尖角过渡,主要有以下两种情形。

● 如果两曲线具有交点,则以交点为界,将多余的部分裁剪掉,如图 4-76 所示。注意,使用鼠标拾取曲线的位置不同,则会产生不同的结果。

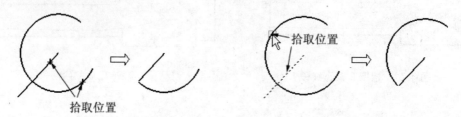

图 4-76　尖角过渡情形 1(相交)

● 如果两曲线没有交点,但延伸后相交,那么系统首先计算出两曲线的延伸交点,然后将两曲线延伸至交点处,如图 4-77 所示(注意拾取位置)。

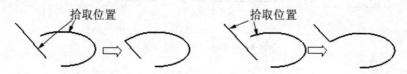

图 4-77　尖角过渡情形 2(尚未相交但延伸后相交)

4.3.10　齐边

CAXA 电子图板提供的"齐边"功能是很实用的,该功能是以一条曲线作为边界对一系列曲线进行裁剪或延伸。

对曲线进行"齐边"编辑的一般方法及步骤如下。

(1) 在"编辑工具"工具栏中单击 (齐边)按钮,或者从菜单栏的"修改"菜单中选择"齐边"命令。

(2) 系统出现"拾取剪刀线"的提示信息。在该提示下拾取所需的曲线作为剪刀线。

(3) 系统出现"选择要编辑的曲线"的提示信息。在该提示下拾取一系列曲线进行齐边编辑修改。如果拾取的要编辑的曲线与剪刀线(边界线)有交点,那么系统按"裁剪"命令进行操作,系统将裁剪所拾取的曲线至边界线为止;如果拾取的要编辑的曲线与剪刀线不相交到延伸后相交,那么系统将把曲线按其本身的趋势延伸至边界。在如图 4-78 所示的图解示例中,便具有上述的齐边情况。

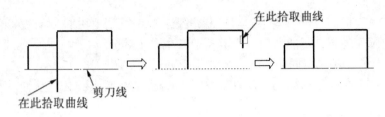

图 4-78　齐边操作示例

(4) 右击结束操作。

操作点拨

　　如果需要对圆弧进行齐边编辑，那么特别要注意到圆弧的特点，即圆弧无法向无穷远处延伸，它们的延伸范围是以半径为限的，而且圆弧只能从拾取处的近端开始延伸，而不能两端同时延伸，如图 4-79 所示。

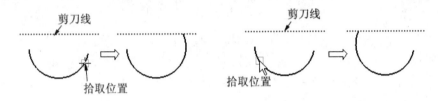

图 4-79　圆弧的齐边延伸

4.3.11　打断

　　可以将一条指定的曲线在指定点处打断成两条曲线。开放的曲线被打断后，相当于一个独立的曲线变成了两个独立的曲线。

　　(1) 在"编辑工具"工具栏中单击 ▢(打断)按钮，或者从菜单栏的"修改"菜单中选择"打断"命令。

　　(2) 使用鼠标拾取一条要打断的曲线。

　　(3) 拾取打断点。为了作图准确，通常要充分利用智能点、栅格点、导航点等来辅助拾取打断点，尽量在需要打断的曲线上拾取打断点。

　　系统允许将打断点拾取在曲线之外，其应用规则如下(摘自 CAXA 电子图板用户手册)。

- 若欲使打断线为直线，则系统自动从用户选定点向直线作垂线，设定垂足为打断点。
- 若欲使打断线为圆弧或圆，则系统从圆心向用户设定点作直线，该直线与圆弧的交点被设定为打断点。

　　【**课堂范例**】　将一个完整的圆分成 3 段等分的圆弧。

　　(1) 绘制一个默认半径的圆。

　　(2) 创建等分点。从菜单栏的"绘图"菜单中选择"点"命令，接着在立即菜单中设置"1.等分点"，并设置"2.等分数"的值为 3，然后拾取圆。右击结束点命令操作，在圆周上创建的等分点如图 4-80 所示。

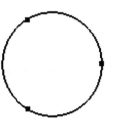

图 4-80　创建等分点

(3) 在"编辑工具"工具栏中单击 [打断图标](打断)按钮，或者从菜单栏的"修改"菜单中选择"打断"命令，拾取圆作为要打断的曲线，接着拾取其中一个等分点。

(4) 使用和上述步骤(3)相同的方法在另一个等分点处打断圆弧。

(5) 使用和上述步骤(3)相同的方法在第 3 个等分点处打断大圆弧，从而获得 3 段等长的圆弧。

4.3.12 拉伸

使用"拉伸"功能可以在保持曲线原有趋势不变的前提下，对曲线或曲线组进行拉伸或缩短处理。拉伸可以分为单条曲线拉伸和曲线组拉伸两种情况。下面对这两种典型的拉伸进行介绍。

1. 单条曲线拉伸

(1) 在"编辑工具"工具栏中单击 [拉伸图标](拉伸)按钮，或者从菜单栏的"修改"菜单中选择"拉伸"命令。

(2) 在立即菜单的"1."下拉列表框中切换为"单个拾取"选项。

(3) 按照提示单击(拾取)所要拉伸的直线或圆弧的一端，接着移动鼠标时则一条被拉伸的线段跟随光标发生拉伸变化，当拖动到合适位置处单击，便可以获得所需的拉伸效果。

需要注意到以下情况。

- 当拾取的要拉伸的曲线为直线时，出现的立即菜单如图 4-81 所示，可以在"2."下拉列表框中选择"轴向拉伸"或"任意拉伸"选项。选择"轴向拉伸"时，还可以在"3."下拉列表框中设为"点方式"选项或"长度方式"选项，其中长度方式又可以分为"绝对"和"增量"两种情况。

- 当拾取的要拉伸的曲线为圆弧时，出现的立即菜单如图 4-82 所示，可以在"2."下拉列表框中选择"弧长拉伸"、"角度拉伸"、"半径拉伸"或"自由拉伸"来进行拉伸定义。除了"自由拉伸"之外，其他 3 种的拉伸量均可以通过"3."来选择"绝对"或"增量"。"绝对"的含义是指拉伸图素的整个长度或者角度；"增量"的含义是指在原图素基础上增加的长度或角度。

图 4-81　拉伸直线时的立即菜单

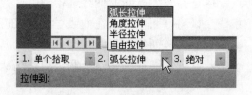

图 4-82　拉伸圆弧时的立即菜单

(4) 该命令可以重复操作，如果要结束该命令操作，可右击实现。

在 CAXA 电子图板中，系统还提供了一种快捷方式来实现曲线的拉伸操作。该快捷方式是先拾取曲线，接着将光标置于曲线处，则曲线上高亮显示控制小方框(例如在直线的中点和两端均高亮显示小方框)，使用鼠标拾取其中一个端点方框，则可以用鼠标拖动来快速实现直线的拉伸。

2. 曲线组拉伸

曲线组拉伸实际上是指移动窗口内图形的指定部分，也就是将窗口内的指定图形一起拉伸。

下面通过典型的操作示例来介绍曲线组拉伸的方法及步骤。

(1) 在"编辑工具"工具栏中单击 (拉伸)按钮，或者从菜单栏的"修改"菜单中选择"拉伸"命令。

(2) 在立即菜单的"1."下拉列表框中切换为"窗口拾取"选项。

(3) 单击立即菜单"2."，可以选择"给定偏移"选项或"给定两点"选项。在该示例中，假设在"2."下拉列表框中选择"给定偏移"选项。

(4) 使用鼠标指定第 1 角点和第 2 角点形成一个窗口，如图 4-83 所示。这里的窗口拾取从右到左，即第 2 角点位于第 1 角点的左侧，与该窗口交叉的曲线组被全部拾取。拾取添加完成后，右击确认。

操作点拨

如果从左到右指定两个角点来形成选取窗口，那么只能选择完全位于该窗口中的曲线组。

(5) 移动鼠标可以看到曲线组被拉伸，如图 4-84 所示，在满意的位置处单击，从而确定曲线组的拉伸结果。

图 4-83　窗口拾取

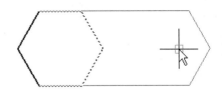

图 4-84　指定 X 方向偏移量或位置点

操作点拨

如果在立即菜单中设置的选项为"1.窗口拾取"、"2.给定两点"，那么用窗口拾取曲线组后，在"第一点"提示下使用鼠标指定一点，指定第一点后提示变为"第二点"，再移动鼠标时，曲线组被动态拉伸，确定第二点后便得到该曲线组的拉伸结果。在"给定两点"的设置下，拉伸长度和方向由两点连线的长度和方向来定义。

4.3.13　分解

可以执行 CAXA 电子图板系统提供的"分解"(打散)功能来将成块的图形打散，可以将多段线、图案填充、标注、块参照合成对象分解成单个的元素。有关块的知识将在后面的章节中重点介绍。

在这里简单地介绍"分解"编辑命令的一般应用方法及步骤。

(1) 在"编辑工具"工具栏中单击 (分解)按钮，或者从菜单栏的"修改"菜单中选择"分解"命令。

(2) 在"拾取添加"提示下拾取要分解的对象，然后右击，即可将所选对象分解。对于很多对象，其分解效果是看不出来的，只有重新选择对象时才能发现分解的单独元素。

> **知识点拨**
>
> 分解多段线时，多段线被分解为单独的线段和圆弧。具有宽度的多段线分解后，其关联的宽度信息被去除，所得的直线段和圆弧将沿着原多段线的中心线放置。标注或图案填充分解后，也会失去它们各自的关联性。

4.3.14 夹点编辑

CAXA 电子图板中的夹点编辑功能很实用。所谓夹点编辑是指拖动夹点对图形对象进行拉伸、移动、旋转、缩放等编辑操作。在前面的某些小节中，也曾稍微提到了使用夹点编辑的操作方法。在这里，再通过一个简单的范例介绍使用夹点编辑的操作方法和步骤。该范例的操作步骤如下。

(1) 在绘图区绘制一个圆心位于原点、半径为 50 的圆，该圆不产生中心线。

(2) 使用鼠标选择圆，使圆显示其夹点，如图 4-85 所示。

(3) 单击圆心处的夹点，系统提示"指定夹点拖动位置"。在绘图区移动鼠标，可以看到圆依附于光标移动。

(4) 在合适位置处单击确认操作，所选的圆便被移动到该位置。

(5) 单击圆周上的一个夹点，接着移动鼠标拖动夹点实现圆的拉伸操作，如图 4-86 所示，单击确认。

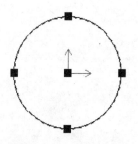

图 4-85　显示圆的夹点

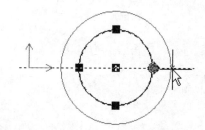

图 4-86　使用夹点拉伸

在使用夹点编辑时，需要注意不同图形对象的不同夹点可能有不同的含义，如一些夹点影响图形的放置位置，一些夹点用于图形拉伸等。

4.4 属 性 编 辑

在 CAXA 电子图板中，大部分图形对象都具有这样的基本属性，如图层、颜色、线型和线宽等。每个图形对象还可以有本身特有的属性，例如圆的特有属性包括圆心、半径等。图形对象的属性既可以直接单独地指定给对象，也可以通过图层来赋予对象。对于图形对象的属性，通常可以使用属性选项板、属性工具或特性匹配工具等来对它进行编辑。

4.4.1　使用属性选项板

使用属性选项板(也称特性选项板)可以查看和编辑指定对象的属性。

在菜单栏的"工具"菜单中选择"属性"命令，或者在"常用工具"工具栏中单击 (属性)按钮，可以打开属性选项板。当打开属性选项板时，可以设置属性选项板处于自动隐藏状态，此时只有将光标置于绘图区边上的"特性"标签处才能展开它，如图 4-87 所示。

打开属性选项板后，选择要编辑的对象，此时在属性选项板中显示该对象的属性，接着在属性选项板中修改该对象的相关属性即可。例如，选择某个圆后，在属性选项板中修改其相关属性，如图 4-88 所示。

图 4-87　展开属性选项板　　　　图 4-88　利用"属性"选项板修改圆属性

4.4.2　使用属性工具

使用 CAXA 电子图板提供的相关属性工具可以编辑对象的图层、颜色、线型和线宽这几个基本属性。属性工具集中在如图 4-89 所示的"颜色图层"工具栏中。另外用户也可以在功能区"常用"选项卡的"属性"面板中找到所需的属性工具，如图 4-90 所示。使用属性工具修改对象属性是很方便的，选择图形对象后，直接在"颜色图层"工具栏中或者在功能区面板中使用相应属性工具即可编辑所选图形对象的基本属性。

图 4-89　"颜色图层"工具栏

图 4-90　"属性"面板

4.4.3　特性匹配

使用"特性匹配"功能可以将一个对象的某些或所有特性复制到其他对象，也就是说使用"特性匹配"功能可以使所选择的目标对象依据源对象的属性进行变化。该功能除了可以修改对象的图层、线型、线宽和颜色等基本属性之外，还可以修改对象的特有属性。

使用"特性匹配"功能的典型方法及步骤如下。

(1) 在菜单栏的"修改"菜单中选择"特性匹配"命令，或者在"编辑工具"工具栏中单击 (特性匹配)按钮。

(2) 系统出现"拾取源对象："的提示信息。根据该提示拾取所需的图形对象作为源对象。

(3) 系统出现"拾取目标对象："的提示信息。根据该提示拾取所需的目标对象。

(4) 右击可结束特性匹配的命令操作。

【课堂范例】 格式刷在制图中的操作练习。

(1) 打开位于随书光盘 CH4 文件夹中的"BC_格式刷练习.exb"文件，该文件中存在着的原始图形如图 4-91 所示。

(2) 在菜单栏的"修改"菜单中选择"特性匹配"命令，或者在"编辑工具"工具栏中单击 (特性匹配)按钮。

(3) 拾取源对象，如图 4-92 所示。

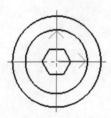

图 4-91　原始图形　　　　　　　　　　　图 4-92　拾取源对象

(4) 拾取目标对象，如图 4-93 所示。

(5) 右击结束特性匹配操作。完成的图形效果如图 4-94 所示。

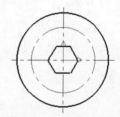

图 4-93　拾取目标对象　　　　　　　　图 4-94　使用特性匹配快速完成的效果

4.4.4　巧用鼠标右键编辑功能

在实际设计中，用户还可以巧用面向对象的鼠标右键编辑功能，从而快速、直接地对图形元素进行属性修改、删除、平移、复制、平移复制、粘贴、旋转、镜像、阵列和比例缩放等编辑操作。

以对被拾取的某曲线进行编辑操作为例。使用鼠标左键在绘图区拾取一个图形元素后右击，弹出如图 4-95 所示的快捷菜单，该快捷菜单提供了面向所选对象的编辑命令，从中选择所需的一个编辑命令对该对象进行编辑操作即可。如果在该右键快捷菜单中选择"特性"命令，也可以打开如图 4-96 所示的属性选项板("特性"选项板)，利用该属性选项板对所在层、线型和颜色等属性进行修改。

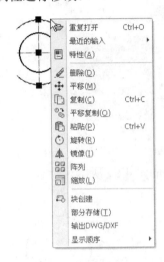

图 4-95　右键快捷菜单

图 4-96　属性选项板

4.5　图形绘制与修改综合实例

本综合实例主要复习一些修改编辑工具的应用，具体的操作步骤如下。

步骤 1： 新建一个图形文件，默认图层为 0 层。

步骤 2： 绘制一个圆。

(1) 在"绘图工具"工具栏中单击 (圆)按钮。

(2) 在立即菜单中设置各选项为"1.圆心_半径"、"2.直径"和"3.无中心线"。

(3) 使用键盘输入圆心点为"0,0"，按 Enter 键。

(4) 使用键盘输入直径值为"10"，按 Enter 键。

(5) 继续在"输入直径或圆上一点"的提示下，使用键盘输入"20"，按 Enter 键确认。

(6) 右击结束圆绘制命令，绘制的两个圆如图 4-97 所示。

步骤 3： 以阵列的方式获得 4 个圆。

(1) 在"编辑工具"工具栏中单击 (阵列)按钮，或者从菜单栏中选择"修改"→"阵列"命令。

(2) 在立即菜单中的"1."下拉列表框中选择"矩形阵列"，并分别设置行数为 1，行间距为 0，列数为 4，列间距为 35，旋转角为 0°。

(3) 拾取最小的一个圆，右击确定。阵列结果如图 4-98 所示。

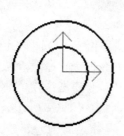

图 4-97　绘制的两个圆　　　　　　　　　　　　图 4-98　阵列结果

步骤 4：绘制一个圆。

(1) 在"绘图工具"工具栏中单击 ⊙(圆)按钮。

(2) 在立即菜单中设置各选项为"1.圆心_半径"、"2.直径"和"3.有中心线"，并设置中心线延伸长度为3。

(3) 捕捉最右侧小圆的圆心作为新圆的圆心。

(4) 在"输入直径或圆上一点"的提示下，使用键盘输入"20"，按 Enter 键确认。

(5) 右击结束圆绘制命令。绘制该圆得到的图形效果如图 4-99 所示。

图 4-99　绘制一个带中心线的圆

步骤 5：绘制相切直线。

在"绘图工具"工具栏中单击 ∕(直线)按钮，以"两点线"的方式并结合工具点菜单绘制如图 4-100 所示的 4 条相切直线。

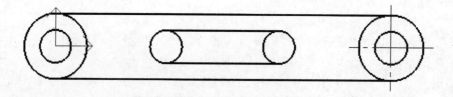

图 4-100　绘制 4 条相切直线

步骤 6：裁剪曲线。

(1) 在"编辑工具"工具栏中单击 ⌁(裁剪)按钮，或者从菜单栏的"修改"菜单中选择"裁剪"命令。

(2) 设置立即菜单中的裁剪方式选项为"快速裁剪"。

(3) 拾取要裁剪的曲线，注意拾取位置。裁剪结果如图 4-101 所示。

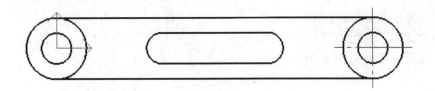

图 4-101　裁剪结果

步骤 7：拉伸中心线。

(1) 在"编辑工具"工具栏中单击 (拉伸)按钮，或者从菜单栏的"修改"菜单中选择"拉伸"命令。

(2) 在立即菜单的"1."下拉列表框中切换为"单个拾取"选项。

(3) 单击水平中心线的左侧部分，将其拉伸到如图 4-102 所示的结果。

图 4-102　拉长中心线

步骤 8：旋转操作。

(1) 在"编辑工具"工具栏中单击 (旋转)按钮，或者从菜单栏的"修改"菜单中选择"旋转"命令。

(2) 在"旋转"立即菜单中设置如图 4-103 所示的选项，并且在状态栏中设置不启用"正交"模式。

图 4-103　在"旋转"立即菜单中的设置

(3) 使用鼠标拾取如图 4-104 所示的图形元素。拾取完成后右击。

图 4-104　拾取要旋转拷贝的图形元素

(4) 指定左侧同心圆的圆心(也就是坐标原点)作为旋转基点。

(5) 此时将鼠标往坐标的第一象限角位置移动，可以在绘图区观察到跟随光标移动的图形。输入旋转角为"60"度。旋转复制的结果如图 4-105 所示。

步骤 9：圆角过渡。

(1) 在"编辑工具"工具栏中单击 (过渡)按钮。

(2) 在过渡立即菜单的"1."下拉列表框中选择"圆角"选项。

(3) 在立即菜单的"2."下拉列表框中选择"裁剪"选项，在"3."中设置圆角半径为"10"。

(4) 分别拾取要圆角过渡的两条曲线，从而创建如图 4-106 所示的圆角。

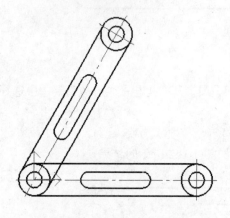
图 4-105　旋转复制的结果

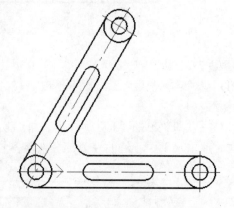
图 4-106　创建一处圆角过渡的效果

4.6　本章小结

　　图形的编辑修改操作是很重要的，也很灵活。如果在实际设计中处理好编辑这个环节，将会使制图效率和质量得到较好的保证。

　　CAXA 电子图板在充分考虑用户需求的情况下，为用户提供了功能齐全、操作灵活且方便的编辑修改功能，主要包括基本编辑、图形编辑和属性编辑三大方面。

　　本章首先使读者初步认识编辑修改的命令工具，尤其是"修改"菜单和"编辑"菜单中的命令工具。接着分别重点介绍基本编辑、图形编辑和属性编辑的实用知识。基本编辑包括选择所有、撤销、恢复、复制、剪切、粘贴、选择性粘贴、删除、删除所有和插入对象等。图形编辑主要包括删除图形、删除重线、平移、平移复制、旋转、镜像、比例缩放、阵列、裁剪、过渡、齐边、打断、拉伸、分解和夹点编辑。属性编辑的知识包括使用属性选项板编辑、使用属性工具编辑、特性匹配和巧用鼠标右键编辑功能。

　　本章还特别介绍了一个图形绘制与修改综合实例，目的是使读者通过实例操作复习和巩固所学知识。

4.7　思考与练习

(1) 图形编辑的操作主要包括哪些？

(2) 总结：要删除图形对象，可以有哪些方法？

(3) 如何平移和旋转曲线？可以举例进行辅助说明。

(4) 简述镜像曲线的典型方法及步骤，可以举例辅助说明。

(5) 阵列分哪几种方式？

(6) CAXA 电子图板中的裁剪操作分为哪 3 种方式？各用在什么场合？

(7) CAXA 电子图板中的过渡类型主要包括哪些?

(8) 简述齐边的一般方法及步骤,可以举例辅助说明。

(9) 如何改变拾取对象的颜色、线型或图层?

(10) 在什么情况下执行撤销操作和恢复操作?

(11) 你了解什么是 OLE 吗? 如何在 CAXA 电子图板中插入 OLE 对象?

(12) 可以将使用 CAXA 电子图板绘制的图形插入到其他支持 OLE 的软件(如 Word)中吗?

(13) 思考: 在一些较为复杂的设计中应用"特性匹配"功能有哪些好处? 如何应用"特性匹配"功能?

(14) 上机操作: 绘制如图 4-107 所示的图形。

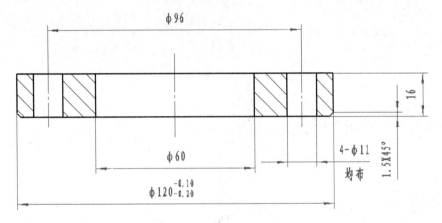

图 4-107　上机练习效果(1)

(15) 根据如图 4-108 所示的尺寸,进行图形的绘制和编辑操作,直到完成该图形为止。不要求进行相关的标注(标注知识将在后面的章节中介绍)。

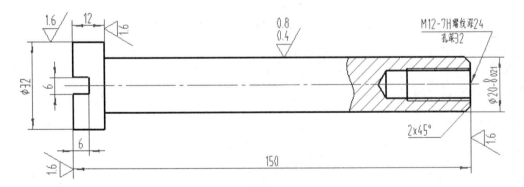

图 4-108　上机练习效果(2)

第 5 章

工程标注

本章导读:

工程标注是工程图设计的一个重要环节。在 CAXA 电子图板中进行工程图标注工作是非常方便和灵活的,而且其标注结果符合《机械制图国家标准》。

本章将详细介绍 CAXA 电子图板关于工程标注方面的应用知识,内容包括工程标注概述、尺寸类标注、坐标类标注、工程符号类标注、文字类标注、标注编辑、通过属性选项板编辑、标注风格编辑、尺寸驱动和标注综合实例等方面。

5.1   工程标注概述

一张完整的工程图除了必要的视图之外，还要有相关的工程标注等信息。工程标注包含尺寸类标注、坐标类标注、工程符号类标注和文字类标注等。

用于工程标注的命令位于菜单栏的"标注"菜单中，如图 5-1 所示。同时，系统也提供了一个直观的"标注"工具栏，如图 5-2 所示。在该工具栏中集中了一些常用的标注工具按钮，这些标注工具按钮的功能与相应菜单命令的功能完全相同。

图 5-1   "标注"菜单

图 5-2   "标注"工具栏

在《机械制图国家标准》中对图样的标注是有标准规定的。为了使工程标注能够符合指定标准的要求，用户可以依据标准要求对标注所需的参数进行设置，例如设置文本风格和标注风格。CAXA 绘图系统充分考虑到相关的标准，并为用户提供了适合标准的默认设置选项，这样就保证了工程标注的规范性和可读性。

5.2   尺寸类标注与坐标类标注

在介绍使用 CAXA 电子图板进行具体的尺寸标注之前，先简单介绍一下尺寸标注的基本规则和尺寸标注的基本组成。

尺寸标注的基本规则主要有以下四点。

- 机件的真实大小应以图样上所注的尺寸数值为依据，与图形的大小及绘图的准确度无关。
- 图样中(包括技术要求和其他说明)的尺寸以毫米为单位，不标注单位符号(或名称)。如果采用其他单位，则应注明相应的单位符号。
- 图样中所标注的尺寸为该图样所示机件的最后完工尺寸，否则应另加说明。
- 应该将尺寸标注在反映所指结构最清晰的图样上，机件的每一个尺寸一般只标注一次。

尺寸标注由尺寸界线、尺寸线和尺寸数字组成。

在 CAXA 电子图板中，系统会根据拾取的图形实体类型来自动进行尺寸标注。如果按照标注方式来划分，可以将尺寸标注分为水平尺寸、竖直尺寸、平行尺寸、基准尺寸和连续尺寸等。如果从图形特点及标注的用途综合来划分，可以将尺寸标注分为基本标注、基线标注、连续标注、三点角度标注、角度连续标注、半标注、大圆弧标注、射线标注、锥度标注和曲率半径标注等。

在制图工作中，有时需要标注指定点的坐标，这就需要用到"坐标标注"功能。坐标标注包括原点标注、快速标注、自由标注、对齐标注、孔位标注及自动列表标注。

5.2.1 使用"尺寸标注"功能

CAXA 电子图板提供的"尺寸标注"工具是一个具有多分支尺寸标注的命令，也就是说它是进行尺寸标注的主体工具。使用该工具可以根据拾取元素的不同，由系统智能地自动标注相应的线性尺寸、直径尺寸、半径尺寸或角度尺寸，并且用户可以从该工具的立即菜单中根据实际设计需要选择基本尺寸、基准尺寸、连续尺寸或尺寸线方向等。

使用"尺寸标注"功能的典型流程如下。

(1) 在"标注"工具栏中单击 （尺寸标注)按钮，打开如图 5-3 所示的立即菜单。

(2) 在立即菜单的"1."下拉列表框中提供了如图 5-4 所示的多种标注类型选项。用户可以根据实际设计要求选择所需要的标注类型选项。

图 5-3 尺寸标注立即菜单

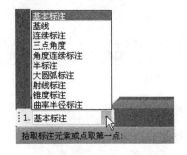

图 5-4 标注类型选项

> **说 明**
>
> 具体的标注类型命令均可以通过单击 （尺寸标注)按钮并在立即菜单中切换选择来执行，也可以单独执行，如图 5-5 所示。

(a) 从"尺寸标注"级联菜单中执行

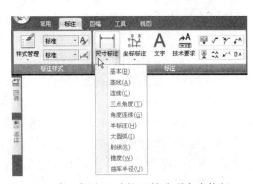

(b) 在"标注"功能区的选项卡中执行

图 5-5 单独执行标注类型命令

（3）如果选择"基本标注"类型选项，则在提示下拾取对象，按照拾取元素的不同类型与不同数目，并根据立即菜单中的设置，标注相应的水平尺寸、垂直尺寸、平行尺寸、直径尺寸、半径尺寸或角度尺寸等。

（4）如果选择"基线"、"连续"或"三点角度"等标注类型选项，那么可以标注相应的各种形式尺寸。这些标注类型为用户提供了目的明确的、操作灵活的标注方法。

下面结合典型图例介绍使用"尺寸标注"命令来完成各种类型的尺寸标注的方法。

1．基本标注

基本标注包括单个元素的标注和两个元素的标注。其中，单个元素的标注又分为直线的标注、圆的标注和圆弧的标注；两个元素的标注则包括点与点的标注、点和直线的标注、直线和直线的标注、点和圆(或圆弧)的标注、圆(或圆弧)和圆(或圆弧)的标注、直线和圆(或圆弧)的标注等。

1）直线的标注

执行"尺寸标注"命令并在立即菜单中选择"基本标注"选项，在"拾取标注元素或点取第一点："提示下拾取要标注的直线，则立即菜单如图 5-6 所示。其中，在"2."下拉列表框中可以选择"文字平行"、"文字水平"或"ISO 标准"选项；在"3."下拉列表框中可以确定标注长度或标注角度。

| 1. 基本标注 | ▼ 2. 文字平行 | ▼ 3. 标注长度 | ▼ 4. 长度 | ▼ 5. 正交 | ▼ 6. 文字居中 | ▼ 7.前缀 | 8.基本尺寸 | 30 |

拾取另一个标注元素或指定尺寸线位置：

图 5-6　标注单条直线的立即菜单

> **实用知识**
>
> "文字平行"用于设置标注的尺寸文字与尺寸线平行；"文字水平"用于设置标注的尺寸文字方向水平；"ISO 标准"则用于设置标注的尺寸文字与尺寸线等符合 ISO 标准的要求。

（1）标注直线的长度。

要标注直线的长度，则需要在"3."下拉列表框中选择"标注长度"选项，同时在"4."下拉列表框中设定为"长度"选项。在此设置下还可以在"5."下拉列表框中选择"正交"或"平行"选项(当设置为"正交"时，标注该直线沿水平方向的距离或沿铅垂方向的距离；当设置为"平行"时，标注该直线两个端点之间的距离长度)，在"6."下拉列表框中可根据情况切换为"文字居中"或"文字拖动"。另外，用户可以设置前缀和基本尺寸。

尺寸线与尺寸文字的位置，可以使用鼠标拖动来确定。当在"基本标注"立即菜单中选择"文字居中"选项时，若使用光标指定尺寸文字在尺寸界线之内，那么尺寸文字自动居中；若尺寸文字在尺寸界线之外，则由单击的标注点位置来确定。当在"基本标注"立即菜单中选择"文字拖动"选项时，尺寸文字由光标拖动至的位置点确定。

标注直线长度的图例如图 5-7 所示。在拾取要标注的直线和设置好"基本标注"立即菜单的选项后，移动光标到合适位置处单击以定义尺寸线的放置位置。

（2）标注直线直径。

需要在立即菜单的第 4 项中将"长度"选项切换为"直径"选项。这样系统便会在尺寸测量值之前添加前缀"Φ"。标注直线直径尺寸的典型图例如图 5-8 所示。

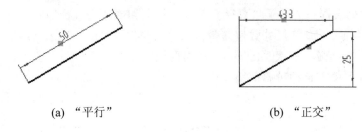

(a) "平行"　　　　　　　　　　(b) "正交"

图 5-7　标注直线长度的图例

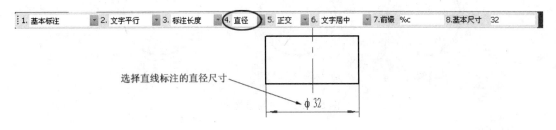

图 5-8　标注直线直径的图例

(3) 标注直线与坐标轴之间的夹角角度。

需要在进行直线标注的时候，在其立即菜单的第 3 项("3.")中将选项切换为"标注角度"，如图 5-9 所示。可以在"4."下拉列表框中设置标注直线与 X 轴的夹角或与 Y 轴的夹角，角度尺寸的顶点为直线靠近拾取点的端点。

图 5-9　标注直线角度的立即菜单

标注直线与坐标轴之间的夹角角度的图例如图 5-10 所示。

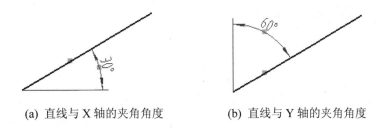

(a) 直线与 X 轴的夹角角度　　　　(b) 直线与 Y 轴的夹角角度

图 5-10　直线角度的标注图例

2) 圆的标注

执行"尺寸标注"命令并在立即菜单中选择"基本标注"选项，在"拾取标注元素或点取第一提示点"下拾取要标注的圆，则立即菜单如图 5-11 所示。

图 5-11　圆基本标注的立即菜单

在"3."下拉列表框中提供了"直径"、"半径"和"圆周直径"3 个选项。"直径"选项用于标注圆的直径尺寸，其尺寸数值前带有前缀"Φ"；"半径"选项用于标注圆的半径尺寸，其尺寸数值前自动带有前缀"R"；"圆周直径"选项用于自圆周引出尺寸界线，并标注直径尺寸，其尺寸数值前自动带有前缀"Φ"。

圆的标注图例如图 5-12 所示。通常在完整的圆中不标注其半径，而是标注其直径。

(a) 标注直径尺寸   (b) 标注半径尺寸   (c) 标注圆周直径

图 5-12 圆的标注图例

3) 圆弧的标注

圆弧标注和圆标注相似。拾取要标注的圆弧后，基本标注立即菜单如图 5-13 所示。在"2."下拉列表框中提供了"直径"、"半径"、"圆心角"、"弦长"和"弧长"5 个选项，分别用于标注直径尺寸、半径尺寸、圆心角尺寸、弦长尺寸和弧长尺寸。尺寸线和尺寸文字的标注位置，由设置的相关选项并随标注点动态确定。

图 5-13 用于标注所选圆弧的基本标注立即菜单

圆弧的标注图例如图 5-14 所示。

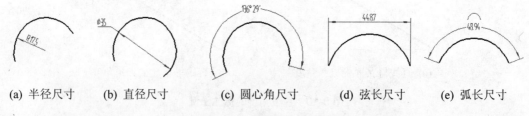

(a) 半径尺寸   (b) 直径尺寸   (c) 圆心角尺寸   (d) 弦长尺寸   (e) 弧长尺寸

图 5-14 圆弧的标注图例

4) 点与点的标注

分别选择两个点后，基本标注立即菜单如图 5-15 所示。接下去的操作和标注直线长度的操作相同，例如在"4."下拉列表框中可以将此项设置为"正交"，从而标注出水平方向或铅垂方向的距离尺寸；也可以将此项设置为"平行"，从而标注出两点之间的最短距离。

图 5-15 选定两点后的基本标注立即菜单

图 5-16 所示为标注点与点之间的尺寸的典型示例。其中，要标注图 5-16(c)中的直径尺寸，需要在其立即菜单的"3."中设置为"直径"选项，在"4."中设置为"平行"选项。

(a) 两点之间的正交距离尺寸　　　(b) 两点距离尺寸　　　(c) 两点之间"平行"的直径尺寸

图 5-16　标注点与点之间的尺寸

5) 点和直线的标注

分别选择点和直线，并在如图 5-17 所示的立即菜单中设置相关的选项，然后使用鼠标指定尺寸线位置。

图 5-17　立即菜单设置

点与直线的标注示例如图 5-18 所示。

图 5-18　点与直线的标注示例

6) 直线和直线的标注

分别选择两条直线，系统根据两条直线的相对位置(平行或不平行)来标注两条直线间的距离或夹角角度。

如果拾取的两条直线相互平行，那么立即菜单如图 5-19 所示。单击"3."下拉列表框可以在"长度"和"直径"选项之间切换。两平行直线标注的通常是距离尺寸。

图 5-19　立即菜单(用于标注平行的两条直线)

如果拾取的两条直线不平行，那么标注的是两条直线间的夹角角度，其立即菜单如图 5-20 所示。

图 5-20　立即菜单(用于标注两直线间的夹角)

两直线标注的典型示例如图 5-21 所示。

 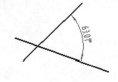

(a) 标注平行直线间的距离尺寸　　　(b) 标注非平行直线的角度尺寸

图 5-21　两直线标注的典型示例

7) 圆(或圆弧)与其他图形元素之间的标注

圆(或圆弧)与其他图形元素之间的标注示例如图 5-22 所示。通常需要指定圆(或圆弧)的圆心或切点作为测量点。

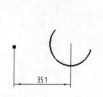 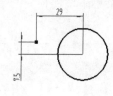 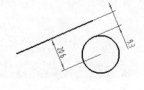 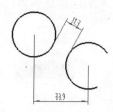

图 5-22　与圆(或圆弧)相关的标注示例

【课堂范例】　在两个圆之间进行相关的尺寸标注练习。

(1) 打开位于随书光盘 CH5 文件夹中的"BC_两圆间尺寸标注练习.exb"文件，该文件中存在着的两个圆如图 5-23 所示。

(2) 在"标注"工具栏中单击⊢┤(尺寸标注)按钮，接着在立即菜单"1."下拉列表框中选择"基本标注"。

(3) 使用鼠标左键拾取小圆，接着拾取大圆。

(4) 在立即菜单中设置如图 5-24 所示的选项，注意在"4."下拉列表框中设置的选项为"圆心"，在"5."下拉列表框中设置的选项为"正交"。

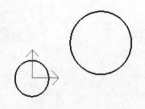

| 1. 基本标注 ▾ | 2. 文字平行 ▾ | 3. 文字居中 ▾ | 4. 圆心 ▾ | 5. 正交 ▾ | 6.前端 |

图 5-23　已有的两个圆 　　　　　　　　图 5-24　立即菜单设置

(5) 移动光标来选择尺寸线的放置位置，在所需的尺寸线放置位置处单击，完成第一个尺寸，如图 5-25 所示。

(6) 使用鼠标左键拾取小圆和大圆，接受立即菜单中的默认设置，然后指定尺寸线放置位置，完成第二个尺寸，如图 5-26 所示。

(7) 使用鼠标拾取小圆和大圆。

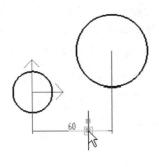
图 5-25　标注第一处尺寸

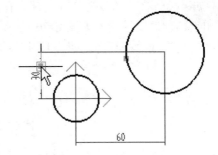
图 5-26　完成第二个尺寸

(8) 在立即菜单的"4."下拉列表框中单击，从而切换到"切点"选项，如图 5-27 所示。

图 5-27　切换到"切点"选项

(9) 指定尺寸线的位置，完成两圆之间的切点距离尺寸如图 5-28 所示。

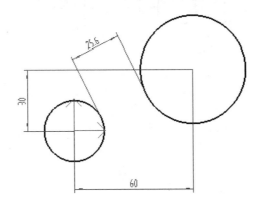

图 5-28　完成两圆之间的切点距离尺寸

2．基线标注

创建基线标注(也称基准标注)的典型流程如下。

(1) 在"标注"工具栏中单击 ⊢┤(尺寸标注)按钮。

(2) 在立即菜单的"1."下拉列表框中选择"基线"选项。此时系统提示拾取线性尺寸或第一引出点。

(3) 如果在图形区拾取一个已有的线性尺寸，那么系统将该线性尺寸作为第一基准尺寸，此时立即菜单如图 5-29 所示。立即菜单的第 2 项用来控制尺寸文字的方向，第 3 项用来指定尺寸线间距，第 4 项用来显示或设置前缀值，第 5 项用来指定基本尺寸。

图 5-29　立即菜单(1)

(4) 如果没有合适的线性尺寸，那么在图形区域拾取一个点作为第一引出点，接着拾取另一个引出点，此时立即菜单如图 5-30 所示。在该立即菜单的第 3 项中可以根据实际情况设置选项为"正交"或"平行"。指定尺寸线位置后，立即菜单又变成如图 5-29 所示。

图 5-30 立即菜单(2)

(5) 系统出现"拾取第二引出点："的提示信息。用户可以通过拾取一系列的位置点来标注一组基线尺寸。

【**课堂范例**】 创建一系列的基准标注尺寸。

(1) 打开位于随书光盘 CH5 文件夹中的"BC_基准标注练习.exb"文件，该文件中存在着的轴图形如图 5-31 所示。

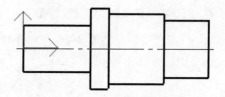

图 5-31 原始图形

(2) 在"标注"工具栏中单击 $\sqcap$ (尺寸标注)按钮。

(3) 在立即菜单的"1."下拉列表框中选择"基线"选项。

(4) 将点捕捉状态设置为"智能"。在图形中分别拾取如图 5-32 所示的点 1 和点 2 ，然后指定尺寸线位置。

(5) 在立即菜单中，将第 2 项设置为"文字平行"，将第 3 项的尺寸线偏移值设置为 8。

(6) 在"拾取第二引出点："提示下拾取如图 5-33 所示的顶点。

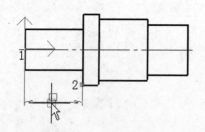

图 5-32 拾取第一个引出点和第二个引出点

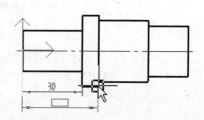

图 5-33 指定引出点

(7) 依次拾取(单击)如图 5-34 所示的顶点 A 和顶点 B，然后按 Esc 键退出基线标注命令。本例完成的基线标注如图 5-35 所示。

3. 连续标注

连续标注和基线标注相似，不同之处在于连续标注的下一个尺寸始终以上一个尺寸的第二尺寸界线作为其第一尺寸界线。如图 5-36 所示为连续标注示例。下面介绍该示例的操作步骤。

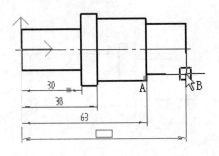

图 5-34　继续指定第二引出点

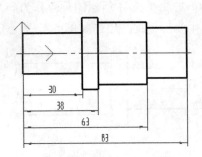

图 5-35　完成基准标注

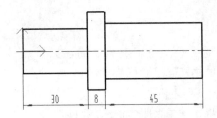

图 5-36　连续标注示例

【**课堂范例**】　创建一系列的连续标注尺寸。

(1) 打开位于随书光盘 CH5 文件夹中的"BC_连续标注练习.exb"文件，该文件中存在着的轴图形如图 5-37 所示。

(2) 在"标注"工具栏中单击 （尺寸标注)按钮。

(3) 在立即菜单的"1."下拉列表框中选择"连续标注"。

(4) 将点捕捉状态设置为"智能"，拾取如图 5-38 所示的交点作为第一引出点。

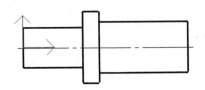

图 5-37　原始图形

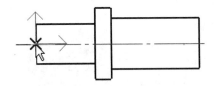

图 5-38　拾取第一引出点

(5) 将点捕捉状态设置为"智能"，拾取如图 5-39 所示的顶点作为另一个引出点。

(6) 指定尺寸线位置，如图 5-40 所示。

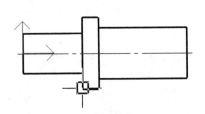

图 5-39　拾取另一引出点

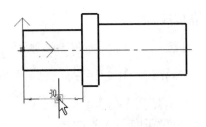

图 5-40　指定尺寸线位置

(7) 单击如图 5-41 所示的顶点作为新尺寸的第二引出点。

(8) 用光标捕捉并单击如图 5-42 所示的顶点。

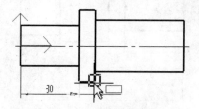 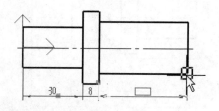

图 5-41　指定新尺寸的第二引出点　　　图 5-42　继续拾取新尺寸的第二引出点

(9) 按 Esc 键退出连续标注命令。

4. 三点角度

可以通过拾取三个点来创建角度尺寸，其方法简述如下。

(1) 在"标注"工具栏中单击┤┤(尺寸标注)按钮。

(2) 在立即菜单的"1."下拉列表框中选择"三点角度"选项，如图 5-43 所示。如果需要，用户可以单击"2."下拉列表框，将其切换为"度分秒"。

图 5-43　立即菜单(3)

(3) 在提示下依次指定顶点、第一点和第二点。指定 3 个点后移动光标可以动态地拖动尺寸线，在合适的位置处单击确定尺寸线位置，从而完成该角度标注。

"三点角度"标注的典型示例如图 5-44 所示，该示例选择"度"选项。如果选择"度分秒"选项，那么标注的结果如图 5-45 所示。

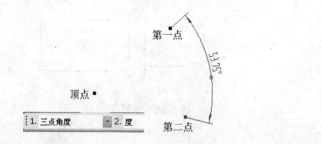 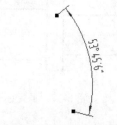

图 5-44　"三点角度"标注示例　　　　图 5-45　标注"三点角度"的度分秒

5. 角度连续标注

角度连续标注的示例如图 5-46 所示。

【课堂范例】　角度连续标注练习范例。

以如图 5-46 所示的典型标注为例，进行角度连续标注练习。

(1) 打开位于随书光盘 CH5 文件夹中的"BC_角度连续标注练习.exb"文件。

(2) 在"标注"工具栏中单击┤┤(尺寸标注)按钮。

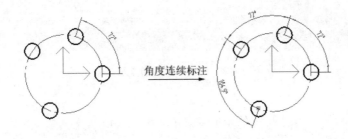

图 5-46　角度连续标注图例

(3) 在立即菜单的"1."下拉列表框中选择"角度连续标注"选项，此时系统提示拾取第一个标注元素或角度尺寸。

(4) 在图形中拾取已有的角度尺寸。拾取角度尺寸后，立即菜单变为如图 5-47 所示。在第 2 项中可以设置为"度"或"度分秒"，在第 3 项中可以设置为"逆时针"或"顺时针"。在这里，将第 2 项设置为"度"，将第 3 项设置为"逆时针"，表明以逆时针方式来标注角度(单位为度)。

图 5-47　角度连续标注的立即菜单

(5) 根据提示依次拾取如图 5-48 所示的圆心 A 和圆心 B 来完成角度连续标注。

(6) 按 Esc 键退出角度连续标注命令。

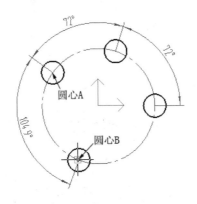

图 5-48　连续标注角度

6. 半标注

半标注在一些工程视图中有时会用到。创建的半标注可以表示直径尺寸，也可以表示距离或长度尺寸。下面介绍半标注的一些操作内容。

(1) 在"标注"工具栏中单击 ⊢⊣(尺寸标注)按钮。

(2) 在立即菜单的"1."下拉列表框中选择"半标注"选项，此时立即菜单如图 5-49 所示。在第 2 项中可以切换为"直径"或"长度"，在第 3 项可以设置半标注的尺寸线延伸长度。

| 1. 半标注 | ▼ | 2. 直径 | ▼ | 3.延伸长度 | 3 | | 4.前缀 | %c | 5.基本尺寸 | |

拾取直线或第一点：

图 5-49　用于半标注的立即菜单

(3) 系统出现"拾取直线或第一点："的提示信息。在该提示下如果拾取的是一个点，那么系统出现"拾取直线或第二点："的提示信息；如果拾取的第一个元素是一条直线，那么系统接着出现"拾取与第一条直线平行的直线或第二点："。

(4) 在提示下拾取第二个有效元素。尺寸测量值显示在立即菜单中。用户也可以根据设计要求输入基本尺寸替换数值。

如果两次拾取的第一个和第二个元素都是点，那么尺寸值为该两点间距离的 2 倍；如果拾取的两个元素为点和直线，那么尺寸值为点到所选直线垂直距离的 2 倍；如果拾取的两个元素为平行直线，那么尺寸值为两平行直线距离的 2 倍。

(5) 指定尺寸线位置。

半标注的尺寸界线总是在拾取的第二元素上引出的，尺寸线箭头指向尺寸界线，如图 5-50 所示。

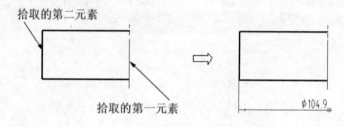

图 5-50　半标注示例

7. 大圆弧标注

大圆弧标注的操作方法和步骤如下。

(1) 在"标注"工具栏中单击 （尺寸标注）按钮。

(2) 在立即菜单的"1."下拉列表框中选择"大圆弧标注"选项。

(3) 拾取要标注的圆弧。

(4) 指定第一引出点。

(5) 指定第二引出点。

(6) 指定定位点，从而完成大圆弧标注。

大圆弧标注的典型示例如图 5-51 所示。

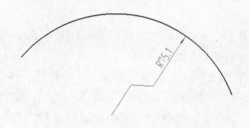

图 5-51　大圆弧标注的典型示例

8. 射线标注

射线标注需要分别指定第一点、第二点和定位点。射线标注的示例如图 5-52 所示。

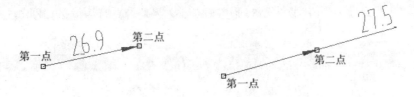

图 5-52　射线标注示例

射线标注的操作方法和步骤如下。

(1) 在"标注"工具栏中单击├┤(尺寸标注)按钮。

(2) 在立即菜单的"1."下拉列表框中选择"射线标注"选项。

(3) 指定第一点。

(4) 指定第二点。

(5) 此时，立即菜单如图 5-53 所示。其中显示的基本尺寸值默认为从第一点到第二点的距离。用户也可以更改该基本尺寸文本以及添加前缀。

图 5-53　用于射线标注的立即菜单

(6) 指定定位点，从而完成射线标注。

9. 锥度标注

锥度标注的图例如图 5-54 所示，使用"尺寸标注"中的"锥度标注"方式，可以标注斜度尺寸和锥度尺寸。用户需要了解斜度与锥度的概念。斜度的默认尺寸值为被标注直线相对轴线高度差与直线长度的比值，用"∠1：X"的形式表示；锥度的默认尺寸值等于斜度的 2 倍，锥度尺寸数值前标有"◁"符号。

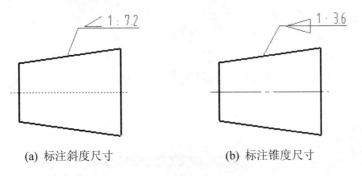

(a) 标注斜度尺寸　　　　　　　　(b) 标注锥度尺寸

图 5-54　锥度标注的图例

执行锥度标注的典型方法及步骤如下。

(1) 在"标注"工具栏中单击├┤(尺寸标注)按钮。

(2) 在立即菜单的"1."下拉列表框中选择"锥度标注"选项。在第 2 项中可以根据设计要求选择"锥度"选项或"斜度"选项,"锥度"选项用于标注锥度尺寸,"斜度"选项用于标注斜度尺寸。单击第 3 项可以在"正向"与"反向"之间切换,以此调整锥度或斜度符号的方向。第 4 项用来控制加不加引线。第 5 项用来控制文字是否具有边框,如图 5-55 所示。

图 5-55　用于锥度标注的立即菜单

(3) 拾取轴线。

(4) 拾取直线。

(5) 指定定位点。

10. 曲率半径标注

可以对一些曲线进行曲率半径的标注,其方法和步骤如下。

(1) 在"标注"工具栏中单击⊢(尺寸标注)按钮。

(2) 在立即菜单的"1."下拉列表框中选择"曲率半径标注"选项,如图 5-56 所示。在立即菜单的第 2 项中选择"文字平行"、"文字水平"或"ISO 标准"选项;在第 3 项中选择"文字居中"或"文字拖动"选项;在第 4 项中设置最大曲率半径。

图 5-56　用于曲率半径标注的立即菜单

(3) 拾取标注元素,例如单击样条曲线。

(4) 指定尺寸线位置,从而完成该曲线元素的曲率半径标注。

5.2.2　使用"坐标标注"功能

在"标注"→"坐标标注"级联菜单中提供了"原点"、"快速"、"自由"、"对齐"、"孔位"、"引出"和"自动列表"等命令。用户也可以在"标注"工具栏中单击⊥(坐标标注)按钮,打开一个立即菜单,在该立即菜单的第 1 项下拉列表框中可以选择"原点标注"、"快速标注"、"自由标注"、"对齐标注"、"孔位标注"、"引出标注"和"自动列表"选项之一,如图 5-57 所示。下面介绍坐标标注中这些类型选项的应用。

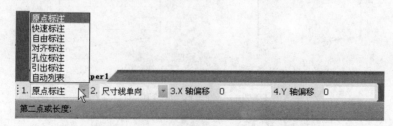

图 5-57　用于"坐标标注"的立即菜单

1. 原点标注

原点标注是用来标注当前坐标系原点的 X 坐标值和 Y 坐标值。

选择"原点标注"选项后，可以在立即菜单中设置原点标注的格式，包括以下方面。

- "尺寸线双向"/"尺寸线单向"：用于设置尺寸线是双向的还是单向的。尺寸线双向是指尺寸线从原点出发，分别向坐标轴两端延伸；尺寸线单向是指尺寸线从原点出发，向坐标轴靠近拖动点一端延伸。
- "文字双向"/"文字单向"：当设置尺寸线双向时，可以设置文字双向或文字单向。文字双向是指在双向尺寸线两端均标注尺寸值；文字单向是指只在靠近拖动点一端标注尺寸值。
- "X 轴偏移"：原点的 X 坐标值。
- "Y 轴偏移"：原点的 Y 坐标值。

系统提示输入第二点或长度。用户可以指定第二点来确定标注尺寸文字的定位点，也可以输入长度值来确定。通常使用光标拖动来选择标注 X 轴方向上的坐标还是 Y 轴方向上的坐标。输入第二点或长度后，系统继续提示输入第二点或长度。此时如果右击或按 Enter 键，则可以结束原点标注，从而只完成一个坐标轴方向的标注；如果在该提示下接着输入合适的第二点或长度，则可以完成另一个坐标轴方向的标注。

原点标注的几个示例如图 5-58 所示。

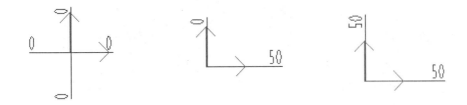

图 5-58　原点标注的示例

2. 快速标注

"坐标标注"中的"快速标注"用于标注当前坐标系下任意一个标注点的 X 坐标值或 Y 坐标值，标注格式由立即菜单中的选项或参数来定义。在进行快速标注时，用户在设置的标注格式下，只需输入标注点即可完成标注。

首先来了解如何在立即菜单中设置快速标注的格式。在立即菜单第 1 项列表框中选择"快速标注"选项后，立即菜单变为如图 5-59 所示。该立即菜单中控制快速标注格式的各选项的功能含义如下。

图 5-59　用于快速标注的立即菜单

- "正负号"/"正号"：用于在"正负号"和"正号"之间切换。在尺寸值等于计算值时，选择"正负号"选项，那么所标注的尺寸值取实际值，即若是负数也保留负号；如果选择"正号"选项，那么所标注的尺寸值取其绝对值。

- "不绘制原点坐标"/"绘制原点坐标"：设置是否绘制原点坐标。
- "Y坐标"/"X坐标"：设置是标注Y坐标还是标注X坐标。
- "延伸长度"：用于控制尺寸线的长度。尺寸线长度为延伸长度加文字字串长度。系统默认的延伸长度为3mm，当然用户可以根据情况来更改该延伸长度。
- "前缀"：用于显示和设置前缀。
- "基本尺寸"：如果立即菜单第4项被设置为"Y坐标"，则默认的尺寸值为标注点的Y坐标值；如果立即菜单第4项被设置为"X坐标"，则默认的尺寸值为标注点的X坐标值。

通常在立即菜单中设置好快速标注的格式后，指定原点(指定点或拾取已有坐标标注)，然后指定标注点。快速标注的示例如图5-60所示。

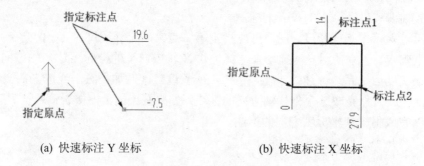

(a) 快速标注Y坐标　　　　　　　(b) 快速标注X坐标

图5-60　快速标注的示例

3. 自由标注

"坐标标注"中的"自由标注"用于标注当前坐标系下任意一个标注点的X坐标值或Y坐标值，尺寸文字的定位点需要临时指定，其标注格式同样由用户在立即菜单中设置。自由标注比快速标注自由度更多。

在立即菜单第1项下拉列表框中选择"自由标注"选项后，立即菜单变为如图5-61所示。在该立即菜单第2项可以选择"正负号"或"正号"选项，"正负号"用于使所标注的尺寸值取实际值，"正号"用于使所标注的尺寸值取绝对值。在第3项中可以设置是否绘制原点坐标。

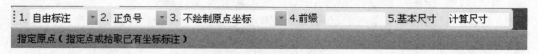

图5-61　用于自由标注的立即菜单

设置好标注格式后，指定原点(指定点或拾取已有坐标标注)，接着指定标注点，此时系统提示给出定位点。在该提示下在绘图区移动光标，则系统自动判断是要标注X坐标值还是Y坐标值。使用鼠标拖动尺寸线方向(X轴或Y轴方向)及尺寸线长度，在满意的位置处单击，从而完成一处标注。当然定位点也可以使用其他输入方式来给定，例如使用键盘输入或工具点捕捉等。

可以继续给定若干组标注点和定位点来进行自由标注。使用"自由标注"完成坐标标注的图例如图5-62所示。

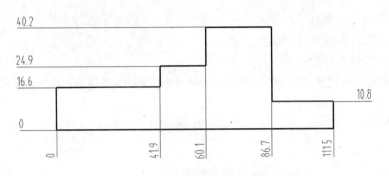

图 5-62　自由标注图例

4. 对齐标注

"坐标标注"中的"对齐标注"用于创建一组以第一个坐标标注为基准、尺寸线平行且尺寸文字对齐的标注，如图 5-63 所示。

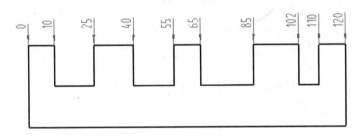

图 5-63　对齐标注的示例

下面介绍对齐标注的相关操作知识。

(1) 在立即菜单第 1 项下拉列表框中选择"对齐标注"选项后，立即菜单变为如图 5-64 所示。在立即菜单中根据设计情况设置以下选项。

图 5-64　用于"对齐标注"的立即菜单

- "正负号" / "正号"："正负号"选项用于设置所标注的尺寸值取实际值(包括正值和负值)；"正号"选项则用于设置所标注的尺寸值取绝对值。
- "绘制引出点箭头" / "不绘制引出点箭头"：用于设置是否绘制引出点箭头。
- "尺寸线关闭" / "尺寸线打开"：用于控制在对齐标注下是否要绘制出尺寸线。当在第 4 项中设为"尺寸线打开"时，则出现一个用来设置"箭头打开"或"箭头关闭"的选项框，如图 5-65 所示。出现的该选项框用来设置在尺寸线打开状态下是否在尺寸线一端画出箭头。

图 5-65　设置尺寸线打开时的立即菜单

- "不绘制原点坐标" / "绘制原点坐标": 用于设置是否绘制原点坐标。
- "前缀": 设置尺寸的前缀。
- "基本尺寸": 默认为标注点坐标值。

(2) 在立即菜单中通过设置各选项来确定对齐标注格式后,指定原点,接着指定标注点和对齐点,完成第一个坐标标注。

(3) 完成第一个坐标标注后,用户可以依次选定一系列标注点来完成一组尺寸文字对齐的坐标标注。

【**课堂范例**】 进行坐标标注之对齐标注的操作练习。

(1) 打开位于随书光盘 CH5 文件夹中的"BC_对齐标注练习.exb"文件,该文件中存在着的原始图形如图 5-66 所示。

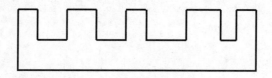

图 5-66　原始图形

(2) 在"标注"工具栏中单击 (坐标标注)按钮,系统打开一个立即菜单。

(3) 在立即菜单的第 1 项下拉列表框中选择"对齐标注"选项,接着在立即菜单中设置如图 5-67 所示的选项。

图 5-67　在立即菜单中的设置

(4) 在图形中选择左下顶点作为原点,选择如图 5-68 所示的标注点 1,接着移动光标在如图 5-69 所示的位置处单击以确定对齐点。

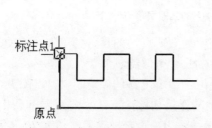

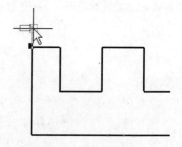

图 5-68　指定原点和标注点 1　　　　**图 5-69　指定对齐点**

(5) 依次向右侧拾取若干点作为下续标注点,直到完成该对齐标注,如图 5-70 所示。按 Esc 键结束该对齐标注命令。

5. 孔位标注

"坐标标注"中的孔位标注是指标注圆心或点的 X、Y 坐标值。

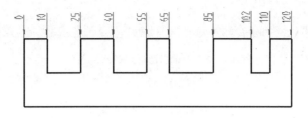

图 5-70　完成对齐标注

在"标注"工具栏中单击 (坐标标注)按钮，系统打开一个立即菜单，接着在该立即菜单中的"1."下拉列表框中选择"孔位标注"选项，此时立即菜单变为如图 5-71 所示。

图 5-71　用于孔位标注的立即菜单

在用于孔位标注的立即菜单中可以设置以下内容。

- "正负号"/"正号"："正负号"选项用于设置所标注的尺寸值取实际值(包括正值和负值)；"正号"选项则用于设置所标注的尺寸值取绝对值。
- "孔内尺寸线打开"/"孔内尺寸线关闭"：用于设置孔内尺寸线是否打开，也就是用来控制标注圆心坐标时，位于圆内的尺寸界线是否画出。
- "绘制坐标原点"/"不绘制坐标原点"：用于设置是否绘制原点坐标。
- "X 延伸长度"：用来控制沿 X 坐标轴方向，尺寸界线延伸出圆外的长度或尺寸界线自标注点延伸的长度，其初始默认值为 3。用户可以根据设计情况更改 X 延伸长度。
- "Y 延伸长度"：用来控制沿 Y 坐标轴方向，尺寸界线延伸出圆外的长度或尺寸界线自标注点延伸的长度，其初始默认值为 3。用户可以根据设计情况更改 Y 延伸长度。

在立即菜单中设置好相关的选项和参数后，在提示下指定原点，接着拾取圆或点，从而标注出圆心或指定点的 X、Y 坐标值。

孔位标注的典型示例如图 5-72 所示。

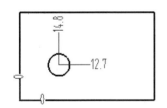　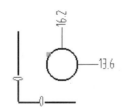　

(a) 绘制原点坐标，孔内尺寸线打开　　(b) 绘制原点坐标，孔内尺寸线关闭　　(c) 点标注

图 5-72　孔位标注的示例

6. 引出标注

"坐标标注"中的引出标注主要用于坐标标注中尺寸线或文字过于密集时，将数值标注引出来的标注。

在"标注"工具栏中单击 (坐标标注)按钮，系统打开一个立即菜单，接着在该立即菜单中的"1."下拉列表框中选择"引出标注"选项，此时立即菜单变为如图 5-73 所示。

图 5-73　用于引出标注的立即菜单

在用于孔位标注的立即菜单中可以设置以下内容。

- "正负号"/"正号"：用于设置尺寸值受默认测量值驱动时，标注尺寸值的正负号。"正负号"选项用于设置所标注的尺寸值取实际值(包括正值和负值)；"正号"选项则用于设置所标注的尺寸值取绝对值。
- "自动打折"/"手工打折"：用于设置引出标注的标注方式。当选择"自动打折"时，需要选择"顺折"或"逆折"来控制转折线的方向，以及定制第一条转折线的长度 L 和第二条转折线的长度 H。当选择"手工打折"时，立即菜单提供的选项如图 5-74 所示。

图 5-74　选择"手工打折"

- "绘制原点坐标"/"不绘制原点坐标"：用于设置是否绘制原点坐标。
- "前缀"：设置尺寸文本的前缀。
- "基本尺寸"：默认为标注点的计算尺寸值。用户可以手动输入基本尺寸值，此时正负号控制不起作用。

在立即菜单中设置好相关的选项后，根据提示输入标注点等便可完成标注。如果是自动打折，那么依次输入标注点和定位点；如果是手工打折，依次输入标注点、第一引出点、第二引出点和定位点。

引出标注的典型示例如图 5-75 所示。

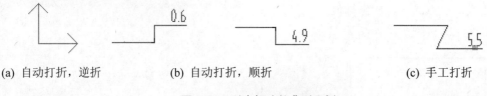

(a) 自动打折，逆折　　　　　(b) 自动打折，顺折　　　　　(c) 手工打折

图 5-75　引出标注的典型示例

7. 自动列表

"坐标标注"中的自动列表是指以表格的形式直观地列出标注点、圆心或样条插值点的坐标值。

在"标注"工具栏中单击 (坐标标注)按钮，系统打开一个立即菜单，接着在该立即菜单中的"1."下拉列表框中选择"自动列表"选项，此时立即菜单中的选项如图 5-76 所示。

图 5-76　用于"自动列表"坐标标注的立即菜单

如果要进行点或圆心坐标的标注工作，那么输入标注点或拾取圆(圆弧)，并在"序号插入点"提示下指定序号插入点，系统重复出现"输入标注点或拾取圆(弧)或样条"的提示信息。使用同样的方法指定若干组标注点和序号插入点，然后右击或按 Enter 键，则立即菜单变为如图 5-77 所示，从中可以分别设置序号域长度、坐标域长度、表格高度和单列最多行数。最后输入定位点。输入定位点后即可完成标注，系统会提示列表框不会随风格更新。

图 5-77　立即菜单

图 5-78 是关于圆心(点)的自动列表标注示例，图 5-79 是关于圆的自动列表标注。需要注意的是，在输出自动列表标注的表格时，如果有圆或圆弧，表格中会增加一列直径数据。

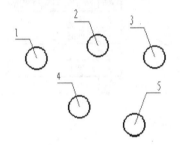

	PX	PY
1	70.36	23.02
2	93.33	27.42
3	113.98	23.30
4	86.27	5.87
5	106.55	-0.66

图 5-78　关于圆心(点)的自动列表标注

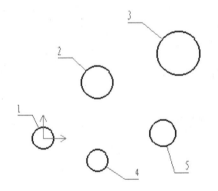

	PX	PY	φ
1	0.00	0.00	8.00
2	20.00	20.00	12.00
3	50.14	30.51	16.00
4	20.00	-8.00	8.00
5	44.29	1.83	10.00

图 5-79　关于圆的自动列表标注

知识点拨

"序号域长度"用来控制表格中"序号"列的长度，"坐标域长度"用来控制表格中 X 和 Y 列的长度，"表格高度"用来控制表格每行的高度，"单列最多行数"用来控制一次最多输出表格的行数。自动列表的列表框不会随风格更新。

再看一个关于样条插值点坐标的自动列表标注的例子。执行"坐标标注"的"自动列表"命令，在立即菜单中设置如图 5-80 所示的选项；接着在绘图区选择要标注的样条曲线，指定序号插入点，并在立即菜单中分别设置如图 5-81 所示的序号域长度、坐标域长度、表格高度和单列最多行数；然后指定定位点来完成该标注。

图 5-80　自动列表设置

图 5-81　立即菜单中的选项设置

样条插值点坐标的标注(自动列表)示例如图 5-82 所示。

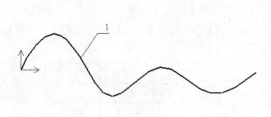

坐标原点X: 0.00, Y: 0.00, 旋转角: 0.00

A	PX	PY
1	0.00	0.00
2	15.05	15.34
3	26.22	5.96
4	40.55	−11.42
5	61.87	1.13
6	84.03	−9.74
7	103.68	−0.96

图 5-82　样条插值点坐标的标注

5.2.3　标注尺寸的公差

在工程制图中时经常要为指定的尺寸标注尺寸公差。用户可以采用以下方法来标注尺寸的公差。

在尺寸标注时右击，接着利用弹出来的如图 5-83 所示的"尺寸标注属性设置"对话框来设置该尺寸的公差内容。要熟练掌握尺寸公差的标注，那么需要对"尺寸标注属性设置"对话框的各项参数深刻理解和掌握。

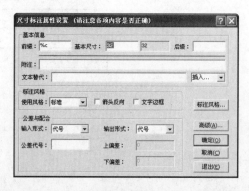

图 5-83　"尺寸标注属性设置"对话框

在"基本信息"选项组中可以设置前缀、基本尺寸、后缀、附注和文本替换内容。

- "前缀"：在该文本框中填写对尺寸值的描述或限定，填写内容位于基本尺寸的前面。例如可以在某个表示直径的基本尺寸数值之前添加"%c"，可以在某尺寸值之前添加表示个数的"5-"或"5×"等。

- "基本尺寸"：系统默认为实际测量值，用户可以根据实际情况更改该数值。基本尺寸通常只输入数字。
- "后缀"：在该文本框中填写对尺寸值的描述或其他技术说明，通常用来注写尺寸公差文本。
- "附注"：在该文本框中填写对尺寸的说明或其他注释。
- "文本替代"：在该文本框中填写内容时，前缀、基本尺寸和后缀的内容将不显示，而是尺寸文字使用文本替代的内容。
- "插入"下拉列表框：从该下拉列表框中可以设置在指定文本框中插入一些特殊的字符，如图 5-84(a)所示。如果从该下拉列表框中选择"尺寸特殊符号"选项，系统弹出如图 5-84(b)所示的"标注特殊符号"对话框。从中选择所需的一个标注特殊符号，然后单击"确定"按钮。

(a) "插入"下拉列表框   (b) "标注特殊符号"对话框

图 5-84 插入特殊字符

图 5-85 所示的标注形象地示意了设置的相关基本信息。

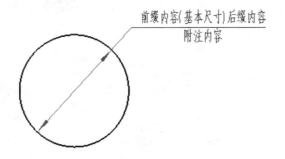

图 5-85 设置基本信息的标注示意

例如，假设"前缀内容"为"5-%c"，"(基本尺寸)"内容为 32，"后缀内容"为"%p0.5"，"附注内容"为"均布配作"，即在"尺寸标注属性设置"对话框中设置如图 5-86 所示的基本信息，然后单击"确定"按钮，得到如图 5-87 所示的标注效果。

知识点拨

在尺寸值输入中，对于一些特殊的符号，如直径符号"φ"、角度符号"°"、公差正负符号"±"等，可以通过按照 CAXA 电子图板规定的格式输入所需符号来实现。直径符号用"%c"表示，角度符号用"%d"表示，公差正负符号用"%p"表示。

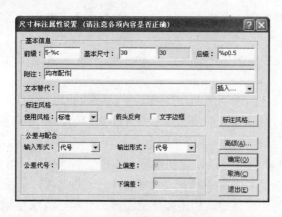

图 5-86 设置基本信息

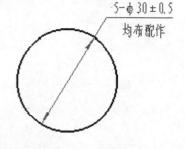

图 5-87 标注效果

在"标注风格"选项组中可以选择已有的标注风格,例如选择"机械"或"标准",还可以设置是否使箭头反向,是否具有文字边框。单击"标注风格"按钮,弹出如图 5-88 所示的"标注风格设置"对话框,利用该对话框可以设置当前标注风格、新建标注风格和编辑标注风格等。

图 5-88 "标注风格设置"对话框

"在公差与配合"选项组中设置公差输入形式、输出形式、公差代号、上公差和下公差等。

● "输入形式":用于控制公差的输入方式。在该下拉列表框中可供选择的选项有"代号"、"偏差"、"配合"和"对称"。当设置输入形式为"代号"时,系统根据在"公差代号"文本框中输入的代号名称(如 H7、k6 等)自动查询上偏差和下偏差,并将查询结果显示在"上偏差"和"下偏差"文本框中;当设置输入形式为"偏差"时,由用户根据设计要求输入偏差值;当设置输入形式为"配合"时,输出形式不可用,并且对话框提供如图 5-89 所示的选项来供用户设置;当设置输入形式为"对称"时,由用户输入上偏差值。

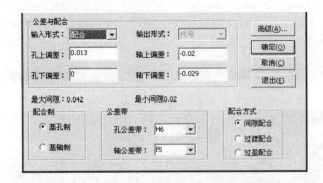

图 5-89　设置输入形式为"配合"

- "输出形式"：用于控制公差的输出形式。在某些场合下系统提供的可供选择的输出形式选项有"代号"、"偏差"、"(偏差)"、"代号(偏差)"和"极限尺寸"。举例：当输出形式为"代号"时，标注时使用代号表示公差，如 $\Phi30H7$；当输出形式为"偏差"时，标注时标偏差，如 $\phi30^{+0.021}_{0}$；当输出形式为(偏差)时，标注时使用"()"括号将偏差值括起来，如 $\phi30(^{+0.021}_{0})$；当输出形式为"代号(偏差)"时，标注时把代号和偏差同时标出，如 $\phi30H7(^{+0.021}_{0})$；当输出形式为"极限尺寸"时，标注时标注极限尺寸，如 $\phi^{30.021}_{30}$。

- "公差代号"：当"输入形式"选项被设置为"代号"时，在"公差代号"文本框中输入所需的公差代号名称，如输入 H7、k6 等，则系统根据基本尺寸和公差代号名称自动查询表格，将查询到的上偏差值和下偏差值显示在相应的"上偏差"框和"下偏差"框中。用户也可以通过单击"高级"按钮，弹出如图 5-90 所示的"公差与配合可视化查询"对话框，利用该对话框直接选择合适的公差代号。

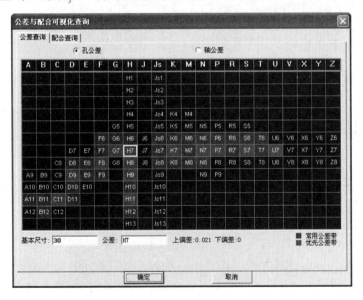

图 5-90　"公差与配合可视化查询"对话框

当"输入形式"选项被设置为"配合"时，则需要指定配合制和公差带等，系统在输出时会按照所设定的配合进行标注。通常为了获得直观的配合，可以单击"高级"按钮，打开"公差与配合可视化查询"对话框,并自动切换到"配合查询"选项卡,从中设置基孔制还是基轴制,然后直观地选择合适的配合,如图 5-91 所示。

图 5-91   配合查询

5.3   工程符号类标注

工程符号类标注主要包括倒角标注、基准代号注写、形位公差标注、表面粗糙度标注、焊接符号标注、剖切符号标注和中心孔标注等。

5.3.1   倒角标注

在 CAXA 电子图板中提供了专门用于倒角标注的实用功能,这使得倒角标注变得简单又快捷。

使用"倒角标注"功能的操作方法及步骤如下。

(1) 在菜单栏的"标注"菜单中选择"倒角标注"命令,或者在"标注"工具栏中单击 Y(倒角标注)按钮。

(2) 在打开的立即菜单中,从"1."下拉列表框中可以选择"轴线方向为 X 轴方向"、"轴线方向为 Y 轴方向"或"拾取轴线"选项。

● "轴线方向为 X 轴方向":轴线与 X 轴平行。
● "轴线方向为 Y 轴方向":轴线与 Y 轴平行。
● "拾取轴线":自定义轴线。选择该选项时,还需要用户拾取所需的轴线。

(3) 在立即菜单的"2."下拉列表框中可以切换"标准 45 度倒角"选项和"简化 45 度倒角"选项。

(4) 定义好所需的轴线后,拾取倒角线。

(5) 移动光标来指定尺寸线位置,从而标注出倒角尺寸。

图 5-92 为两种不同的倒角标注样式。其中，图 5-92(a)为标准 45 度倒角，图 5-92(b)为简化 45 度倒角，C2 是 2×45°的简化表示。

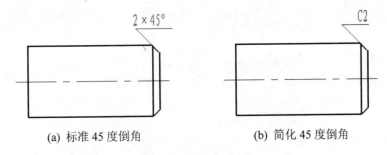

(a) 标准 45 度倒角　　　　　　　(b) 简化 45 度倒角

图 5-92　倒角标注的典型示例

【课堂范例】　进行倒角标注练习。

(1) 打开位于随书光盘 CH5 文件夹中的"BC_倒角标注练习.exb"文件，该文件中存在着的原始图形如图 5-93 所示。

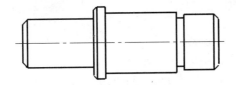

图 5-93　原始图形

(2) 在菜单栏的"标注"菜单中选择"倒角标注"命令，或者在"标注"工具栏中单击Ⲩ(倒角标注)按钮。

(3) 在立即菜单的"1."下拉列表框中选择"轴线方向为 X 轴方向"选项，在"2."下拉列表框中选择"标准 45 度倒角"选项。

(4) 拾取最右侧的一条倒角线。

(5) 移动光标来指定尺寸线位置，完成第一个倒角尺寸，如图 5-94 所示。

(6) 使用同样的方法创建另两处倒角尺寸，如图 5-95 所示。

在该练习实例中，也可以练习采用"轴线方向为 Y 轴方向"或"拾取轴线"方式来创建倒角尺寸。

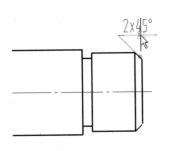

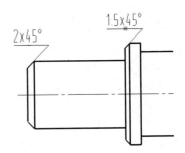

图 5-94　标注第一个倒角尺寸　　　　　　图 5-95　标注另两处倒角尺寸

5.3.2 基准代号注写

在形位公差的基准部分需要画出基准代号。基准代号通常包括一个框格和在其内注写的基准字母。基准符号可以注写在实际表面位置处，如图 5-96(a)所示，或置于从实际处引出的参考线上，当注写基准代号位置不够时，可以将基准符号注写在该要素尺寸引出线的下方，如图 5-96(b)所示。当基准要素本身采用最大实体要求时，基准符号直接注在形成该最大实体实效边界的形位公差框格下面。当基准要素为中心孔时，基准代号注写在中心孔引出线的下方。

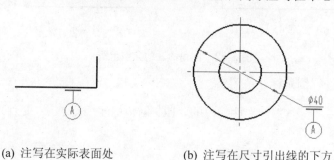

(a) 注写在实际表面处   (b) 注写在尺寸引出线的下方

图 5-96 注写基准代号

下面介绍注写基准代号的一般方法及步骤。

(1) 在"标注"工具栏中单击 (基准代号)按钮，或者在"标注"菜单中选择"基准代号"命令。

(2) 出现的基准代号立即菜单如图 5-97 所示。

图 5-97 基准代号立即菜单

在第 1 项中可以选择"基准标注"或"基准目标"选项。当选择"基准标注"选项时，在第 2 项中可以选择"给定基准"或"任选基准"选项；如果选择"给定基准"选项，那么还需要指定为"引出方式"或"默认方式"。选择立即菜单中的"基准名称"选项，可以更改基准代号名称。

(3) 在该立即菜单中设置好相关的选项后，便可根据系统提示拾取定位点或直线或圆弧。

(4) 如果拾取的是定位点，那么利用键盘输入角度或通常拖动鼠标方式确定旋转角度，便可完成该基准代号的标注。

如果拾取的是直线或圆弧，那么指定标注位置后便完成标注与直线或圆弧相垂直的基准代号。

5.3.3 形位公差标注

2008 年颁布的《制图标准》规定，几何公差包括形状公差、方向公差、位置公差和跳动公差 4 项内容。通常认为形位公差是形状和位置公差的总称。电子图板支持副公差标注。

创建形位公差的工具按钮 位于"标注"工具栏中，其相应的菜单命令为"标注"→"形位公差"。

在"标注"工具栏中单击 (形位公差)按钮，或者在菜单栏中选择"标注"→"形位公差"命令，弹出如图 5-98 所示的"形位公差"对话框。在该对话框中选定公差代号，设置公差数值、公差查表、附注和基准等相关选项及参数，单击"确定"按钮，然后结合立即菜单和系统提示，拾取标注元素和指定引线转折点来完成形位公差的标注。

图 5-98 "形位公差"对话框

在这里，介绍"形位公差"对话框中各主要部分的功能含义。

- 预览区：该区域位于"公差代号"选项组的上方，用于显示设置的形位公差框格及填写内容等。
- "公差代号"选项组：在该选项组中列出了 14 种形位公差的创建按钮以及一个"无"按钮。单击除"无"按钮之外的 14 个按钮之一，则表示启动相应的形位公差创建，例如单击 (同轴度)按钮，则表示要创建同轴度。
- "公差 1"选项组和"公差 2"选项组：在各自选项组中可以设置公差符号输出方式、公差数值、形状限定和相关原则等。
- "公差查表"：在该选项组中，可以看到基本尺寸和设置的公差等级。用户可以从中输入满足要求的基本尺寸和指定公差等级。
- "附注"选项组：在该选项组的"顶端"和"底端"文本框中输入所需要的说明信息。单击该选项组中的"尺寸与配合"按钮，打开"尺寸标注属性设置"对话框，从中可以在形位公差处添加公差的附注。
- "基准一"/"基准二"/"基准三"：用于分别输入基准代号和选择相应的符号(如 M、E 或 L 等)。
- "当前行"：主要用于指示当前行的行号，具有多行时可以单击其中的按钮切换当前行。
- "增加行"：单击此按钮，可以在已标注一行形位公差的基础上标注新的一行，新行标注方法和第一行的标注方法相同。

- "删除行"：用于删除当前行，系统会重新调整整个形位公差的标注。
- "清零"：用于清除当前形位公差的相关设置，使对话框返回到无形位公差创建的初始状态。

形位公差标注的典型示例如图 5-99 所示。

图 5-99　形位公差标注示例

5.3.4　表面粗糙度标注

表面粗糙度是指零件加工表面上具有较小间距和由峰谷所组成的微观几何形状特性，它是评定零件表面质量的一项重要的技术指标。表面粗糙度对零件的配合、耐磨性、抗腐蚀性、密封性和外观等都有影响。

表面粗糙度符号及含义如表 5-1 所示。

表 5-1　表面粗糙度符号及意义

序号	粗糙度符号	意义及说明
1		基本符号，表示表面可用任何方法获得。当不加粗糙度参数值或有关说明(例如：表面处理、局部热处理状况等)时，仅适用于简化代号标注
2		基本符号加一短画，表示表面是用去除材料的方法获得。例如使用车、铣、钻、磨、剪切、抛光、腐蚀、电火花加工、气割等方法获得
3		基本符号加一个小圆，表示表面是用不去除材料的方法获得。例如：锻、铸、冲压变形、热轧、冷轧、粉末冶金等；或是用于保持原供应状况的表面(包括保持上道工序的状况)
4		在上述三个符号的长边上均可加一段横线，用于标注有关说明和参数
5		在上述三个符号的长边上均可加一个小圆，表示所有表面具有相同的表面粗糙度要求

下面介绍如何在 CAXA 电子图板中进行表面粗糙度标注。

(1) 在"标注"工具栏中单击 √ (粗糙度)按钮，或者在菜单栏中选择"标注"→"粗糙度"命令，打开如图 5-100 所示的粗糙度立即菜单。

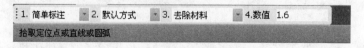

图 5-100　粗糙度立即菜单

(2) 在立即菜单中可设置相关的选项。在第 1 项下拉列表框中可以选择"简单标注"或"标准标注"两个选项。

- "简单标注"：只标注表面处理方法和粗糙度值。表面处理可以通过立即菜单第 3 项来设置，即可以在第 3 项下拉列表框中选择"去除材料"、"不去除材料"或"基本符号"选项，粗糙度值则可以在第 4 项"数值"中设置。

- "标准标注"：在立即菜单中切换为"标准标注"选项时，立即菜单变为如图 5-101 所示，同时系统弹出如图 5-102 所示的"表面粗糙度"对话框。在"表面粗糙度"对话框中可以很直观地选用基本符号、纹理方向，以及设置上限值、下限值、上说明和下说明等，可以根据设计要求决定是否选中"相同要求"复选框。获得满意的预览结果后，单击"确定"按钮。

图 5-101　立即菜单　　　　　　　图 5-102　"表面粗糙度"对话框

(3) 拾取定位点或直线或圆弧。如果拾取定位点，接着在提示下输入角度或使用鼠标在屏幕上确定角度方位，从而完成该表面粗糙度的标注。如果拾取直线或圆弧，接着在提示下确定标注位置，从而标注出与直线或圆弧相垂直的粗糙度。

粗糙度标注的典型示例如图 5-103 所示。

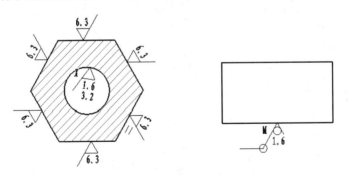

图 5-103　粗糙度标注的典型示例

5.3.5　焊接符号标注

机械工程图中会碰到一些焊接标注。焊接标注的示例如图 5-104 所示。

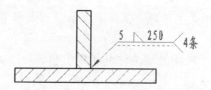

图 5-104　焊接符号标注示例

进行焊接符号标注的一般方法和步骤如下。

(1) 在"标注"工具栏中单击 (焊接符号)按钮，或者在菜单栏中选择"标注"→"焊接符号"命令，弹出如图 5-105 所示的"焊接符号"对话框。

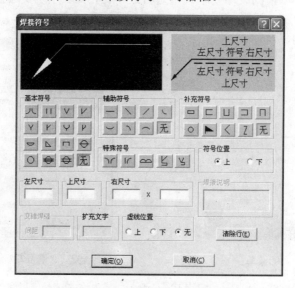

图 5-105　"焊接符号"对话框

知识点拨

"焊接符号"对话框主要组成部分的功能含义如下。

- 预览框：位于对话框左上角，用于预览焊接符号的设置效果。
- 单行参数示意框：位于对话框右上部位，用来形象地示意焊接符号的组成参数。
- "基本符号"：在该选项组中列出了一系列符号选择按钮，以供用户选择。
- "辅助符号"、"补充符号"和"特殊符号"：同样列出了一系列符号，以供用户选择。
- "符号位置"：用来控制当前单行参数是对应基准线以上的部分还是以下的部分。系统通过此手段控制单行参数。
- "左尺寸"、"上尺寸"、"右尺寸"和"焊接说明"：用来输入和编辑各参数。
- "虚线位置"：用来设置基准虚线与实线的相对位置，如选择"上"、"下"或"无"。
- "清除行"：单击此按钮，将当前的单行参数清零。
- "交错焊缝"：在该选项组的"间距"文本框中设置交错焊缝的间距参数值。

---

(2) 在"焊接符号"对话框中设置所需的选项及参数，可以在对话框的预览框中预览设置的焊接符号标注效果，如图 5-106 所示，满意后单击"确定"按钮。

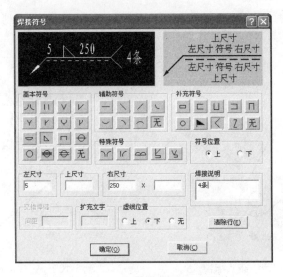

图 5-106　设置所需的焊接符号

(3) 拾取定位点或直线或圆弧。拾取的第一点作为引线起点。

(4) 在提示下指定引线转折点，最后拖动确定定位点，从而完成焊接符号的标注。

5.3.6　剖切符号标注

CAXA 电子图板提供的"剖切符号"命令/工具用于标注剖面的剖切位置。

(1) 在"标注"工具栏中单击 (剖切符号)按钮，或者在菜单栏中选择"标注"→"剖切符号"命令，出现的立即菜单如图 5-107 所示。

图 5-107　用于剖切符号标注的立即菜单

(2) 在该立即菜单中，单击"1.视图名称"下拉列表框，可以更改剖面名称。根据实际设计情况决定在状态栏中是否启用"正交"模式，在这里，以采用"非正交"模式为例。

(3) 在"画剖切轨迹(画线)："提示下以两点线的方式绘制剖切轨迹线。绘制好所需的剖切轨迹线后，右击结束画线状态。此时在剖切轨迹线终止处出现两个箭头标识，如图 5-108 所示。

(4) 拾取所需的方向。可以在两个箭头的一侧单击以确定箭头的方向，或者通过右击以取消箭头。

(5) 系统出现"指定剖面名称标注点："的提示信息，在该提示下使用鼠标拖动一个文字框到所需的位置处单击，可继续重复此操作，直到放置好所需的剖面名称。最后右击结束命令，从而完成剖切符号的标注，如图 5-109 所示。

【课堂范例】　剖切符号标注练习。

在随书光盘的 CH5 文件夹中提供了上述图例的原始文件"BC_剖切符号标注练习.exb"，读者可以打开该文件进行剖切符号标注的练习。

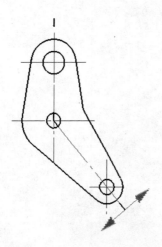

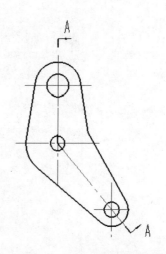

图 5-108 出现两个箭头标识   图 5-109 完成剖切符号标注图例

5.3.7 中心孔标注

中心孔标注的一般方法及步骤如下。

(1) 在"标注"工具栏中单击 ᴬ(中心孔标注)按钮，或者在菜单栏中选择"标注"→"中心孔标注"命令，打开如图 5-110 所示的立即菜单。

图 5-110 用于中心孔标注的立即菜单

(2) 在立即菜单的第 1 项中提供了两种中心孔标注方式，即"简单标注"和"标准标注"。当采用"简单标注"时，可以在立即菜单的第 2 项中设置字高，在第 3 项中注写标注文本。

当切换为"标准标注"时，系统弹出如图 5-111 所示的"中心孔标注形式"对话框。在该对话框中单击 3 种形式按钮之一，系统会给出所选形式按钮的含义说明。接着在"文本风格"下拉列表框中选择所需要的一种风格选项，并在"文字字高"微调框中设置合适的字高。在"标注文本"部分可以输入单行的标注文本，如果需要可以在第 2 个文本框中输入下行的标注文本。在"中心孔标注形式"对话框中定制好标注形式后，单击"确定"按钮。

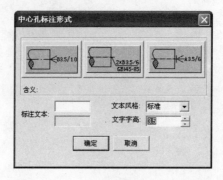

图 5-111 "中心孔标注形式"对话框

(3) 拾取定位点或轴端直线等来完成中心孔标注。

例如，对于"零件上要求保留中心孔"形式而言，如果是拾取定位点，则需要输入(-360,360)的角度或由屏幕上确定来完成一处中心孔标注；如果是拾取轴端直线，则要使用鼠标拖动的方式确定标注位置，从而完成一处中心孔标注。

中心孔标注的示例如图 5-112 所示。

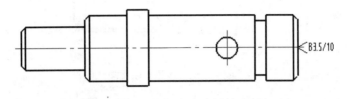

图 5-112　中心孔标注的示例

【课堂范例】 中心孔标注练习。

在随书光盘的 CH5 文件夹中提供了上述示例的原始文件"BC_中心孔标注练习.exb"，读者可以打开该文件进行中心线标注的练习。

5.3.8　局部放大

本书将局部放大知识点放在工程符号类标注部分进行介绍。局部放大是指用一个圆形窗口或矩形窗口将图形的任意一个局部图形进行放大，对放大后的视图进行标注的尺寸数值与原图形保持一致。在如图 5-113 所示的机械图样中创建有局部放大图。

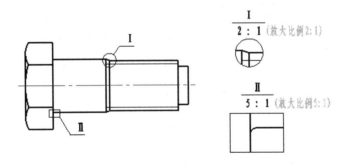

图 5-113　局部放大示例

说 明

在以往的 CAXA 电子图板版本中，执行"局部放大"功能后，局部放大图中的尺寸值按放大比例值而放大，因此尺寸标注时要调整量度比例。其解决方法通常是新建一个标注风格，将其中的量度比例数值修改为"1:放大倍数"，将放大部分的尺寸风格改为新建立的风格。但在 CAXA 电子图板 2009 中，这个问题已经被解决了，用户可以直接对放大后的视图标注尺寸，其标注出来的尺寸数值与原图形保持一致。

创建局部放大图的菜单命令为"绘图"→"局部放大图"，其相应的工具按钮 (局部放大)位于"标注"工具栏中。

下面通过实战范例来介绍创建局部放大图的典型方法及其步骤。

(1) 打开位于随书光盘 CH5 文件夹中的"BC_局部放大练习.exb"文件，该文件中存在着的螺栓视图如图 5-114 所示。

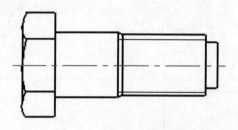

图 5-114   螺栓原始视图

(2) 在菜单栏中选择"绘图"→"局部放大图"命令，或者在"标注"工具栏中单击 ⚙(局部放大)按钮。

(3) 在立即菜单中设置如图 5-115 所示的选项及参数值，即在第 1 项中选择"圆形边界"选项，在第 2 项中选择"加引线"选项，在第 3 项中将放大倍数定为"2"，在第 4 项中将局部视图符号更改为"Ⅰ"。

图 5-115   在立即菜单中的设置 1

(4) 在主视图中指定局部放大图形的圆心点，接着指定圆上一点，如图 5-116 所示。

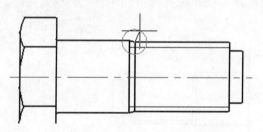

图 5-116   指定圆心点和圆上一点

(5) 移动光标确定符号插入点，如图 5-117 所示。

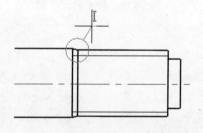

图 5-117   确定符号插入点

(6) 系统出现"实体插入点："的提示信息，移动光标，则可以看到已放大的局部放大图形虚像随着光标动态显示。在屏幕上合适的位置处单击以指定实体输入点，并在提示下输入角度为 0，从而生成局部放大图形，如图 5-118 所示。

(7) 指定符号插入点。在该局部放大图的上方放置符号文字，效果如图 5-119 所示。

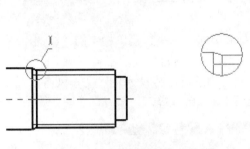

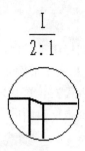

图 5-118　生成局部放大图形　　　　　　　　图 5-119　指定符号插入点

(8) 在菜单栏中选择"绘图"→"局部放大图"命令，或者在"标注"工具栏中单击💬(局部放大)按钮。

(9) 在立即菜单中设置如图 5-120 所示的选项及参数值。

图 5-120　在立即菜单中的设置 2

(10) 按系统提示在主视图中指定一个矩形的两个角点，如图 5-121 所示，位于该角点中的图形便是要局部放大的图形。

(11) 指定符号插入点，效果如图 5-122 所示。

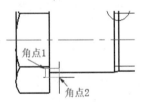

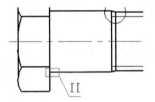

图 5-121　指定矩形角点　　　　　　　　　图 5-122　指定符号插入点

(12) 指定实体插入点和输入角度为 0，然后指定符号插入点，完成的效果如图 5-123 所示。

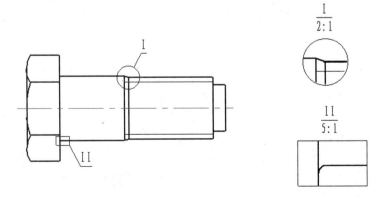

图 5-123　完成局部放大图的效果

5.4 文字类标注

在机械图样中，一般的说明信息、技术要求文本可以执行菜单栏中的"绘图"→"文字"命令(或者单击 **A** 文本按钮)来注写。当然在注写文本之前首先需要准备好所需的文字风格。在菜单栏的"格式"菜单中选择"文字"命令，弹出如图 5-124 所示的"文本风格设置"对话框，利用该对话框来创建新的文本风格，编辑选定的文本风格等。

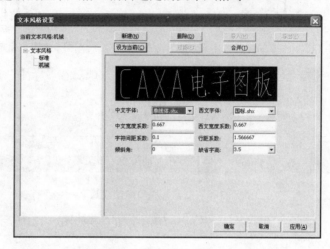

图 5-124 "文本风格设置"对话框

下面主要介绍引出说明、技术要求和文字查找替换的实用知识。

5.4.1 引出说明

本节主要介绍"引出说明"功能的应用。"引出说明"用于标注引出注释，它是由文字和引出线组成的。引出点处既可以带箭头也可以不带箭头，引出的文字可以是中文，也可以是西文。

使用"引出说明"功能进行注释的典型方法和步骤如下。

(1) 在"标注"工具栏中单击 $\nearrow^A$(引出说明)按钮，或者在菜单栏的"标注"菜单中选择"引出说明"命令，打开如图 5-125 所示的"引出说明"对话框。

图 5-125 "引出说明"对话框

(2) 在"引出说明"对话框中，根据设计要求输入上说明文字和下说明文字。如果需要插入某些特殊符号，那么可以从对话框右侧的"插入"下拉列表框中选择。

(3) 完成上说明和下说明文本的输入，单击"确定"按钮。

(4) 出现的立即菜单如图 5-126 所示。在第 1 项中，可以选择"文字缺省方向"或"文字反向"；在第 2 项中可以更改延伸长度。

图 5-126 出现的立即菜单

(5) 指定第一点，接着在提示下指定第二点，从而完成引出说明标注。

【课堂范例】 引出说明标注。

以如图 5-127 所示的引出说明标注的典型示例作为范例效果。

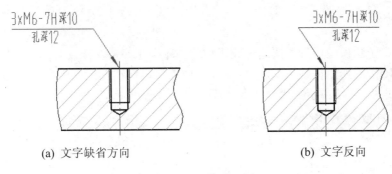

(a) 文字缺省方向   (b) 文字反向

图 5-127 典型示例

范例操作提示：该范例原始练习文件为位于随书光盘 CH5 文件夹中的"BC_引出说明标注练习"文件。单击"标注"工具栏中的 (引出说明)按钮后，在弹出的"引出说明"对话框中输入如图 5-128 所示的上说明和下说明，其中的引出说明文本"3xM6-7H深10"中的第二个符号可以从如图 5-129 所示的"插入特殊符号"下拉列表框中选择，其输入格式为"%x"。设置好引出说明文本后，单击"确定"按钮，接着在立即菜单中设置文字方向等，然后分别指定第一点和第二点来完成引出说明标注。

图 5-128 输入上说明和下说明   图 5-129 插入特殊符号

可以使用"↓"符号来表示特定孔深，如图 5-130 所示。要输入"↓"符号，可以在"插入特殊符号"下拉列表框中选择"尺寸特殊符号"选项，弹出"标注特殊符号"对话框，如图 5-131 所示；接着选择 ↓ 符号，单击"确定"按钮即可。

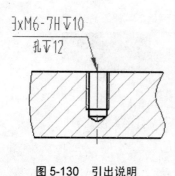

图 5-130　引出说明

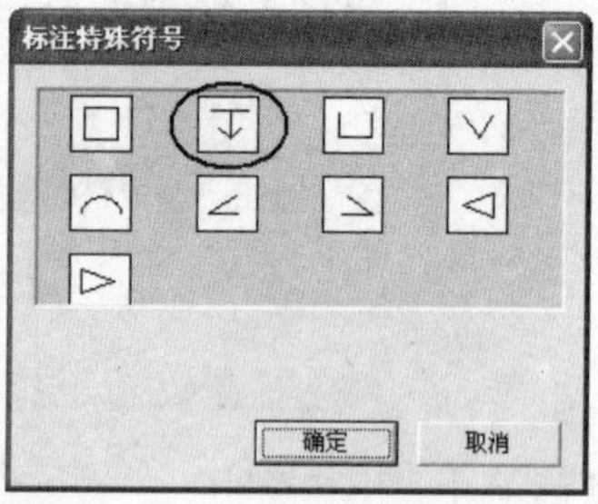

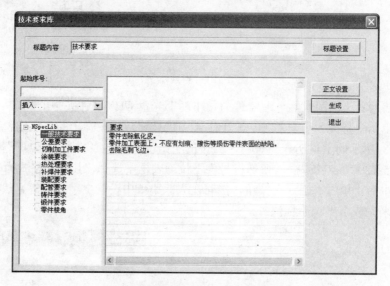

图 5-131　"标注特殊符号"对话框

5.4.2　技术要求

在 CAXA 电子图板中，可以快速生成工程的技术要求说明文字。

在"标注"菜单中选择"技术要求"命令，或者在"标注"工具栏中单击📇(技术要求)按钮，系统弹出如图 5-132 所示的"技术要求库"对话框。

图 5-132　"技术要求库"对话框

在该对话框左下角的列表框中列出了所有已有的技术要求类别，选择某一个技术要求类别时，在右侧的表格中会列出所选类别的所有文本项。如果有要用到的文本项，可以双击它，将它写入位于表格上面的编辑文本框中的合适位置(亦可采用复制–粘贴方式等)。用户也可以在编辑文本框中直接输入和编辑文本。

在"技术要求库"对话框中单击"正文设置"按钮，将打开如图 5-133 所示的"文字参数设置"对话框，从中修改技术要求文本要采用的参数。如果要设置"技术要求"4 个字的标题参数，则需要在"技术要求库"对话框中单击"标题设置"按钮，利用弹出来的如图 5-134 所示的"文字参数设置"对话框来单独设置。

在"技术要求库"对话框中编辑好标题内容和技术要求文本后，单击"生成"按钮，然后在绘图区指定两个角点，系统便在这个区域内自动生成技术要求。

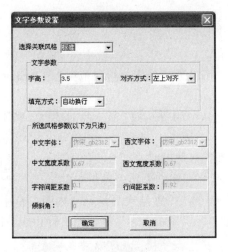

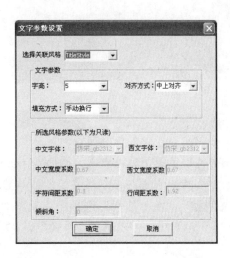

图 5-133 "文字参数设置"对话框(1)   图 5-134 "文字参数设置"对话框(2)

在 CAXA 电子图板中，技术要求库的管理工作比较简单。在"技术要求库"对话框左下角的列表框中选择所需的类别，接着在其右侧表格中可以直接修改指定文本项。激活表格中的新行，则可以为该类别添加新的一行文本项。当然用户可以将所选的文本项从数据库中删除(删除操作要慎重)，可以修改类别名等。

5.4.3 文字查找替换

可以查找并替换当前绘图中的文字，包括文字对象或尺寸中的文字。

在"修改"菜单中选择"文字查找替换"命令，或者在功能区"标注"选项卡的"标注编辑"面板中单击 (文字查找替换)按钮，如图 5-135 所示，系统弹出"文字查找替换"对话框，如图 5-136 所示。

图 5-135 功能区的"标注"选项卡

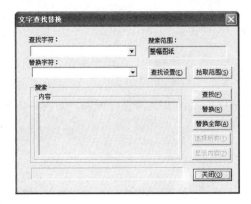

图 5-136 "文字查找替换"对话框

下面介绍该对话框中各项的功能含义。

"查找字符"：在该文本框中输入需要查找或者待替换的字符。

"替换字符"：在该文本框中输入替换后的字符。

"搜索范围"：默认搜索范围为全部图形，用户可以通过单击"拾取范围"按钮来更改搜索范围。

"查找设置"：单击"查找设置"按钮，系统会弹出如图 5-137 所示的对话框。利用该对话框中的"包含文字"、"包含尺寸"、"包含工程标注"、"区分大小写"和"全字匹配"这 5 个复选框来限定替换内容。例如选中"全字匹配"复选框时，则查找的内容必须与所输入的字型完全匹配(包括字数、格式等)。注意查找对标题栏和明细表以及图框中的字符不起作用。

"搜索"：在"搜索"选项组中单击"查找"命令，搜索结果显示在"内容"框中，如图 5-138 所示。接着可以单击"替换"、"替换全部"、"显示内容"等按钮进行相应的操作。

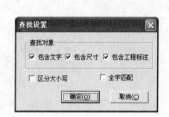

图 5-137　"查找设置"对话框

图 5-138　显示搜索结果内容

5.5　标 注 编 辑

在实际设计过程中，有时需要对标注进行相关的编辑修改，例如编辑尺寸、编辑文字和编辑工程符号等。

在菜单栏的"修改"菜单中有一个用于修改标注的命令——"标注编辑"，其对应的工具按钮为 ⌐(标注编辑)。使用该命令可以对所有的标注(尺寸、工程符号和文字类的标注)进行修改。"标注修改"命令的操作方法简述如下。

(1) 在菜单栏的"修改"菜单中选择"标注编辑"命令，或者在"编辑工具"工具栏中单击 ⌐(标注编辑)按钮。

(2) 拾取要编辑的尺寸、文字或工程标注。系统会根据所选的标注对象来自动识别其类型。

(3) 利用出现的立即菜单或对话框来进行相应的位置编辑或内容编辑。通常，位置编辑是指对尺寸或工程符号等的位置移动或角度旋转进行编辑，而内容编辑是指对尺寸值、文字内容或符号内容进行修改。

5.5.1　尺寸标注编辑

在菜单栏的"修改"菜单中选择"标注编辑"命令，或者在"编辑工具"工具栏中单击 ⌐(标注编辑)按钮，接着选择要编辑的尺寸，系统根据拾取尺寸的不同类型，打开不同的立即菜单。

例如选择一个线性尺寸，出现的立即菜单如图 5-139 所示。在该立即菜单的第 1 项下拉列表框中，可以选择"尺寸线位置"、"文字位置"和"箭头形状"之一来进行相关内容的修改。

图 5-139   出现的立即菜单

1. 编辑尺寸线位置

在立即菜单第 1 项下拉列表框中选择"尺寸线位置"选项，接着可以修改文字的方向(文字平行、文字水平或 ISO 标准)、文字位置(文字居中或文字拖动)、界线角度和尺寸文本。界线角度是指尺寸界线与水平线的夹角。

例如，将某线性尺寸值由 30 更改为 30±1.2，并将其界线角度由 90°更改为 45°，该尺寸修改前后如图 5-140 所示。要修改尺寸值，可以单击立即菜单中的"基本尺寸"文本框，在该文本框中输入新的尺寸值确认即可。

(a) 修改前   (b) 修改后

图 5-140   编辑线性尺寸尺寸线位置前后

2. 编辑文字位置

在立即菜单第 1 项下拉列表框中选择"文字位置"选项，此时立即菜单出现的元素如图 5-141 所示。其中，在该立即菜单的第 2 项中可以设置是否加引线。

图 5-141   用于编辑标注文字位置的立即菜单

设置好文字位置的相关选项后，指定文字新位置即可。例如在立即菜单中设置为"1.文字位置"、"2.加引线"，那么可以有如图 5-142 所示的编辑示例。

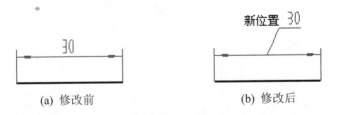

(a) 修改前   (b) 修改后

图 5-142   编辑标注文字位置前后

3. 编辑箭头形状

在立即菜单第 1 项下拉列表框中选择"箭头形状"选项，将弹出如图 5-143 所示的"箭头形状编辑"对话框。利用该对话框可以设置所选标注中的左箭头形状和右箭头形状。箭头形状选项包括"无"、"箭头"、"斜线"、"圆点"、"直角箭头"、"空心箭头(消隐)"、"空心箭头"和"建筑标记"。用户应该了解这些箭头形状。

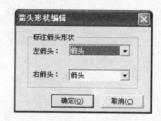

图 5-143　"箭头形状编辑"对话框

在图 5-144(a)中，标注的几个原始尺寸之间出现了箭头重叠的混乱现象，此时可以对相关尺寸的箭头进行修改，将其修改为如图 5-144(b)所示的形式。

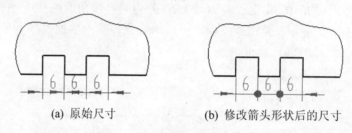

(a) 原始尺寸　　　　　　　　(b) 修改箭头形状后的尺寸

图 5-144　修改箭头形状的示例

5.5.2　工程符号标注编辑

在 CAXA 电子图板中，可以对基准代号、形位公差、表面粗糙度、焊接符号等这些工程符号类标注进行编辑处理。其一般编辑方法和尺寸标注的编辑方法相同。

【课堂范例】工程符号标注编辑练习。

原始文件"BC_工程符号编辑练习.exb"位于随书光盘的 CH5 文件夹中。首先打开该文件，文件中存在的图形如图 5-145 所示。

1．编辑粗糙度

编辑粗糙度的方法和步骤如下。

(1) 在菜单栏的"修改"菜单中选择"标注编辑"命令，或者在"编辑工具"工具栏中单击 🖉 (标注编辑)按钮。

(2) 在图形中选择要修改的粗糙度标注，此时出现如图 5-146 所示的立即菜单。默认的第 1 项选项为"编辑位置"，此时用户可以通过拖动鼠标在指定对象上重新选定标注点位置。

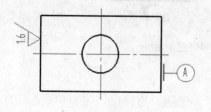

图 5-145　原始图形

图 5-146　出现的立即菜单

(3) 在立即菜单中单击"1.编辑位置",切换到"编辑内容",此时弹出"表面粗糙度"对话框。在该对话框中选中"相同要求"复选框,并将下限值设置为 6.3,如图 5-147 所示。

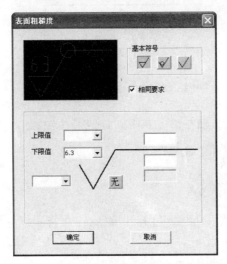

图 5-147 "表面粗糙度"对话框

(4) 在"表面粗糙度"对话框中单击"确定"按钮,从而完成该表面粗糙度的编辑修改。

如果需要编辑该表面粗糙度的放置位置,则可再次执行"标注编辑"命令来调整其标注点位置。

对表面粗糙度标注进行修改的结果如图 5-148 所示。

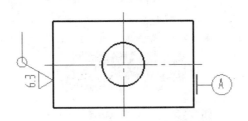

图 5-148 修改表面粗糙度

2. 编辑基准代号

编辑基准代号的方法和步骤如下。

(1) 在菜单栏的"修改"菜单中选择"标注编辑"命令,或者在"编辑工具"工具栏中单击 (标注编辑)按钮。

(2) 在图形中选择要修改的基准代号,系统出现如图 5-149 所示的立即菜单。

(3) 在立即菜单"1."中单击,在其文本框中输入新的基准代号为 B,按 Enter 键确认。

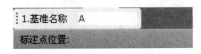

图 5-149 修改基准代号的立即菜单

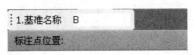

图 5-150 输入新的基准代号字串

(4) 使用鼠标拖动指定新的标注点位置及角度，如图 5-151 所示。

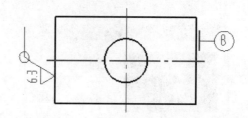

图 5-151　编辑基准代号标注点位置

(5) 右击，结束"标注编辑"命令。

5.5.3　文字标注编辑

文字标注编辑的基本操作和上述尺寸标注编辑、工程符号标注相似，都可以执行同一个"标注编辑"命令。

请看以下关于文字标注编辑的一个简单例子。

(1) 在菜单栏的"修改"菜单中选择"标注编辑"命令，或者在"编辑工具"工具栏中单击（标注编辑)按钮。

(2) 选择要编辑的文字标注，此时弹出"文本编辑器"对话框和文字输入框。利用该对话框和文字输入框，对文字内容、文字风格、文字参数等进行编辑修改，如图 5-152 所示。

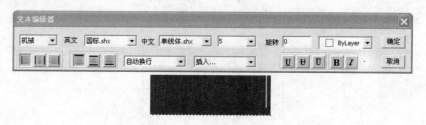

图 5-152　"文本编辑器"对话框

(3) 在"文本编辑器"对话框中单击"确定"按钮，系统重新生成对象的文字。

(4) 可以继续拾取要编辑的尺寸、文字或工程标注进行编辑操作。右击结束标注编辑命令。

5.5.4　双击编辑

在 CAXA 电子图板机械版 2009 中，增加了对标题栏、明细表和技术要求等信息的双击编辑功能。直接选择对象双击来进行编辑，这样更加符合实际工程制图的需求。双击标注对象后，系统会弹出相应的立即菜单或对话框等，然后修改相关内容即可。

5.6　通过属性选项板编辑

如果"特性"选项板(属性选项板)没有被打开，在选择要编辑的标注时，可通过右击并从弹出的快捷菜单中选择"特性"命令，打开属性选项板。利用属性选项板，可以像修改其他对象一样来修改所选标注对象的属性内容。

例如，选择如图 5-153 所示的线性尺寸，接着右击，从出现的快捷菜单中选择"特性"命令，打开"特性"选项板，如图 5-154 所示。从中可以修改当前特性(如所在层、当前线型、颜色)、风格信息(标注风格、标注字高和标注比例)、文本(尺寸值输入、文本替换、附注、尺寸前缀和尺寸后缀)、线性尺寸(左箭头、右箭头、文本书写、文本边框和箭头反向)等内容。

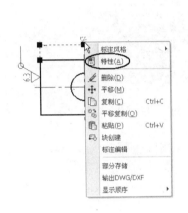

图 5-153　使用右键快捷菜单

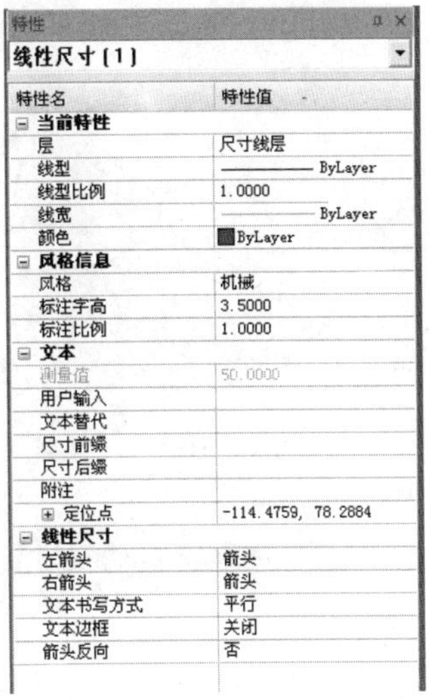

图 5-154　"特性"选项板

5.7　尺　寸　驱　动

在菜单栏的"修改"菜单中提供了一个"尺寸驱动"命令，其相应的工具按钮为"编辑工具"工具栏中的 (尺寸驱动)按钮。"尺寸驱动"属于局部参数化功能，在 CAXA 电子图板用户手册(或帮助文件)中，这样描述尺寸驱动："用户在选择一部分实体及相关尺寸后，系统将根据尺寸建立实体间的拓扑关系。当用户选择想要改动的尺寸并改变其数值时，相关实体及尺寸也将受到影响而发生变化，但元素间的拓扑关系保持不变，如相切、相连等。另外，系统还可自动处理过约束及欠约束的图形。"

本书要求用户初步了解尺寸驱动的概念及操作方法。下面通过一个实例介绍尺寸驱动的操作方法。该实例的原始文件"BC_驱动尺寸练习.exb"位于随书光盘的 CH5 文件夹中，在该文件夹中的原始图形如图 5-155 所示。

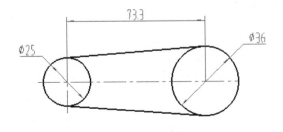

图 5-155　原始图形

(1) 在菜单栏的"修改"菜单中选择"尺寸驱动"命令，或者在"编辑工具"工具栏中单击 (尺寸驱动)按钮。

(2) 根据系统提示选择驱动对象，也就是拾取想要修改的部分，包括图形对象和相应的尺寸。在本例中，使用鼠标拾取如图 5-156 所示的所有图形对象和尺寸，然后右击确认。

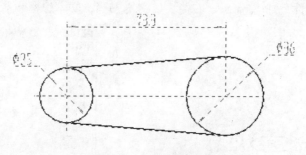

图 5-156　拾取驱动对象

(3) 系统出现"请给出尺寸关联对象变化的基准点："的提示信息。选择如图 5-157 所示的小圆圆心作为基准点。

(4) 系统出现"请拾取驱动尺寸："的提示信息。使用光标拾取如图 5-158 所示的中心距尺寸。

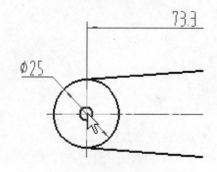

图 5-157　指定图形的基准点

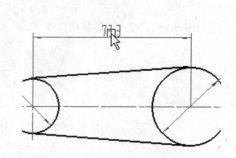

图 5-158　拾取欲驱动的尺寸

(5) 系统弹出"新的尺寸值"对话框，在"新尺寸值"文本框中输入新值为 56，如图 5-159所示，然后单击"确定"按钮。此时中心距被驱动，图形发生了相应的变化，结果如图 5-160所示。

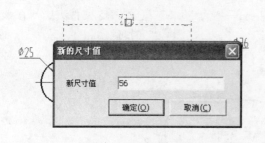

图 5-159　输入新值

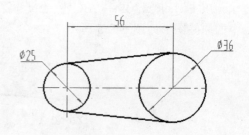

图 5-160　驱动中心距

(6) 在"请拾取欲驱动的尺寸："提示下，单击右侧大圆的直径尺寸，在弹出的对话框的文本框中输入新值为 50，如图 5-161 所示，单击"确定"按钮。此时大圆直径被驱动，结果如图 5-162 所示。

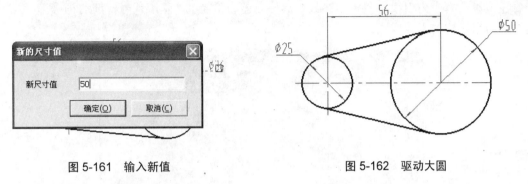

图 5-161　输入新值　　　　　　　　图 5-162　驱动大圆

(7) 右击，结束尺寸驱动操作。

5.8　标注风格编辑

可以对标注风格和文本风格进行编辑。通常通过右键快捷菜单提供的命令进行操作较为快捷。如果要修改选定尺寸的标注风格，可以使用鼠标先选择该尺寸，接着右击，弹出如图 5-163 所示的快捷菜单，在该快捷菜单中选择"标注风格"命令，则展开其子菜单，其中提供了系统已有的"标准"和"机械"风格命令。细心的读者一定深有体会，巧用右键快捷菜单太方便了。

在"格式"菜单中提供了相应的命令(如图 5-164 所示)用于控制各种标注样式，包括文字样式、尺寸样式、引线样式、形位公差样式、粗糙度样式、焊接符号样式、基准代号样式和剖切符号样式等。

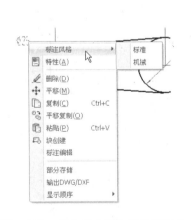

图 5-163　指定尺寸的右键快捷菜单　　　　图 5-164　"格式"菜单

由于之前对点样式、文字样式和尺寸样式有所介绍，在这里就不再赘述。其他样式的设置方法也是相似的。下面分别对引线样式、形位公差样式、粗糙度样式、焊接符号样式、基准代号样式和剖切符号样式的设置进行简要的介绍。

1. 引线样式

在"格式"菜单中选择"引线"命令，弹出如图 5-165 所示的"引线风格设置"对话框，接着在该对话框中为引线设置各项参数。形位公差、粗糙度、基准代号、剖切符号等标注的引线均会引用设置的引线样式。

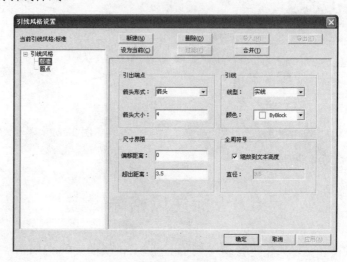

图 5-165　"引线风格设置"对话框

2. 形位公差样式

在"格式"菜单中选择"形位公差"命令，弹出如图 5-166 所示的"形位公差风格设置"对话框，利用该对话框设置形位公差的各项参数和管理形位公差样式。

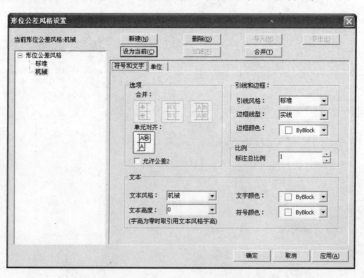

图 5-166　"形位公差风格设置"对话框

3. 粗糙度样式

在"格式"菜单中选择"粗糙度"命令，打开如图 5-167 所示的"粗糙度风格设置"对话框，从中设置指定粗糙度样式的各项参数，也可以管理各种粗糙度样式。

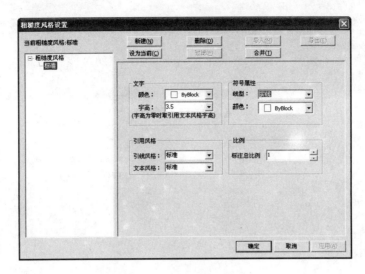

图 5-167　"粗糙度风格设置"对话框

4. 焊接符号样式

在"格式"菜单中选择"焊接符号"命令，打开如图 5-168 所示的"焊接符号风格设置"对话框。利用该对话框对焊接符号样式进行设置。焊接符号样式的参数包括引用风格、基准线、符号参数、文字参数和比例等。

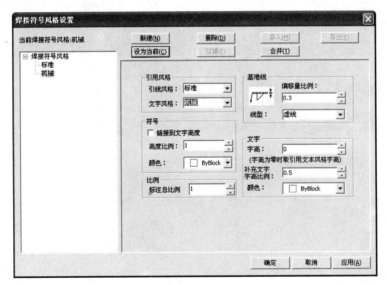

图 5-168　"焊接符号风格设置"对话框

5. 基准代号样式

在"格式"菜单中选择"基准代号"命令，打开如图 5-169 所示的"基准代号风格设置"对话框。利用该对话框来设置所需的基准代号样式，具体参数包括符号形式、文本、符号、引用风格、比例等。

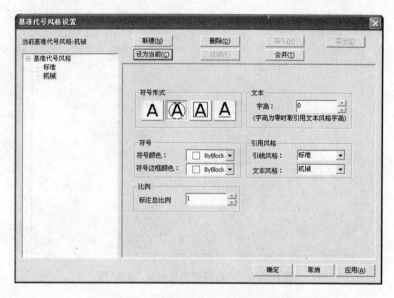

图 5-169　"基准代号风格设置"对话框

6. 剖切符号样式

在"格式"菜单中选择"剖切符号"命令，打开如图 5-170 所示的"剖切符号风格设置"对话框。在该对话框中管理剖切符号样式，以及设置指定剖切符号样式的各项参数，包括平面线、剖切基线、箭头、文本和比例参数等。

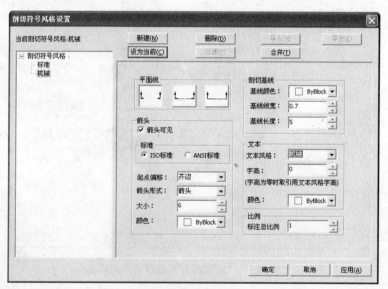

图 5-170　"剖切符号风格设置"对话框

5.9　工程标注综合实例

为了让读者更好地理解和掌握工程标注的整体思路和综合应用能力，特意介绍了一个典型的工程标注综合实例。该综合实例所使用的原始素材文件为"BC_工程标注综合实例.exb"，位于随书光盘的 CH5 文件夹中。

(1) 打开"BC_工程标注综合实例.exb"文件,该文件存在的原始图形如图 5-171 所示。该原始图形是某推杆零件的一个视图。

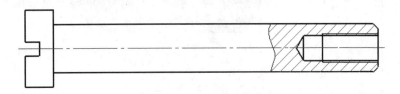

图 5-171　原始图形

(2) 设置当前标注风格。在菜单栏的"格式"菜单中选择"尺寸"命令,弹出"标注风格设置"对话框。在该对话框的尺寸风格名称列表中选择"机械"选项,如图 5-172 所示,然后单击"设为当前"按钮,从而将"机械"标注风格设置为当前标注风格。完成当前标注风格设置后,在"标注风格设置"对话框中单击"确定"按钮。

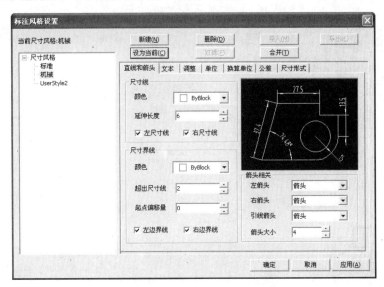

图 5-172　"标注风格设置"对话框

(3) 设置当前文本风格。在菜单栏的"格式"菜单中选择"文字"命令,弹出"文本风格设置"对话框。在"文本风格"下拉列表框中选择"机械"选项,如图 5-173 所示,接着单击"设为当前"按钮,然后单击"确定"按钮。

(4) 设置尺寸线层为当前图层。在如图 5-174 所示的工具栏列表框中选择"尺寸线层"选项,将尺寸线层设置为当前图层。可以将尺寸线层的颜色设置为红色。

(5) 标注相关的线性尺寸。

在"标注工具"工具栏中单击 ┌┐(尺寸标注)按钮,接着在打开的立即菜单第 1 项下拉列表框中选择"基本标注"选项,拾取平行的轮廓线段 1 和轮廓线段 2,如图 5-175 所示。此时,立即菜单如图 5-176 所示。

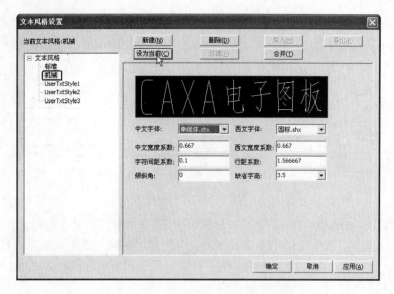

图 5-173 "文本风格设置"对话框

图 5-174 将尺寸线层设置为当前图层

图 5-175 拾取平行线 1 和 2   图 5-176 立即菜单

在立即菜单的"3."下拉列表框中单击,将选项切换为"直径",如图 5-177 所示。然后在合适的位置处单击以指定尺寸线位置,完成的第一个基本标注如图 5-178 所示。

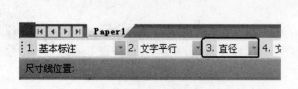

图 5-177 设置标注直径尺寸

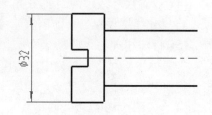

图 5-178 完成一处尺寸

分别采用"基本标注"方式创建如图 5-179 所示的多个线性尺寸。

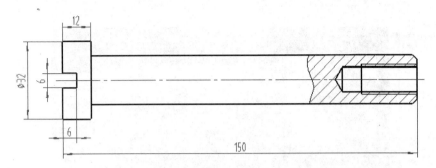

图 5-179 完成多个线性尺寸的标注

拾取要标注的两个元素(如图 5-180 所示的杆线 1 和杆线 2),接着在欲放置尺寸线的位置处右击,弹出"尺寸标注属性设置"对话框。

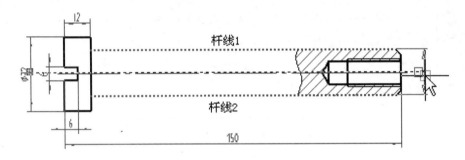

图 5-180 拾取要标注的两个元素

在"基本信息"选项组的"前缀"文本框中确保文本为"%c",如图 5-181 所示。

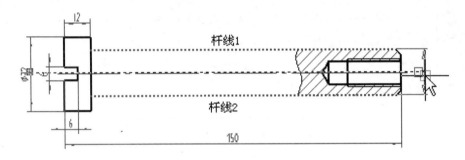

图 5-181 "尺寸标注属性设置"对话框

在"公差与配合"选项组中,从"输入形式"下拉列表框中选择"代号"选项,从"输出形式"下拉列表框中选择"偏差"选项。单击"高级"按钮,弹出"公差与配合可视化查询"对话框,在"公差查询"选项卡中选中"轴公差"单选按钮,在可视化表格中选择优先公差 h7,如图 5-182 所示,然后单击"确定"按钮。

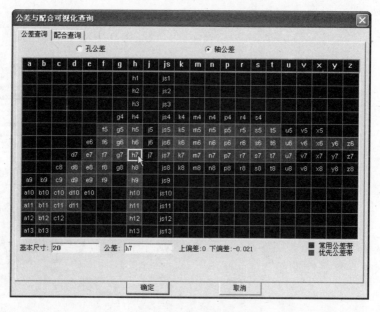

图 5-182 "公差与配合可视化查询"对话框

指定公差代号后，在"尺寸标注属性设置"对话框中单击"确定"按钮，完成的带有公差的尺寸标注如图 5-183 所示。

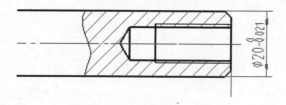

图 5-183 创建具有公差的尺寸标注

右击结束尺寸标注。

(6) 创建倒角标注。

在"标注"工具栏中单击 (倒角标注)按钮，在出现的立即菜单的第 1 项中选择"轴线方向为 X 轴方向"选项，在第 2 项中选择"标准 45 度倒角"选项，接着拾取倒角线，并移动光标来指定尺寸线位置。完成的倒角标注如图 5-184 所示。

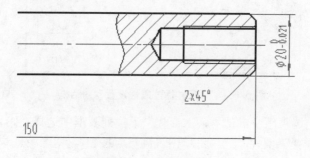

图 5-184 创建倒角标注

(7) 创建螺纹孔的引出说明。

在"标注"工具栏中单击 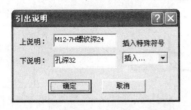 (引出说明)按钮，或者在菜单栏的"标注"菜单中选择"引出说明"命令，弹出"引出说明"对话框。分别输入上说明和下说明信息，如图 5-185 所示，然后单击"确定"按钮。

图 5-185　"引出说明"对话框

在立即菜单第 1 项中选择"文字反向"选项，延伸长度为 3，接着分别拾取第一点和第二点来完成如图 5-186 所示的引出说明。

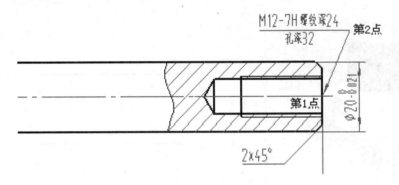

图 5-186　完成引出说明

(8) 进行表面粗糙度标注。

在"标注"工具栏中单击 √ (粗糙度)按钮，或者在菜单栏中选择"标注"→"粗糙度"命令，打开粗糙度立即菜单。在该立即菜单中设置如图 5-187 所示的选项及参数。

图 5-187　在粗糙度立即菜单中的设置

拾取推杆端面线(具有螺纹孔这一端的)，接着使用鼠标拖动确定标注位置，从而完成一处表面粗糙度标注，如图 5-188 所示。

接着使用同样的方法标注同样参数的表面粗糙度，如图 5-189 所示。

在粗糙度立即菜单的第 1 项下拉列表框中单击，切换到"标准标注"选项，同时系统弹出"表面粗糙度"对话框，在该对话框分别设置上限值和下限值，如图 5-190 所示，单击"确定"按钮。拾取要在其上标注粗糙度的推杆圆柱轮廓线，接着拖动确定标注位置，如图 5-191 所示。

右击结束粗糙度标注操作。

本例完成工程标注后的视图效果如图 5-192 所示。

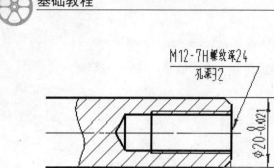

图 5-188　完成一处表面粗糙度标注

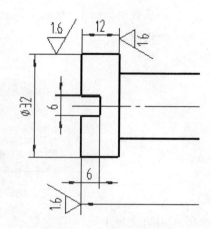

图 5-189　完成 3 处表面粗糙度标注

图 5-190　"表面粗糙度"对话框

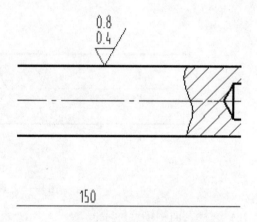

图 5-191　粗糙度标注

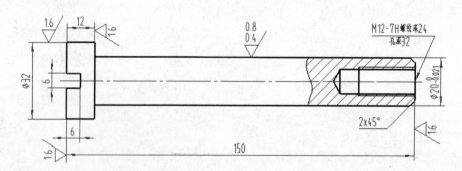

图 5-192　完成工程标注的视图效果

5.10　本 章 小 结

在工程图设计中,工程标注也是很重要的一个环节。只有将图形对象与工程标注有机结合在一起,才能使图纸具有较为完整的而且便于读取的工程信息。工程图标注需要遵守《机械制图国家标准》或行业标准等，而在 CAXA 电子图板中进行工程图标注则可以轻松地满足指定的标注标准或标注风格。

本章首先对工程标注进行了概述，接着层次分明、图文并茂地结合典型示例来介绍尺寸类标注与坐标类标注、工程符号类标注和文字类标注知识。在尺寸类标注和坐标类标注的内容中，主要介绍使用"尺寸标注"功能、使用"坐标标注"功能和标注尺寸的公差。其中使用"尺寸标注"功能可以标注大多数的尺寸，包括基本标注、基准标注、连续标注、三点角度标注、角度连续标注、半标注、大圆弧标注、射线标注、锥度标注和曲率半径标注等。在工程符号类标注一节中，主要内容包括倒角标注、基准代号注写、形位公差标注、表面粗糙度标注、焊接符号标注、剖切符号标注、中心孔标注和局部放大。在文字类标注中则介绍了引出说明、技术要求和文字查找替换等方面的实用知识。

本章还介绍了标注编辑(包括尺寸标注编辑、工程符号标注编辑、文字标注编辑和双击编辑功能)、通过属性选项板编辑、尺寸驱动和标注风格编辑等实用知识。最后专门介绍了一个工程标注综合实例，让读者更好地理解和掌握工程标注的整体思路和综合应用能力。

5.11　思考与练习

(1) 想一想，本章主要学习了哪些标注命令？这些标注命令主要位于哪些菜单中？其相应的工具按钮位于何处？

(2) 使用"标注"菜单中的"尺寸标注"命令可以进行哪些元素或哪些类型的尺寸标注？

(3) 简述坐标标注的典型方法及步骤，可以举例进行说明。

(4) 使用"坐标标注"功能可以标注哪些形式的坐标尺寸？可以结合示例进行说明。

(5) 在本章中，主要将哪些标注归纳在工程符号类标注内？总结一下，如何进行这些工程符号类标注？

(6) 如何理解尺寸驱动的应用及其概念？

(7) 上机练习：打开位于随书光盘的 CH5 文件夹中的"BC_11 练习题_7.exb"文件，文件的原始图形及尺寸如图 5-193 所示。将该图形中的尺寸标注修改为如图 5-194 所示。

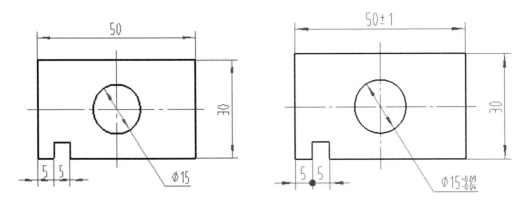

图 5-193　原始图形及尺寸　　　　图 5-194　尺寸标注修改结果

(8) 上机练习：绘制和标注如图 5-195 所示的工程视图。

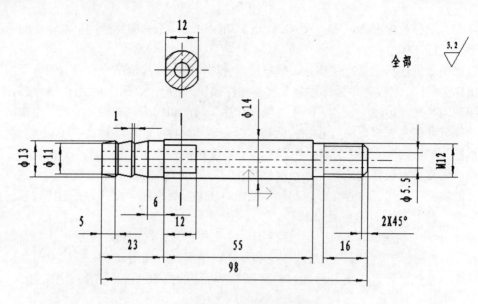

图 5-195　上机练习效果

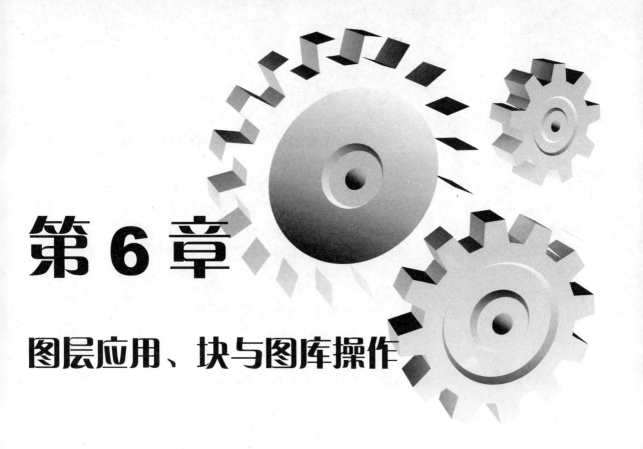

第6章

图层应用、块与图库操作

本章导读：

本章主要介绍图层应用、块操作与图库操作等知识。图层应用有利于图形元素的设计与管理，而块与图库则为用户处理复合形式的图形实体及绘制零件图、装配图等工程图纸提供了极大的方便。掌握图层、块与图库这些高级功能，可以加深对使用 CAXA 电子图板进行制图设计的认知程度，并对提升实际设计效率大有帮助。

6.1 图 层 应 用

在第 2 章简单地介绍了层控制的知识(主要是为了让读者先对层控制有初步的了解)，本章将更集中地介绍图层各方面的应用知识。

在很多的 CAD/CAM 设计软件中都提供了分层功能，所谓层是开展结构化设计不可缺少的软件环境。在前面的学习中，已经知道层相当于一张没有厚度的透明薄纸，将图素及其信息存放在相应的透明薄纸上，若干张透明薄纸叠放在一起便构成了一个图形。在图形文件的不同层中，可以设置其相应的线型和颜色，也可以设置其他信息。总而言之，使用分层功能，有利于管理工程图纸上包含的各种各样的信息，如确定实体形状的几何信息、表示线型与颜色等属性的非几何信息、各种尺寸和符号信息等。在设计中将相关的共性信息集中在各自指定的层中，这样在需要时既可以单独提取，又可以组合成一个整体。

图层的属性状态包括层名称、层描述、线型、颜色、打开与关闭以及是否为当前层等。每一个图层都对应着一种由系统设定的颜色和线型。用户可以根据实际应用情况，新建或者删除图层。另外，也可以根据操作需要，将某些图层关闭或者打开，关闭的图层上的实体(图形对象)不能显示在屏幕上，而打开的图层上的实体(图形对象)则在屏幕上可见。

在 CAXA 电子图板软件系统中，使用模板的文件中通常预先定义了几个图层，包括层名为"0 层"、"细实线层"、"中心线层"、"虚线层"、"尺寸线层"、"剖面线层"和"隐藏层"，在每个图层中都按其名称设置了相应的线型和颜色。其中，"0 层"为初始当前层，其线型为粗实线。如果需要，用户可以更改相关图层中实体(图形对象)的线型和颜色。

6.1.1 设置图层的属性

可以根据设计要求来更改图层的属性。下面具体介绍如何更改图层的属性。

1. 设置图层为打开状态或关闭状态

首先要注意当前层不能被关闭。当图层处于被打开状态时，该层中的实体(图形对象)在屏幕绘图区中可见；当图层处于被关闭状态时，该层上的实体(图形对象)在屏幕绘图区不可见。

在绘制复杂图形时使用图层的打开或关闭功能是非常有用的，例如可以将当前无关的一些细节隐藏以保证图面整洁，同时便于用户集中精力完成当前图形的设计，而且还能使绘制和编辑图形的速度加快。等到绘制和编辑图形完成后，再将关闭的这些无关图层打开，从而显示全部内容。另外，可以将作图的一些辅助线放入隐藏层中，等到作图完成后，将隐藏层关闭，这样便可以不用逐一地去删除辅助线。设置图层为关闭或打开状态的操作是很灵活的，在不同的应用场合有不同的使用技巧，这需要用户在实践中不断摸索和总结。

在菜单栏的"格式"菜单中选择"图层"命令，或者在"颜色图层"工具栏中单击 (图层)按钮，打开"层设置"对话框。在"层设置"对话框中，将光标移动至欲改变图层的图层状态(打开/关闭)单元格位置处单击，即可在该图层的打开或关闭状态之间切换，如图 6-1 所示。注意此单元格灯泡图标的显示，亮灯泡图标表示打开状态，暗灯泡图标表示关闭状态。

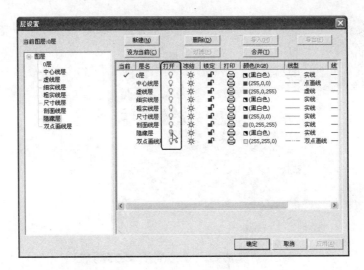

图 6-1　设置图层的层状态

2. 设置图层颜色

在每一个图层中都可以根据设计情况设置一种颜色。用户可以按照以下方法来改变某图层的颜色，以改变"尺寸线层"的颜色为例。

(1) 在菜单栏的"格式"菜单中选择"图层"命令，或者在"颜色图层"工具栏中单击 (图层)按钮，打开"层设置"对话框。

(2) 在"层设置"对话框中单击"尺寸线层"对应的颜色按钮(或称颜色单元格)。

(3) 系统弹出"颜色选取"对话框，从中选择红色，如图 6-2 所示。然后单击"确定"按钮。

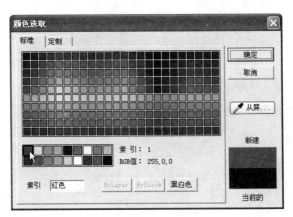

图 6-2　"颜色选取"对话框

(4) 在"层设置"对话框中单击"确定"按钮。

3. 设置图层线型

用户可以为某指定图层设置所需的线型。设置图层线型的具体方法如下。

(1) 在菜单栏的"格式"菜单中选择"图层"命令，或者在"颜色图层"工具栏中单击 (图层)按钮，打开"层设置"对话框。

(2) 在"层设置"对话框的"图层"列表中，选择欲编辑的图层名，并单击所选图层相应的线型图标(也称线型单元格)。

(3) 弹出如图 6-3 所示的"线型"对话框。利用该对话框指定线型，然后单击该对话框中的"确定"按钮。

图 6-3   "线型"对话框

(4) 在"层设置"对话框中单击"确定"按钮，从而完成层线型设置。

4. 设置图层锁定状态

可以根据设计要求将所选图层设定为锁定状态。

(1) 在菜单栏的"格式"菜单中选择"图层"命令，或者在"颜色图层"工具栏中单击 (图层)按钮，打开"层设置"对话框。

(2) 在"层设置"对话框中，选择欲编辑的图层，接着单击欲改变层的"层锁定"单元格，即单击欲改变层的"锁定"下的锁定图标，如图 6-4 所示，从而切换层锁定状态。如果层锁定状态切换为 ，则表示该层未被锁定；如果层锁定状态切换为 ，则表示该层被锁定。

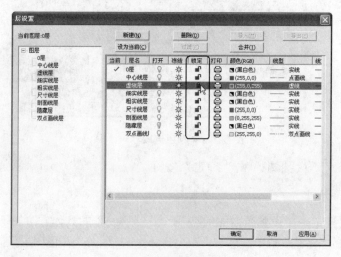

图 6-4   设置层锁定状态

(3) 单击"确定"按钮。

指定层被锁定后,用户可以在该层上添加图素,并可以对选定图素进行复制、粘贴、阵列、属性查询等操作,但不能进行平移、删除、拉伸、比例缩放、属性修改和块生成等修改性操作。但是,标题栏、明细表和图框不受上述限制。这些需要用户特别注意。

5. 设置层打印状态

用户可以根据设计要求确定所选图层的打印状态,以决定是否打印所选图层的内容。设置图层打印状态的典型方法和步骤如下。

(1) 在菜单栏的"格式"菜单中选择"图层"命令,或者在"颜色图层"工具栏中单击 (图层)按钮,打开"层设置"对话框。

(2) 在"层设置"对话框中单击欲改变层的"打印"单元格中的图标,将其层的打印状态图标在 和 之间切换,如图 6-5 所示。当层打印状态图标为 时,表示此层的内容可以被打印输出;当层打印状态图标为 时,表示此层的内容不会被输出打印。

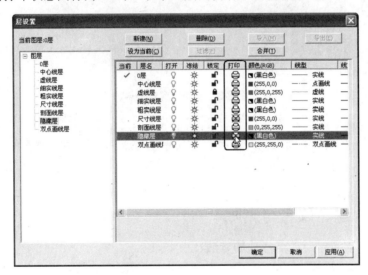

图 6-5　设置层打印状态

(3) 单击"确定"按钮。

6. 冻结或解冻图层

已冻结图层上的对象为不可见,这些对象不会遮盖其他对象。在一些大型的图形设计中,有时候需要冻结不需要的图层来加快显示和重生成的操作速度。

在"层设置"对话框中单击指定层的冻结单元格中的图标,可以进行该图层冻结或解冻的切换。 图标表示图层处于冻结状态, 图标表示图层处于解冻状态。

6.1.2　当前层设置

当前图层的设置是很重要的,将某个指定的图层设置为当前层后,接着绘制的图形元素均放置在该当前层中。当前层是唯一的,也就是在一个图形文件中只有一个图层是当前层(也称当前活动层),其他的图层均为非当前层。可以根据设计情况指定其他图层作为新的当前层。

当前层的设置方法主要有以下两种。

设置方法 1：利用"层设置"对话框中的"设为当前"按钮。

在菜单栏的"格式"菜单中选择"图层"命令，或者在"颜色图标"工具栏中单击 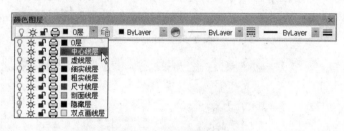(图层)按钮，打开"层设置"对话框。接着在此对话框中选择所需的一个图层，然后单击"设为当前"按钮，最后单击"确定"按钮。

设置方法 2：利用"颜色图层"工具栏中的"图层"列表框。

在"颜色图层"工具栏中，单击"图层"列表框(也有人将其称为"当前层"列表框)右侧的下三角按钮，弹出图层列表，如图 6-6 所示。然后在该下拉列表中单击所需要的图层，即可完成当前层的设置。

图 6-6　快速设置当前层

> **说　明**
>
> 在功能区的"常用"选项卡的"属性"面板中也能找到"图层"列表框，从该列表框中选择所需的图层作为当前层。

6.1.3　图层创建、改名与删除

创建一个新图层及进行改名操作的方法及步骤如下。

(1) 在菜单栏的"格式"菜单中选择"图层"命令，或者在"颜色图层"工具栏中单击 (图层)按钮，打开"层设置"对话框。

(2) 单击"新建"按钮，接着在弹出的对话框中单击"是"按钮，系统弹出"新建风格"对话框。

(3) 从"新建风格"对话框的"基准风格"下拉列表框中选择所需的基准图层，在"风格名称"文本框中接受默认的图层名或输入新的图层名，如图 6-7 所示。然后单击"下一步"按钮。此时，在"层设置"对话框的图层列表框最下边一行显示新建图层。

(4) 如果要更改某图层的名称，则在"层设置"对话框左侧列表中选择该图层，接着右击，弹出一个快捷菜单，如图 6-8 所示。从该快捷菜单中选择"重命名"命令，然后在出现的文本编辑框中输入新的层名，输入好新层名后在对话框空白区域单击即可。

(5) 如果要给层注写层描述，则可以在"层设置"对话框右侧的层属性列表框中选择所需的图层，接着单击"层描述"单元格，在其文本编辑框中输入层描述信息即可。

(6) 在"层设置"对话框中单击"确定"按钮。

用户可以删除一个自己建立的图层，其方法是：在"层设置"对话框的层属性列表框中选

择要删除的一个图层，然后单击"删除"按钮，系统弹出一个对话框询问用户确实要删除该图层，单击"是"按钮，确认删除层的操作。执行此"删除"按钮，无法删除系统原始图层，而只能删除选定的由用户创建的图层。另外要注意，当图层被设置为当前图层时，该图层不能被删除；当图层上有图形被使用时，该图层也不能被删除。

执行删除图层操作时，一定要谨慎，以免不小心将某些图形元素删除。

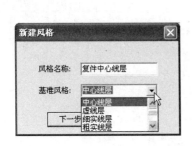

图6-7 "新建风格"对话框

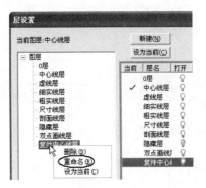

图6-8 执行"重命名"命令

6.2 块 操 作

在 CAXA 电子图板中，块是一种应用广泛的图形元素，是复合型的图形对象，可以由用户根据设计情况来定义。

块具有的应用特点如表6-1所示。

表6-1 块的应用特点

序号	应用特点说明	备注及举例说明
1	属于复合形式的图形对象，定义块后，原来相互独立的实体形成了统一的整体	可以对块进行类似于其他图形对象的各种编辑操作
2	利用块可以实现图形的消隐；可以很方便地实现一组图形对象的关联引用和显示顺序区分	
3	可以打散块，使构成块的图形元素又成为可独立操作的元素	
4	可以实现形位公差、表面粗糙度等自动标注	
5	可存储与块相联系的非图形信息，即可以定义块的属性信息	如块的名称、材料等
6	块中图形可能在不同图层上具有不同的颜色、线型和线宽属性，而块生成时总是位于当前图层上。这并不矛盾，因为块参照保存了有关包含在该块中的对象的原图层、颜色和线型特性等信息	可以控制块中对象是继承当前图层的颜色、线型和线宽设置，还是保留其原特性
7	可实现图库中各种图符的生成、存储与调用	有关图符的概念可见本章的6.3节

在"绘图"菜单的"块"级联菜单中，提供了关于块操作的几个实用命令，包括"创建"、"插入"、"消隐"、"属性定义"、"粘贴为块"、"块编辑"和"块在位编辑"，如图6-9

所示。本节将重点介绍其中常用的几个块操作命令。

图 6-9　"块"级联菜单

6.2.1　创建块

创建块命令用于将选中的一组图形对象组合成一个块，所生成的块位于当前层。每个块对象包含块名称、组成的图形对象、用于插入块的基点坐标值和相关的属性数据。创建块后，可以对块实施各种图形编辑操作。块可以是嵌套的，其中一个块可以是另一个块的构成元素。

创建块的一般操作步骤如下。

(1) 在菜单栏中选择"绘图"→"块"→"创建"命令，或者在"绘图工具"工具栏中单击 (创建块)按钮。

(2) 拾取要构成块的图形元素，右击确认拾取结果。

(3) 指定块的基准点。指定基准点后，系统弹出如图 6-10 所示的"块定义"对话框。

图 6-10　"块定义"对话框

(4) 在"块定义"对话框的"名称"文本框中输入块的名称(名称最多可以包含 255 个字符，包括字母、数字、空格以及操作系统或系统未作他用的任何特殊字符)。

(5) 单击"确定"按钮，便完成了块的创建。块名称和块定义保存在当前图形中。

【课堂范例】　块创建的操作范例。

(1) 在一个新建的图形文件中，在中心线层中使用直线工具绘制如图 6-11(a)所示的两条中心线，接着在 0 层使用正多边形工具和圆工具分别绘制如图 6-11(b)所示的正六边形和圆，其中圆的直径为 16。

(2) 在菜单栏中选择"绘图"→"块"→"创建"命令，或者在"绘图工具"工具栏中单击 (创建块)按钮。

(3) 使用窗口方式拾取中心线、正多边形和圆。拾取好图形元素后，右击确认。

(4) 在系统出现的"基准点："提示下使用鼠标将图形的中心设置为块的基准点。

(5) 系统弹出"块定义"对话框。在"名称"文本框中输入"螺栓头"，然后单击"确定"

按钮，从而完成该块的生成。此时单击块上任意处，可以发现选中的是整个块图形。

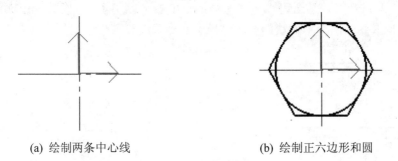

(a) 绘制两条中心线   (b) 绘制正六边形和圆

图 6-11 绘制所需的图形

6.2.2 块消隐

块消隐在实际应用中是很实用的，特别是在绘制装配图的过程中，使用系统提供的块消隐功能可以快速处理零件位置重叠的现象。实际上该功能就是典型的二维自动消隐功能。利用具有封闭外轮廓的块图形作为前景图形区，可自动擦除该区内的其他被遮挡的图形，从而实现二维消隐。当然，对于已经消隐的区域也可以根据设计需要来将其取消消隐。值得注意的是，对于不具有封闭外轮廓的块图形，则系统不对其进行块消隐操作。

进行块消隐操作的典型方法及步骤如下。

(1) 在菜单栏中选择"绘图"→"块"→"消隐"命令。

(2) 在立即菜单中确保选项为"消隐"。在"请拾取块引用"提示下拾取图形中的块作为前景零件，每拾取一个便消隐一个。若有几个块重叠放置，那么被用户拾取的块作为前景图形区，而与之重叠的图形被消隐。

如果要取消块消隐，那么应再次执行"绘图"→"块"→"消隐"命令，接着在立即菜单的"1."中设定选项为"取消消隐"，然后拾取所需的块即可。

【课堂范例】 块消隐操作练习范例。

(1) 打开位于随书光盘 CH6 文件夹中的"BC_块消隐练习.exb"文件，该文件中存在着两个块图形，如图 6-12 所示。注意两个块图形的重叠情况。

(2) 在菜单栏中选择"绘图"→"块"→"消隐"命令。

(3) 在立即菜单"1."中设置选项为"消隐"。

(4) 首先拾取六角头螺栓的块，则得到的块消隐效果如图 6-13 所示。

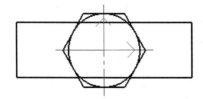

图 6-12 原始图形

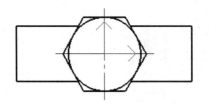

图 6-13 块消隐效果(1)

(5) 如果拾取矩形块，那么得到的块消隐效果如图 6-14 所示。

(6) 如果要取消消隐，那么可以在立即菜单中单击"1.消隐"，则将其选项切换为"取消消隐"，接着拾取要取消消隐的块即可。这样又回到了没有消隐的情形，如图 6-15 所示。

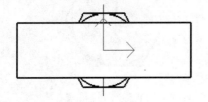
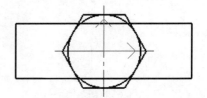

图 6-14 块消隐效果(2)　　　　　　　　图 6-15 取消消隐的效果

6.2.3 属性定义

在 CAXA 电子图板中，可以为指定块添加属性。这里，所谓属性是与块相关联的非图形信息，它由一系列属性表项和相应的属性值组成。属性可能包含的数据有零件编号、名称及材料等。

下面介绍如何创建一组用于在块中储存非图形数据的属性定义。

(1) 在菜单栏中选择"绘图"→"块"→"属性定义"命令。

(2) 系统弹出如图 6-16 所示的"属性定义"对话框。在"名称"文本框中输入由任何字符组合(空格除外)的属性名称；在"描述"文本框中输入相关数据信息，用于指定在插入包含该属性定义的块时显示的提示(如果不输入描述信息，那么属性名称将被用作提示)；在"缺省值"文本框中输入用于指定默认的属性值数据。

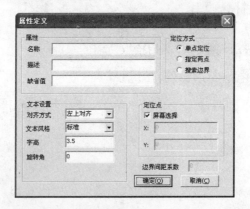

图 6-16 "属性定义"对话框

(3) 在"定位方式"选项组中指定定位方式；在"定位点"选项组中指定属性的位置，可以选中"屏幕选择"复选框，也可以输入 X、Y 坐标值；在"文本设置"选项组中设置属性文字的对齐方式、文本风格、字高和旋转角度。

(4) 单击"确定"按钮，从而完成该属性定义。

创建属性定义后，可以在创建块定义时将它选为对象，这样可以将属性定义合并到图形块中。以后在绘图区插入带有属性定义的块时，系统会用指定的文字串提示输入属性。

6.2.4 插入块

在菜单栏中选择"绘图"→"块"→"插入"命令，系统弹出如图 6-17 所示的"块插入"对话框。在"名称"下拉列表框中选择要插入的块，则在对话框左框中显示该块的预览效果。在"设置"选项组中设置插入块的缩放比例和插入块在当前图形中的旋转角度，如果要打散插入块，则选中"打散"复选框。然后单击"确定"按钮，完成块插入操作。

如果所选的要插入的块本身包含了属性定义，那么在插入块时系统弹出如图 6-18 所示的"属性编辑"对话框。双击相应的属性值单元格便可编辑属性。当然，完成插入块后，双击块也会弹出"属性编辑"对话框，便于对选定块进行属性编辑。

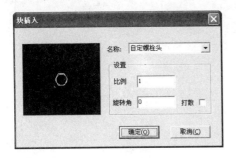

图 6-17 "块插入"对话框

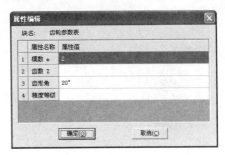

图 6-18 "属性编辑"对话框

【**课堂范例**】 创建带有属性的块及插入块操作。

1. 属性定义

属性定义的方法和步骤如下。

(1) 打开位于随书光盘 CH6 文件夹中的"创建带有属性的块及插入块操作.exb"文件，该文件中除了存在图幅之外，还存在的图形和文本如图 6-19 所示。对于不变的文字是采用 **A**(文字)功能来创建的。

(2) 在菜单栏中选择"绘图"→"块"→"属性定义"命令，系统弹出"属性定义"对话框。

(3) 在"属性"选项组中分别输入名称、描述和缺省值数据；接着在"定位方式"选项组中选择"指定两点"单选按钮；在"文本设置"选项组中将对齐方式设置为"中间对齐"，文本风格为"机械"，字高为 3.5，旋转角度为 0，选中"文字压缩"复选框，如图 6-20 所示。

模数	m
齿数	Z
齿形角	α
精度等级	

图 6-19 已有的图形及文本

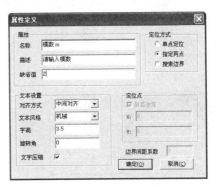

图 6-20 "属性定义"对话框

(4) 单击"确定"按钮。

(5) 分别选择如图 6-21 所示的两个点(即点 1 和点 2)，从而完成此次属性定义。

(6) 使用同样的方法，创建其他 3 次属性定义，结果如图 6-22 所示。

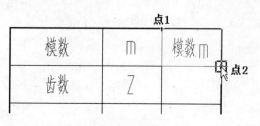

图 6-21 指定两个角点

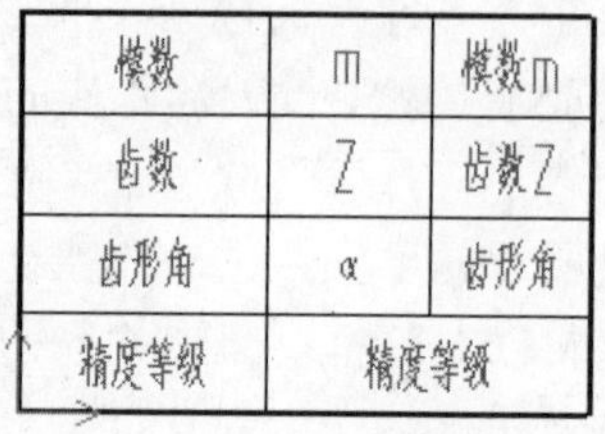

图 6-22 完成所有的属性定义

2. 创建块

创建块的方法和步骤如下。

(1) 在菜单栏中选择"绘图"→"块"→"创建"命令，或者在"绘图工具"工具栏中单击 (创建块)按钮。

(2) 框选所有的图形对象，如图 6-23 所示，右击确认。

(3) 选择如图 6-24 所示的右上顶点作为基准点。

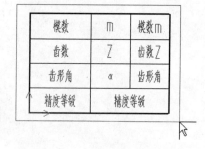

图 6-23 框选所有的图形对象

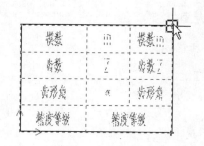

图 6-24 指定基准点

(4) 在弹出的"块定义"对话框中输入名称为"齿轮参数简易表"，如图 6-25 所示，然后单击"确定"按钮。

(5) 系统弹出如图 6-26 所示的"属性编辑"对话框，直接单击"确定"按钮。

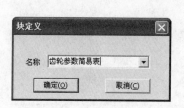

图 6-25 "块定义"对话框

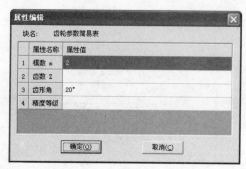

图 6-26 "属性编辑"对话框

3. 在图形中插入块

在图形中插入块的方法和步骤如下。

(1) 在菜单栏中选择“绘图”→“块”→“插入”命令。

(2) 在弹出的如图 6-27 所示的“块插入”对话框中，选择之前创建的“齿轮参数简易表”块，比例设置为 1，旋转角为 0，取消选中“打散”复选框。

块插入
名称:
齿轮参数简易表
设置
比例
1
旋转角
0
打散
确定(O)
取消(C)

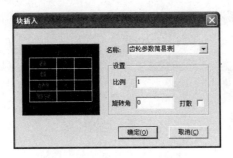

图 6-27 “块插入”对话框

(3) 单击“确定”按钮。

(4) 指定插入点，如图 6-28 所示。

(5) 系统弹出“属性编辑”对话框。双击属性值下的相应单元格，编辑其属性值，如图 6-29 所示。

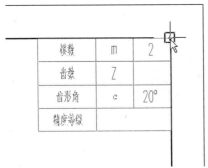

模数
m
2
齿数
Z
齿形角
α
20°
精度等级

图 6-28 指定插入点

属性编辑
块名:
齿轮参数简易表
属性名称
属性值
1
模数 m
2
2
齿数 Z
18
3
齿形角
20°
4
精度等级
766GM
确定(O)
取消(C)

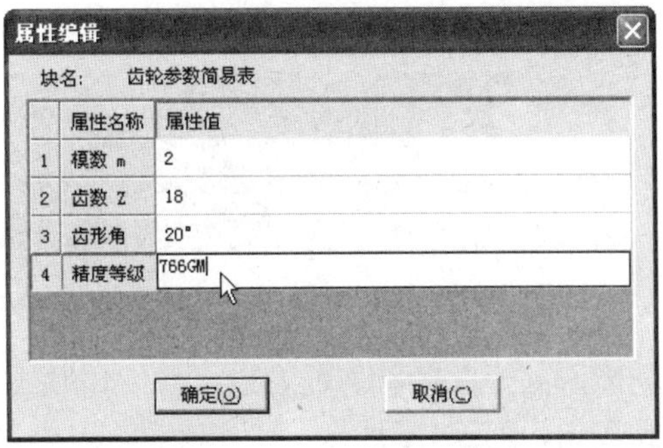

图 6-29 “属性编辑”对话框

(6) 单击“确定”按钮，完成的结果如图 6-30 所示。

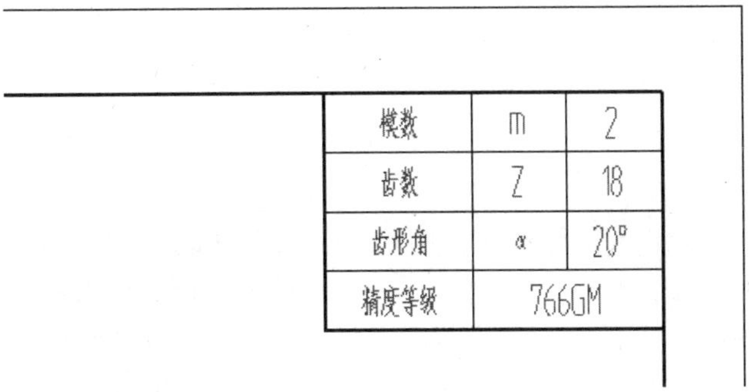

模数
m
2
齿数
Z
18
齿形角
α
20°
精度等级
766GM

图 6-30 完成块插入

6.2.5 块编辑

可以对块定义进行编辑，其方法是在菜单栏中选择"绘图"→"块"→"编辑块"命令，或者在如图 6-31 所示的"常用"功能区选项卡的"基本绘图"面板中选择"块编辑"按钮，接着在绘图区选择要编辑的块，从而进入块编辑状态。

图 6-31 选择"块编辑"按钮

在块编辑状态中，可以对块图形进行相关的编辑操作，还可以进行属性定义和退出块编辑器等特殊操作。

当功能区被打开时，块编辑状态下功能区增加了一个"块编辑器"选项卡，如图 6-32 所示。使用相关的工具完成块编辑后，在"块编辑器"选项卡中单击"退出块编辑"按钮，系统弹出一个对话框提示是否保存修改，单击"是"按钮保存对块的编辑修改；若单击"否"按钮则取消本次对块的编辑操作。

图 6-32 功能区多了一个"块编辑器"选项卡

当功能区处于关闭状态时，进入块编辑状态会增加一个"块编辑"工具栏。该工具栏具有两个工具按钮，即 (属性定义)按钮和 (退出块编辑)按钮。

6.2.6 块在位编辑

CAXA 电子图板提供了块在位编辑功能，该功能与块编辑的不同之处在于，在位编辑时各种操作如测量、标注等可以参照当前图形中的其他对象，而块编辑则只显示块内对象。

在菜单栏中选择"绘图"→"块"→"块在位编辑"命令，或者在"常用"功能区选项卡的"基本绘图"面板中选择"块在位编辑"按钮，接着选择要编辑的块即可进入块在位编辑状态。

在块编辑状态下，除可以对块进行常规的编辑操作之外，还可以执行"添加到块内"、"从块内移出"、"保存退出"或"不保存退出"命令。这 4 个命令可以在增加的"块在位编辑"工具栏中或"块在位编辑"功能区面板中找到，它们的功能含义或相关说明如下。

- "添加到块内"：从当前图形中拾取其他对象加入到正在编辑的块定义中。其工具按钮为 。

- "从块中移出"：将正在编辑的块中的对象移出块到当前图形中。其工具按钮为 。
- "不保存推出"：取消此次对块定义的编辑操作。其工具按钮为 。
- "保存退出"：保存对块定义的编辑操作并退出在位编辑状态。其工具按钮为 。

6.2.7 块的其他操作

可以将块分解，使之分解为组成块的各成员对象。用于将块分解的工具为 (分解)按钮，该按钮位于"编辑工具"工具栏中。

块作为一个单独对象，可以对其进行删除、平移、旋转、镜像、比例缩放等图形编辑操作，这和其他图形对象的操作方法相同。

可以通过属性选项板("特性"选项板)来查看和修改块定义，包括修改块的层、线型、线宽、颜色、定位点、旋转角、缩放比例、属性定义的内容、消隐状态等。

6.3 库 操 作

在 CAXA 电子图板中，具有多种标准件或通用件的参数化图库。同时系统也为用户提供了建立用户自定义的参量图符或固定图符的工具，以使得用户可以方便、快捷地根据设计环境创建属于自己的图形库。这里所述的"图符"是指图库的基本组成单元，它是由一些基本图形对象组合而成的对象并同时具有参数、属性、尺寸等多种特殊属性的对象，它可以由一个视图或多个视图(不超过 6 个视图)组成。如果按照是否参数化来分类，则图符可以分为参数化图符和固定图符两种。需要注意的是，图符的每个视图在提取出来时可以定义为块。

在菜单栏的"绘图"菜单中选择"图库"命令，则打开其级联菜单，如图 6-33 所示，其中包含"提取"、"定义"、"图库管理"、"驱动"和"图库转换"命令。

图 6-33 "库操作"级联菜单

6.3.1 图符提取

图符提取可以分两种情况：一种是参数化图符提取，另一种则是固定图符提取。

1. 参数化图符提取

参数化图符提取是指将已经存在的参数化图符从图库中提取出来，并根据实际要求设置一组参数值，经过预处理后应用于当前绘图。参数化图符提取的一般方法及步骤如下。

(1) 在菜单栏中选择"绘图"→"图库"→"提取"命令，或者在"绘图工具"工具栏中

单击 按钮。

(2) 系统弹出如图 6-34 所示的"提取图符"对话框。在对话框的左部区域提供了用于图符选择的工具按钮和控件。CAXA 电子图板图库中的所有图符是按照类别来划分并存储在不同的目录中，整体布局表现为图符的树形结构，从而便于区分和查找。

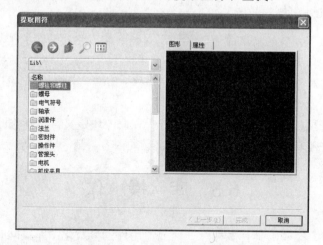

图 6-34　"提取图符"对话框

在对话框的左部区域内，图符的检索操作与 Windows 资源管理器的相关操作类似，使用 按钮、按钮、按钮可以在不同的目录之间进行切换。按钮用于在列表模式和缩略图模式之间切换。如果单击 按钮，则打开如图 6-35 所示的"搜索图符"对话框，可以通过输入图符名称来检索图符。检索时不必输入图符完整的名称，只需输入图符名称的一部分，在执行搜索时系统会自动检索到符合条件的图符。CAXA 电子图板的图库检索具有模糊搜索功能，在检索条件中输入检索对象的名称或型号，图符列表便会列出相关的所有图符，以供用户选择。

图 6-35　"搜索图符"对话框

在对话框的右半部分提供了"图形"选项卡和"属性"选项卡。"图形"选项卡用来预览当前所选图符的图形效果，如图 6-36 所示。图形预览时的各视图基点用高亮度"十"字标出，在预览框中右击可以放大图符，同时单击鼠标左键和鼠标右键可以缩小图符，如果需要将图符恢复原来的大小显示，则双击鼠标左键；"属性"选项卡用来显示当前所选图符的属性，如图 6-37 所示。

(3) 选择图符后，单击"下一步"按钮，可以进入如图 6-38 所示的"图符预处理"对话框。在对话框的左半部位，是图符处理区，用于选择尺寸规格和设置尺寸开关。注意尺寸规格表格的表头为尺寸变量名，在右侧的预览框内可直观地看到每个尺寸变量名的具体标注位置和标注形式。如果需要，用户可以在预览区右击，则预览图形以单击点为中心进行放大显示。要想使图形恢复到最初的显示大小，则在预览区双击。

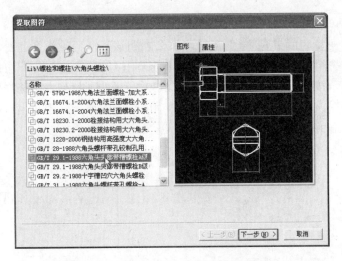

图 6-36　预览当前所选图符的图形效果

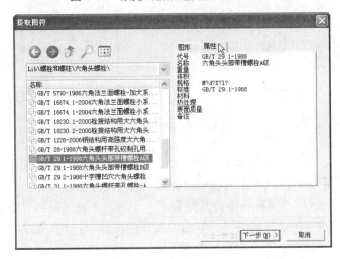

图 6-37　"属性"选项卡

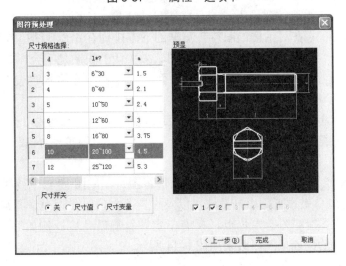

图 6-38　"图符预处理"对话框

用户需要注意以下两点。

- 如果尺寸变量名后带有"*"符号,那么表明该尺寸变量为系列变量,其所对应的列单元格中只给出了一个范围,例如给出的范围为20~100。用户可以单击该单元格右端的下三角按钮,然后从出现的如图6-39所示的下拉列表中选择所需的数值。选择数值后则在该单元格中显示选定的值,如图6-40所示。用户也可以在该单元格中输入新的所需值。

图6-39　打开范围列表

图6-40　选定变量值

- 如果变量名后带有"?"符号,那么表明该变量可以设定为动态变量。所谓动态变量是指尺寸值不限定,当某一个变量设定为动态变量时,则它不再受给定数据的约束,在提取时用户通过键盘输入新值或拖动鼠标可改变变量大小。要想将某个变量设置为动态变量,那么右击其所在的单元格即可。成为动态变量时其数值后标有"?"符号。

(4) 在"图符预处理"对话框中还有其他若干个实用的单选按钮和复选框。

- 尺寸开关选项:用于控制图形提取后的尺寸标注情况。一共提供了3个单选按钮,包括"关"单选按钮、"尺寸值"单选按钮和"尺寸变量"单选按钮。"关"单选按钮用于设置提取后不标注任何尺寸;"尺寸值"单选按钮用于设置提取后标注实际尺寸;"尺寸变量"单选按钮用于设置只标注尺寸变量名,而不标注实际尺寸。

- 视图控制开关:在对话框的图符预览框的下方排列有6个视图控制开关。选中某个开关复选框时表示打开其相应的一个视图。被关闭的视图是不会被提取出来的。例如,假设取消选中第二个视图的复选框,而只选中第一个视图的复选框,预显结果如图6-41所示。

(5) 如果对所选的图符不满意,可以单击"上一步"按钮,返回到"提取图符"对话框,重新设置提取其他图符。如果对所选的图符满意,那么单击"图符预处理"对话框中的"完成"按钮。

(6) 此时,位于绘图区的"十"字光标已经带有图符,如图6-42所示的示例图符。在如图6-43所示的立即菜单中设置是否打散块,以及设置不打散时是否允许图符提取后消隐。

(7) 在系统提示下指定图符定位点,接着指定图符旋转角度。例如输入图符旋转角度为30°,完成一个视图的提取插入,效果如图6-44所示。

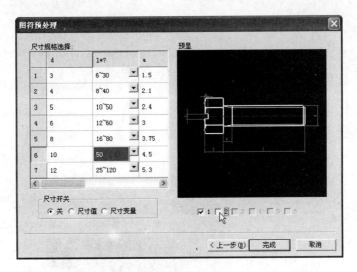

图 6-41　使用视图控制开关

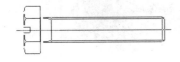

图 6-42　图符依附在"十"字光标处

图 6-43　在出现的立即菜单中设置

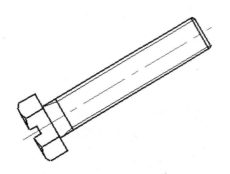

图 6-44　完成一个视图的提取插入

　　如果设置了动态确定的尺寸且该尺寸包含在当前视图中，那么在确定了视图的旋转角度后，系统会在状态栏中出现"请拖动确定 X 的值："的提示信息(注意这里的 X 表示尺寸名)。在该提示下指定该尺寸的数值。图符中可以包含多个动态尺寸，这时需要分别确定这些动态尺寸的值。

　　(8) 如果图符具有多个视图，则绘图内的"十"字光标又自动带上另一个视图，继续在提示下进行指定图符定位点和旋转角度的操作。当一个图符所有打开的视图提取完成之后，系统默认开始重复提取。

　　(9) 右击可结束图符提取操作。

2. 固定图符提取

除了参数化图符之外，还有一部分是固定图符，如电气元件类和液压符号类的图符就多属于固定图符。固定图符的提取比参数化图符的提取要简便得多。

固定图符提取的一般操作方法及步骤如下。

(1) 在菜单栏中选择"绘图"→"图库"→"提取"命令，或者在"绘图工具"工具栏中单击🗇(提取图符)按钮。

(2) 在打开的"提取图符"对话框中，通过指定图符类别，在图符列表中选择所需的固定图符。例如选择"发光二极管"图符，如图6-45所示。

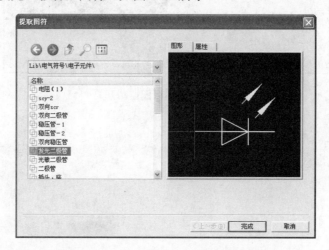

图6-45　选择"发光二极管"固定图符

(3) 单击"完成"按钮，系统出现如图6-46所示的立即菜单。

图6-46　出现的立即菜单

(4) 在"1."下拉列表框中单击可以在"打散"选项和"不打散"选项之间切换，以设置生成的图符是否被打散。当在"1."下拉列表框中设置为"不打散"选项时，可在"2."下拉列表框中设置生成的图符是否消隐。

(5) 根据实际设计要求，用户可以设置缩放倍数。

(6) 在提示下，指定图符定位点，以及指定图符旋转角度。例如指定"发光二极管"固定图符的定位点为(20,0)，旋转角度为0°，右击结束操作。提取"发光二极管"固定图符的效果如图6-47所示。

图6-47　完成"发光二极管"固定图符的提取效果

前面介绍了使用图库的"提取"命令来提取参数化图符和固定图符，在此再介绍一种简便的方法来进行图符提取，即使用图库选项板来进行图符提取。打开"图库"选项板，如图 6-48 所示，在其中指定图符类别后选择要提取的图符，接着按住鼠标左键将图符拖放到右边的绘图区中，利用立即菜单设置是否打散和消隐图符等，然后指定图符定位点和图符旋转角度即可。

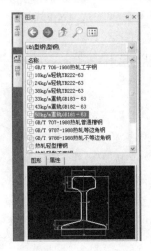

图 6-48　使用"图库"选项板来提取图符

6.3.2　图符驱动

图符驱动是指对已经提取出来的没有被打散的图符进行驱动，更换图符或者改变已提取图符的尺寸标注情况、尺寸规格和输出形式等参数。

驱动图符的典型方法及步骤如下。

(1) 在菜单栏中选择"绘图"→"图库"→"驱动"命令。

(2) 此时系统出现"请选择要想变更的图符："的提示信息，同时当前绘图中所有未被打散的图符将被高亮显示。使用鼠标左键拾取想要变更的图符。

(3) 系统弹出"图符预处理"对话框，如图 6-49 所示。利用该对话框，对图符的尺寸规格、尺寸开关、图符视图开关等项目进行相关的修改。

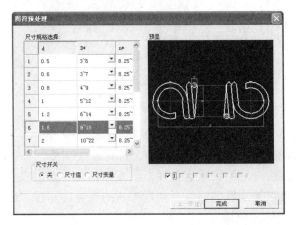

图 6-49　"图符预处理"对话框

(4) 单击"确定"按钮，绘图区内的原图符被驱动，即被修改后的图符代替。但图符的定位点和旋转角保持不变。

6.3.3 图符定义

图符定义其实就是根据实际需求来建立自己的图库，这样可以满足在某些特定设计场合下提高作图效率。

图符定义也分两种情况：一种是固定图符的定义，另一种则是参数化图符的定义。下面介绍这两种类型的图符定义。

1. 固定图符的定义

在定义固定图符之前，一定要准备好所要定义的图形。这些用来定义固定图符的图形应尽量按照实际的尺寸比例来绘制，可不必标注尺寸。通常将电气元件、字形图符定义成固定图符。

下面以只有一个视图的固定图符定义为例进行步骤说明。

(1) 在菜单栏中选择"绘图"→"图库"→"定义"命令。

(2) 系统提示选择第 1 视图。可以单个拾取第 1 视图的所有元素，也可以采用窗口拾取。拾取完后，右击确认。

(3) 指定第 1 视图的基点。最好将基点指定在视图的关键点或特殊位置处，如圆心、中心点、端点、主要交点等。

(4) 系统提示选择第 2 视图。接着选择图形元素和基准点。可以指定第 2 到第 6 视图的元素和基准点。定义所需的视图后，右击确认。

(5) 系统弹出"图符入库"对话框，在该对话框中选择存储到的类别，并在相应的文本框中输入新建类别和图符名称，如图 6-50 所示。

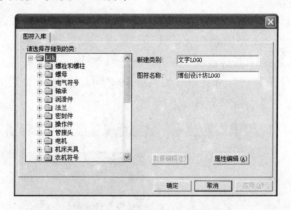

图 6-50 "图符入库"对话框

如果在"图符入库"对话框中单击"属性编辑"按钮，则弹出如图 6-51 所示的"属性编辑"对话框，利用该对话框可以设置所需要的属性名及属性定义。当选中表格的有效单元格时，按 F2 键可以使当前单元格进入编辑状态且插入符被定位在单元格内文本的最后。系统默认提供了 10 个属性，用户可以增加新的属性。要增加新的属性，则在表格最后的左端选择区双击即可，当然也可以在某一行前面插入一个空行和删除选定的一行。根据需要确定属性名与属性定义后，单击"属性编辑"对话框中的"确定"按钮。

图 6-51　"属性编辑"对话框

(6) 在"图符入库"对话框中单击"确定"按钮，即可将新建的图符添加到自定义的图库中。

定义好固定图符之后，在执行提取图符的时候可以看到用户定义的图符也出现在指定的图库中。

2. 参数化图符的定义

用户可以根据设计要求将图符定义成参数化图符，以便以后在提取时可以对图符的尺寸加以控制。若就应用面来比较，参数化图符的应用面比固定图符的更为广阔，而参数化图符应用起来也更为灵活。

定义参数化图符之前，应在绘图区绘制所要定义的图形，这些图形应尽量按照实际的尺寸比例准确绘制，并且进行必要的尺寸标注。另外要注意的是，图符中的剖面线、块、文字和填充等是用定位点来定义的。以剖面线为例来说，要求在绘制图符的过程中画剖面线时，必须对每个封闭的剖面区域均单独地应用一次剖面线绘制命令。

下面通过一个范例介绍参数化图符的定义方法。

【**课堂范例**】　垫圈参数化图符的定义。

垫圈参数化图符的定义方法和步骤如下。

(1) 在绘图区绘制如图 6-52 所示的图形，图中未注倒角均为 2×45°，该图形由两个视图组成。注意两个封闭区域内的剖面线均要单独绘制。本书在配套光盘 CH6 文件夹中也提供了该范例所需的素材文件。

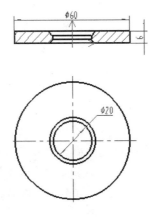

图 6-52　绘制垫圈的两个图形

(2) 在菜单栏中选择"绘图"→"图库"→"定义"命令。

(3) 系统提示选择第 1 视图。使用窗口方式选择如图 6-53 所示的图形元素作为第 1 视图，右击确认。

(4) 选择如图 6-54 所示的线段中点作为该视图的基点。

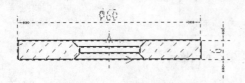 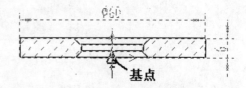

图 6-53　指定第 1 视图　　　　　　　　　图 6-54　指定第 1 视图的基点

(5) 系统提示请为该视图的各个尺寸指定一个变量名。使用鼠标左键拾取第 1 视图中的直径尺寸"$\phi 60$"，并在出现的如图 6-55 所示的文本框中输入字串为"D"，单击"确定"按钮。接着使用鼠标左键拾取第 1 视图中的垫圈厚度尺寸"6"，并在出现的如图 6-56 所示的文本框中输入字串"H"，单击"确定"按钮。

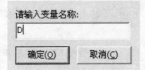 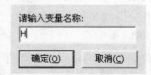

图 6-55　输入变量名 1　　　　　　　　　图 6-56　输入变量名 2

(6) 右击进入下一步。

(7) 使用窗口方式选择如图 6-57 所示的图形元素作为第 2 视图，右击确认，接着在提示下选择如图 6-58 所示的圆心位置作为基点。

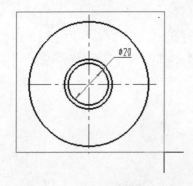 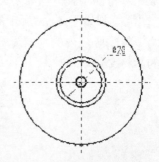

图 6-57　以窗口方式指定第 2 视图　　　　　图 6-58　指定基点

(8) 系统提示请为该视图的各个尺寸指定一个变量名。使用鼠标左键拾取第 2 视图中的直径尺寸"$\phi 20$"，并在出现的文本框中输入字串为"d"，单击"确定"按钮。

此时两个视图的尺寸变量名都定义好了，这些变量名显示在视图中，如图 6-59 所示。

(9) 右击进入下一步。系统提示选择第 3 视图，如图 6-60 所示。再次右击进入下一步。

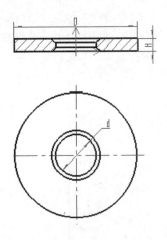

图 6-59　定义好尺寸变量名

图 6-60　提示选择第 3 视图

系统弹出如图 6-61 所示的"元素定义"对话框。

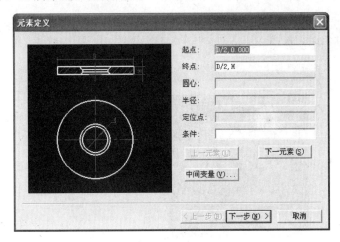

图 6-61　"元素定义"对话框

知识点拨

元素定义是把每一个元素的各个定义点写成相对基点的坐标值表达式，使图符实现参数化。每个图形元素的表达式正确与否，将决定着图符提取的准确与否。CAXA 电子图板会自动为元素生成和完善一些简单的表达式，用户可以在"元素定义"对话框中通过单击"上一元素"按钮和"下一元素"按钮来查询和修改每个元素的定义表达式。用户也可以使用鼠标左键在"元素定义"对话框的预览区中直接拾取元素来查询与修改其定义表达式。在定义中心线时需要注意其起点和终点表达式。另外，在定义剖面线和填充定位点时，应保证选取一个在尺寸取值范围内都能保证落在封闭边界内的点，这样提取时才能保证在不同的尺寸规格下都能生成正确的剖面线与填充。

- 定义中心线时，起点和终点的定义表达式不一定要与绘图时的实际坐标相吻合。通常定义中心线的两个端点超出轮廓线 2～5 个绘图单位(mm)便可以了。例如，在本例中定义第 1 视图中心线的起点和终点表达式如图 6-62 所示。第 2 视图中心线的起点和终点表达式也要考虑设置其超出轮廓线 3mm。两组中心线的表达式分别为"起点：D/2+3,0.000、终点：-D/2-3,0.000"；"起点：0.000,D/2+3、终点：0.000,-D/2-3"。

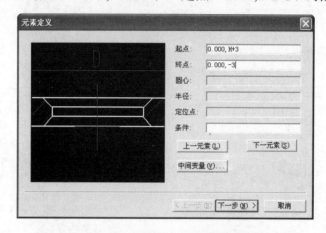

图 6-62　定义第 1 视图的中心线起点和终点表达式

- 在本例中定义右半部分剖面线的定位点表达式如图 6-63 所示。左半部分剖面线的定位点表达式为"(D+d)/4,H/2"。

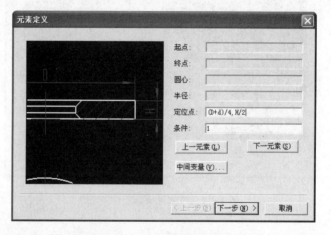

图 6-63　定义剖面线定位点

知识点拨

在"元素定义"对话框中，如果单击"中间变量"按钮，则系统弹出"中间变量"对话框，如图 6-64 所示。利用该对话框，用户可以定义一个中间变量名以及变量定义表达式。所谓中间变量是尺寸变量和之前已经定义的中间变量的函数。定义中间变量后，便可以与其他尺寸变量一样用在图形元素的定义表达式中。使用中间变量可以简化一些图形元素的表达式，便于建库。

操作说明

在本例中，定义第 1 视图各倒角轮廓线时需要注意其起点表达式和终点表达式，图 6-65 给出了其中一处倒角轮廓线的起止点表达式。

图 6-64　"中间变量"对话框

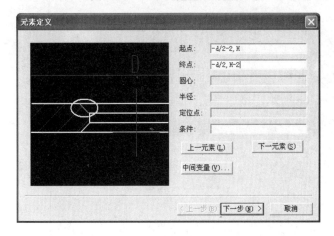

图 6-65　一处线段的表达式定义

(10) 定义好了元素之后，单击"下一步"按钮，系统弹出如图 6-66 所示的"变量属性定义"对话框。可利用该对话框定义变量的属性(如为系列变量或动态变量)，系统默认的变量属性均为"否"，即变量既不是系列变量也不是动态变量。在本例中，采用系统默认的变量属性设置，然后单击"下一步"按钮。

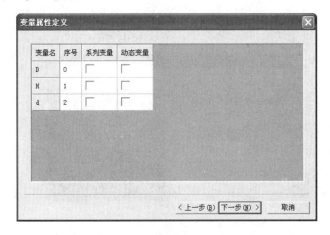

图 6-66　"变量属性定义"对话框

(11) 系统弹出"图符入库"对话框。在该对话框中选择存储到类别，并在"新建类别"文

本框中输入"用户自定义垫圈",在"图符名称"文本框中输入"BC_常用垫圈 A",如图 6-67
所示。

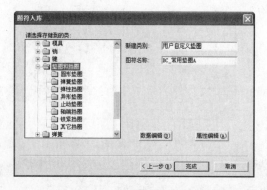

图 6-67　"图符入库"对话框

(12) 单击"数据编辑"按钮,打开"标准数据录入与编辑"对话框。在该对话框中分别输
入若干组数据,如图 6-68 所示。然后单击"确定"按钮。

图 6-68　"标准数据录入与编辑"对话框

(13) 单击"完成"按钮,完成该参数化图符的定义。之后,用户在进行提取图符操作时,
可以看到新建的图符已经出现在相应的类中,如图 6-69 所示。

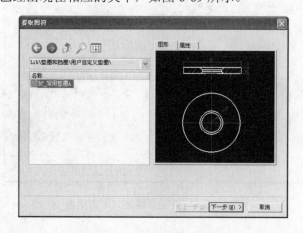

图 6-69　"提取图符"对话框

知识点拨

　　在该实例的操作过程中，假设在"变量属性定义"对话框中，将变量 D 设置为系列变量，如图 6-70 所示，那么之后在"图符入库"对话框中单击"数据编辑"按钮，打开"标准数据录入与编辑"对话框，单击列头"D*"时，需要输入该系列变量的所有取值，并以逗号分隔，如图 6-71 所示。

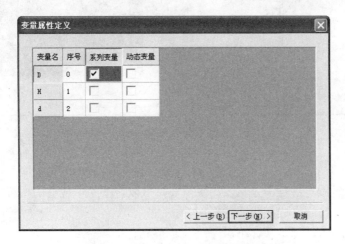

图 6-70　将变量 D 设置为系列变量

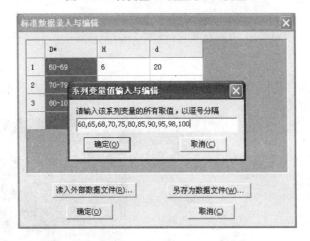

图 6-71　系列变量值输入与编辑

6.3.4　图库管理

　　CAXA 电子图板中的图库是面向用户的开放图库，用户不但可以进行图符提取、图符定义等操作，还可以根据自身需要对图库进行管理。

　　要对图库进行管理，则在菜单栏中选择"绘图"→"图库"→"图库管理"命令，打开如图 6-72 所示的"图库管理"对话框。利用该对话框提供的图库管理工具，可对图库进行相关的管理。图库管理包括图符编辑、数据编辑、属性编辑、导出图符、并入图符、图符改名和删除图符。

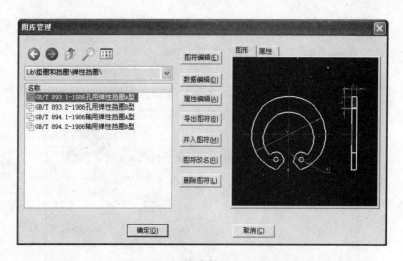

图 6-72　"图库管理"对话框

1. 图符编辑

图符编辑是指对图符进行再定义。如果需要，可以对图库中现有的图符进行修改、部分删除、添加或重新组合来定义成相类似的新图符。

图符编辑的一般方法和步骤如下。

(1) 在"图库管理"对话框中查找并选择要编辑的图符名称，右侧预览框将给出图符预览效果。

(2) 单击"图符编辑"按钮，出现如图 6-73 所示的命令列表，包含"进入元素定义"、"进入编辑图形"和"取消"命令。

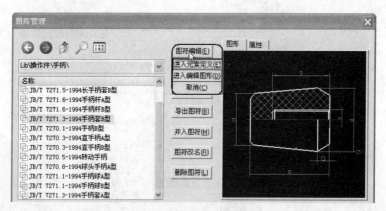

图 6-73　单击"图符编辑"按钮

(3) 如果只是修改参量图符中图形元素的定义或尺寸变量的属性，那么选择"进入元素定义"命令，打开"元素定义"对话框，然后进行相关的元素定义操作即可。

(4) 如果需要对图符的图形、基点、尺寸或尺寸名等进行编辑，那么选择"进入编辑图形"命令，则 CAXA 电子图板把该图符插入到绘图区以进行编辑。如果当前打开的文件尚未存盘，那么系统弹出如图 6-74 所示的对话框来提示用户保存文件。在绘图区显示了图符的各个视图，以及相关的尺寸变量。视图内部被打散成互不相关的元素，同时各元素保留原来定义过的诸多信息。用户根据实际情况对图形进行相关的编辑，比如添加尺寸、添加曲线或者删除曲线等。

图形编辑完成后，接着就是对修改过的图符进行重新定义。

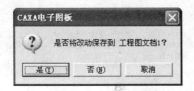

图 6-74　提示保存文件

(5) 在定义图符入库的时候，如果继续使用原来图符的类别和名称，那么以替换原图符的方式来实现原图符的修改。另外，也可以输入一个新的名称来创建一个新的图符。

2．数据编辑

这里所述的"数据编辑"是指对参数化图符原有的数据进行编辑，如更改数值、添加或删除数据。其一般方法和步骤如下。

(1) 在"图库管理"对话框中查找并选择要进行数据编辑的图符名称。

(2) 单击"数据编辑"按钮，打开"标准数据录入与编辑"对话框。

(3) 在该对话框中，对数据进行修改。

(4) 完成后单击"确定"按钮，返回到"图库管理"对话框。

3．属性编辑

这里所述的"属性编辑"是指对图符原有的属性进行修改、添加或删除操作。其一般方法和步骤如下。

(1) 在"图库管理"对话框中查找并选择要进行属性编辑的图符名称。

(2) 单击"属性编辑"按钮，打开"属性编辑"对话框，如图 6-75 所示。

图 6-75　"属性编辑"对话框

(3) 在该对话框中对属性进行编辑，例如修改属性名、填写属性定义内容、添加属性或删除指定的属性。

(4) 单击"确定"按钮，返回到"图库管理"对话框。

4．导出图符

导出图符是指将图符导出到其他位置。

在"图库管理"对话框中单击"导出图符"按钮，则打开如图 6-76 所示的"浏览文件夹"

对话框。在"浏览文件夹"对话框的"目录选择"下拉列表框中列出了当前计算机的树状层级目录列表,从中选择保存的路径(目录),然后单击"确定"按钮即可。

图 6-76 "浏览文件夹"对话框

5. 并入图符

并入图符是指将格式为"图库索引文件(*.idx)"的图符并入图库。并入图库的一般方法及步骤如下。

(1) 在"图库管理"对话框中单击"并入图符"按钮,弹出如图 6-77 所示的"并入图符"对话框。

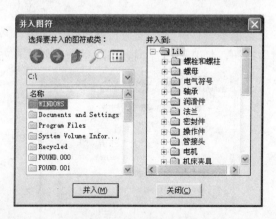

图 6-77 "并入图符"对话框

(2) 在该对话框的左侧区域选择要导入的文件或文件夹,在右侧区域选择导入后保存的位置。

(3) 单击"并入"按钮,完成将需要的图符并入到图库。

6. 图符改名

图符改名是指对图符原有的名称及图符类别的名称进行更改。进行图符改名的典型方法及步骤如下。

(1) 在"图库管理"对话框中选择要改名的图符。

(2) 在"图库管理"对话框中单击"图符改名"按钮，系统弹出如图 6-78 所示的"图符改名"对话框。

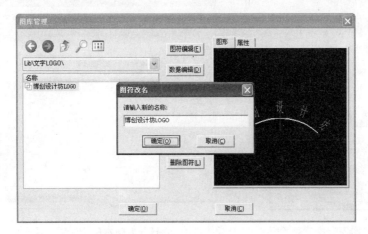

图 6-78　弹出"图符改名"对话框

(3) 在该对话框的文本框中输入新的图符名称。

(4) 单击"确定"按钮，返回到"图库管理"对话框。同时，也可进行其他图符管理操作，全部完成后，单击"确定"按钮即可。

7. 删除图符

"图库管理"对话框中的"删除图符"按钮用于删除图库中无用的图符，并可以一次性删除无用的一个类别所包含的多个图符。删除图符的一般方法和步骤如下。

(1) 在"图库管理"对话框中选择要删除的图符。

(2) 单击"删除图符"按钮。

(3) 系统弹出如图 6-79 所示的对话框为用户提供警告信息，单击"确定"按钮，确认删除此图符或此类别的图符。

图 6-79　警告信息

在进行删除图符的操作时，一定要谨慎，以免造成不必要的误操作而使某些有用的图符丢失。

6.3.5　图库转换

图库转换主要有两种用途：一种是将用户在旧版本中自己定义的图库转换为当前的图库格式，另一种则是将用户在另一台计算机上定义的图库加入到本计算机的图库中。

在菜单栏中选择"绘图"→"图库"→"图库转换"命令，弹出如图 6-80 所示的"图库转换"对话框，该对话框提供了"转换老 EB 图库文件"单选按钮和"转换新 EB 图库文件"单选按钮。选择两者之一，例如选择"转换老 EB 图库文件"单选按钮，单击"确定"按钮。接着弹出如图 6-81 所示的"打开旧版本主索引或小类索引文件"对话框，在选择转换类型时既可以选择"主索引文件(Index.sys)"选项也可以选择"图库索引文件(*.idx)"选项。

- 主索引文件(Index.sys)：将所用类型图库同时转换。
- 图库索引文件(*.idx)：对单一类型图库进行转换。

指定文件类型和文件后，单击"打开"按钮。

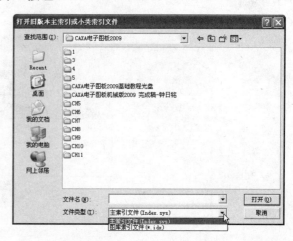

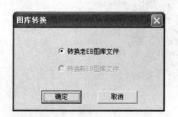

图 6-80 "图库转换"对话框   图 6-81 "打开旧版本主索引或小类索引文件"对话框

6.3.6 构件库

CAXA 电子图板提供了实用的构件库。所谓构件库是一种新的二次开发模块的应用形式，它在电子图板启动时自动载入，在电子图板关闭时自动退出。构件库的功能使用比普通的二次开发应用程序更为直观和方便。

在菜单栏中选择"绘图"→"构件库"命令，或者在功能区"常用"选项卡的"基本绘图"面板中选择"构件库"命令(见图 6-82)，系统弹出如图 6-83 所示的"构件库"对话框。在"构件库"对话框的"构件库"下拉列表框中可以选择已经存在的不同的构件库；在"选择构件"选项组中列出了所选构件库中的所有构件，当选中某一个所需要的构件时，在"功能说明"选项区中显示所选构件的简要功能说明；最后单击"确定"按钮。接着继续执行所选构件的相关操作。

图 6-82 选择"构件库"命令

【课堂范例】 使用构件库进行设计。

本范例的目的是使读者基本掌握使用构件会获得所需的图形结构。使用构件库进行设计的一般方法及步骤如下。

(1) 打开位于随书光盘 CH6 文件夹中的"BC_使用构件库练习.exb"文件，该文件中存在的原始图形如图 6-84 所示。

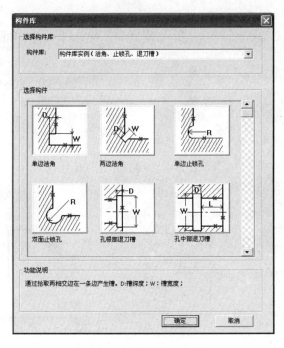

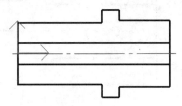

图 6-83　"构件库"对话框　　　　　　　　图 6-84　已有图形

(2) 在菜单栏中选择"绘图"→"构件库"命令，或者在功能区"常用"选项卡的"基本绘图"面板中选择"构件库"命令，打开"构件库"对话框。

(3) 在"构件库"下拉列表框中选择"构件库实例(洁角、止锁孔、退刀槽)"，在"选择构件"选项组中选择"孔中部圆弧退刀槽"构件，如图 6-85 所示。

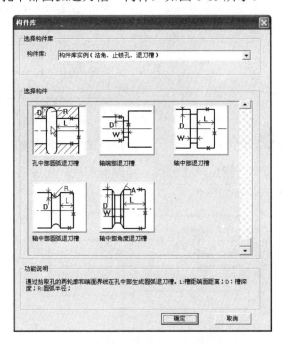

图 6-85　选择"孔中部圆弧退刀槽"构件

(4) 在"构件库"对话框中单击"确定"按钮。

(5) 在出现的立即菜单中分别设置"1.槽端距 L"、"2.槽深度 D"和"3.圆弧半径 R"值，设置结果如图 6-86 所示。

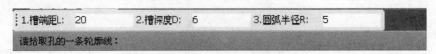

图 6-86　在立即菜单中设置相关参数值

(6) 系统提示拾取孔的一条轮廓线。在该提示下单击如图 6-87 所示的孔轮廓线 1。

(7) 系统提示拾取孔的另一条轮廓线。在该提示下单击如图 6-88 所示的轮廓线 2。

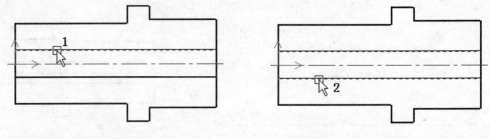

图 6-87　拾取孔的一条轮廓线　　　　　图 6-88　拾取孔的另一条轮廓线

(8) 系统提示拾取孔的端面线。在该提示下选择如图 6-89 所示的孔端面线。生成的孔中部圆弧退刀槽图形如图 6-90 所示。

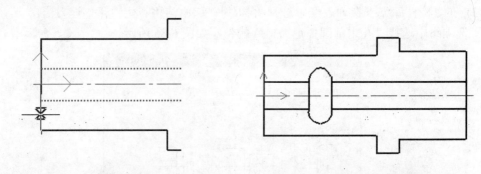

图 6-89　选择孔端面线　　　　　　图 6-90　完成孔中部圆弧退刀槽

(9) 将剖面线层设置为当前图层，在该层上绘制剖面线，完成的效果如图 6-91 所示。

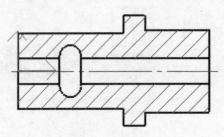

图 6-91　绘制的剖面线

6.4 插 入 图 片

在实际设计工作中，有时候需要在 CAD 图形中插入所需的光栅图像(简称图片)，例如需要插入图片作为底图、实物参考等。一个典型的应用就是插入图片来辅助进行 LOGO 设计。下面结合示例介绍选择图片插入到当前图形中作为参照。

(1) 在菜单栏中选择"绘图"→"图片"→"插入图片"命令，系统弹出"打开"对话框。

(2) 在"打开"对话框中选择文件类型，接着选择要插入的图片文件，如图 6-92 所示。然后单击"打开"按钮。

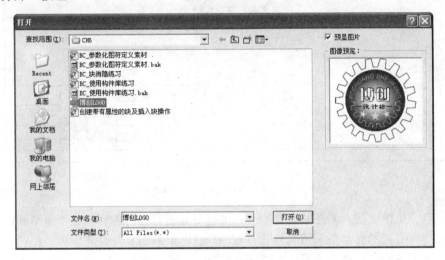

图 6-92 选择要插入的图片文件

(3) 系统弹出如图 6-93 所示的"图像"对话框。在该对话框中设置"路径与嵌入"选项，设置插入点、比例和旋转选项及参数，然后单击"确定"按钮。

图 6-93 "图像"对话框

(4) 由于之前选中了"插入点"选项组中的"在屏幕上指定"复选框，那么需要使用鼠标在屏幕上指定插入点位置来确定图片的放置位置，而比例和旋转由之前设定的参数确定。

在绘图中插入图片的结果如图 6-94 所示。

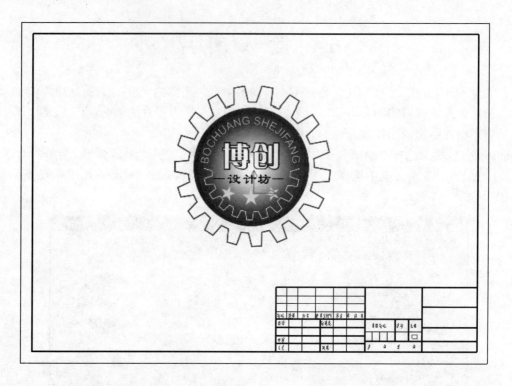

图 6-94　插入图片的结果

对于在电子图板中插入的图片文件而言，可以对其进行特性编辑、实体编辑和图片管理等操作。图片特性编辑的思路是利用特性选项板(即属性选项板)来查看并编辑图片的属性、几何信息等；图片实体编辑包括夹点编辑(平移和缩放)、平移、旋转、缩放、阵列、镜像、删除等操作，注意系统不支持诸如剪裁、过渡、齐边、打断、拉伸等曲线编辑操作用于图片编辑；图片管理是指通过统一的图片管理器设置图片文件的链接、保存路径等参数。在菜单栏中选择"绘图"→"图片"→"图片管理器"命令，系统弹出如图 6-95 所示的"图片管理器"对话框。单击该对话框中的"相对路径链接"和"嵌入图片"下方的相应单元格内的"是"或"否"即可进行修改。注意要使用相对路径链接则要求必须先将电子图板文件进行存盘。

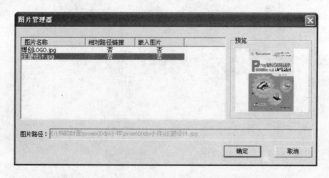

图 6-95　"图片管理器"对话框

6.5 本章小结

在设计工作中，要想成为一名 CAXA 电子图板的使用高手，应熟练理解图层应用，掌握块操作与图库操作等方面的高级应用。

本章首先介绍图层应用的知识，包括设置图层的属性、设置当前层、图层创建、图层改名、图层删除等方面的实用知识。这些知识能够帮助读者从对层模糊理解过渡到系统而深刻的理解和掌握。

接着介绍块操作知识点。在 CAXA 电子图板中，块是一种应用广泛的图形元素，是复合型的图形实体，可以由用户根据设计情况来定义。在块操作这部分内容中，介绍的知识有创建块、块消隐、属性定义、插入块、编辑块、块在位编辑和块的其他操作。

最后介绍的知识是库操作和插入图片。这部分内容包括图符提取、图符驱动、图符定义、图库管理、图库转换、构件库和插入图片。读者在学习这部分知识的时候，一定要掌握图符和图库的概念，以及了解图库在设计实践中的用途和应用技巧等。

通过本章的学习，读者的设计理解能力应得到一定程度的提升。

6.6 思考与练习

(1) 如何设置图层的属性？

(2) 如何新建一个图层？如果要将新建的图层删除，那么应该怎样操作？

(3) 简述块生成的典型方法与步骤。

(4) 如何设置块的线型和颜色？可以举例进行说明。

提示：在绘制好所需定义成块的图形后，选择这些图形，在其右键快捷菜单中选择"特性"命令，利用打开的属性选项板将线型和颜色均设置为 ByBlock。然后将图形生成块，生成块后，选择块并右击，选择"特性"命令，重新修改线型和颜色，完成后便可以看到刚才生成的块变为用户定义的线型和颜色。

(5) 如果块生成是逐级嵌套的，那么块打散也是逐级打散的吗？

(6) 什么是图符？什么是图库？

(7) 图符分为哪两种类型？如何定义这两种类型的图符？请举例说明。

(8) 如何理解构件库？比如构件库的概念和应用特点。

(9) 上机操作：绘制如图 6-96 所示的深沟球轴承(GB/T 276—1994 深沟球轴承 60000 型 03 系列，代号 633)，将其生成块，图中的尺寸只作制图参考，不用标注出来。

(10) 上机操作：绘制如图 6-97 所示的轴截面，并标注其中的 3 个尺寸，然后将该视图定义成参数化图符。

(11) 上机操作：绘制一根轴，要求使用构件库在该轴上应用"轴中部退刀槽"。轴的形状和具体尺寸由读者自由发挥。

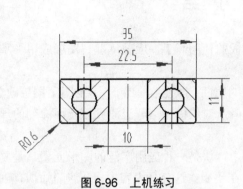

图 6-96　上机练习

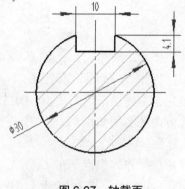

图 6-97　轴截面

第7章

图幅操作

本章导读：

完整的工程图纸还应该包括图纸幅面等内容。国标对机械制图的图纸大小是有规定的，例如标准的图纸大小规格有 A0、A1、A2、A3 和 A4 等。在 CAXA 电子图板中可以很方便地调用图纸幅面的相关设置，为制图带来极大的方便。

本章全面而系统地介绍图幅设置、图框设置、标题栏、零件序号和明细栏等方面的知识，最后给出了一个典型的图幅操作范例。

7.1 图幅设置

可以为一个图纸指定图纸尺寸、图纸比例、图纸方向等参数。在如图 7-1 所示的"图幅"工具栏中单击 (图幅设置)按钮，或者从如图 7-2 所示的"幅面"菜单中选择"图幅设置"命令，打开"图幅设置"对话框。

图 7-1 "图幅"工具栏

图 7-2 "幅面"菜单

利用"图幅设置"对话框，可以选择标准图纸幅面或自定义图纸幅面，另外也可以根据实际情况设置图纸比例和图纸方向，以及调入图框、标题栏或明细表等，如图 7-3 所示。

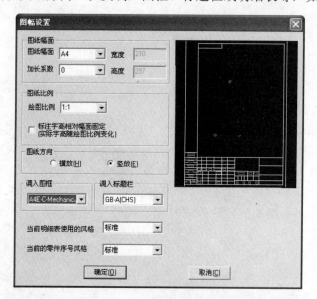

图 7-3 "图幅设置"对话框

下面介绍"图幅设置"对话框中各部分的功能含义。

1．"图纸幅面"选项组

在该选项组的"图纸幅面"下拉列表框中，可以选择 A0、A1、A2、A3 或 A4 标准图纸幅面选项，也可以选择"用户自定义"选项。当选择某一标准图纸幅面选项时，在"宽度"文本框和"高度"文本框中相应的显示该图纸幅面的宽度值和高度值，此时宽度值和高度值是锁定的；如果选择"用户自定义"选项时，则可以在"宽度"文本框中输入图纸幅面的宽度值，以及在"高度"文本框中输入图纸幅面的高度值。

对于选择的标准图纸幅面，如果需要，还可以通过在"加长系数"下拉列表框中选择系统提供的其中一种加长系数来定制加长版的图纸幅面。

2. "图纸比例"选项组

在该选项组的"绘图比例"下拉列表框中提供了国家标准规定的比例系列值，默认的绘图比例为 1：1。用户也可以在该框中通过键盘输入新的比例值。

如果选中"标注字高相对幅面固定"复选框，那么实际字高随绘图比例变化。

3. "图纸方向"选项组

在该选项组中，可以选中"横放"单选按钮或"竖放"单选按钮。

4. "调入图框"选项组

在该选项组的下拉列表框中可以选择系统提供的一种图框选项，如图 7-4 所示。当选择某一种图框选项时，该图框将自动显示在对话框的预显区内。

5. "调入标题栏"选项组

在该选项组的下拉列表框中可以选择系统提供的一种标题栏选项，如图 7-5 所示。当选择某一种标题栏选项时，该标题栏自动显示在对话框的预显区内。

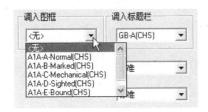

图 7-4　选择图框样式　　　　　　图 7-5　选择标题栏样式

6. 明细表样式与零件序号样式设置

在"当前明细表使用的风格"下拉列表框中单击 ▾(展开)按钮，展开该下拉列表，从中选择当前图纸的一种明细表样式。

在"当前的零件序号风格"下拉列表框中单击 ▾(展开)按钮，展开该下拉列表，从中选择当前图纸的一种序号样式。

下面介绍一个关于 A3 图幅设置的范例。

【课堂范例】 A3 图幅设置。

进行 A3 图幅设置的方法和步骤如下。

(1) 在"图幅"工具栏中单击 ▢(图幅设置)按钮，或者从"幅面"菜单中选择"图幅设置"命令，弹出"图幅设置"对话框

(2) 在"图纸幅面"选项组的"图纸幅面"下拉列表框中选择 A3，默认的加长系数为 0；在"图纸比例"选项组中设置绘图比例为 1：1，并可选中"标注字高相对幅面固定"复选框；在"图纸方向"选项组中选中"横放"单选按钮；在"调入图框"选项组的下拉列表框中选择 A3A-E-Bound[CHS]，在"调入标题栏"选项组的下拉列表框中选择 GB-A[CHS]，如

图 7-6 所示。

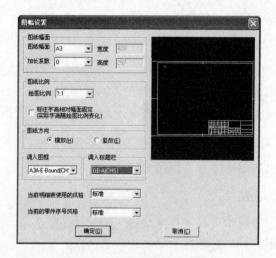

图 7-6 "图幅设置"对话框

(3) 在"图幅设置"对话框中单击"确定"按钮，设置的横向 A3 图幅如图 7-7 所示。

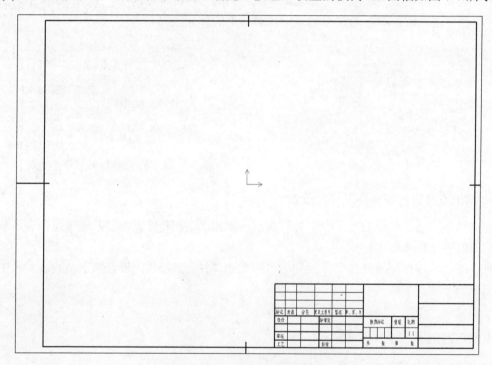

图 7-7 设置的 A3 横向图幅

7.2 图 框 设 置

在 CAXA 电子图板中，可以对图框进行调入、定义、存储、填写和编辑操作，这些命令位于"幅面"→"图框"级联菜单中。

7.2.1　调入图框

在菜单栏中选择"幅面"→"图框"→"调入"命令，或者在"图幅"工具栏中单击▣(调入图框)按钮，弹出如图 7-8 所示的"读入图框文件"对话框。

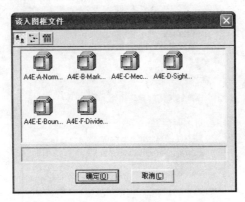

图 7-8　"读入图框文件"对话框

在"读入图框文件"对话框中列出了系统指定目录下的符合当前图纸幅面的标准图框或非标准图框的文件名。对话框中的▣▣▣这 3 个按钮用于设置图框文件在列表框中的显示样式。在对话框的列表框中选择当前制图所需要的图框，然后单击"确定"按钮，从而可以调入所选择的图框文件。

7.2.2　定义图框

用户可以自定义图框，即在绘制好构成图框的图形之后，可以将这些图形定义为图框。要求将图形中心点与系统坐标原点重合。通常需要将一些诸如描图、签字、底图总号等的属性信息附加到图框中，这些属性信息可以通过属性定义的方式添加到图框中。

在菜单栏中选择"幅面"→"图框"→"定义"命令，接着在"拾取元素"提示下拾取构成图框的图形元素，右击确认，然后在"基准点:"提示下指定基准点。通常选择图框的右下角作为基准点，该基准点可用来定位标题栏。指定基准点后系统弹出如图 7-9 所示的"保存图框"对话框，在下面的文本框中输入图框文件的名称，单击"确定"按钮即可。

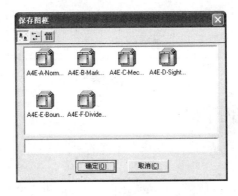

图 7-9　"保存图框"对话框

在 CAXA 电子图板中，如果所选图形元素的尺寸大小与当前图纸幅面不匹配，那么当用户指定图框的基准点后，系统将弹出如图 7-10 所示的"选择图框文件的幅面"对话框。"取系统值"按钮用于设置图框文件的幅面大小与当前系统默认的幅面大小一致；"取定义值"按钮用于设置图框文件的幅面大小为用户拾取的图形元素的最大边界大小。

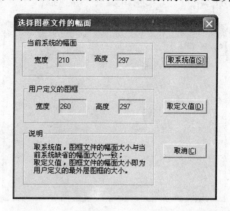

图 7-10　"选择图框文件的幅面"对话框

7.2.3　存储图框

可以将定义好的图框保存起来，以便在其他文件中调用。要存储图框，可在菜单栏中选择"幅面"→"图框"→"存储"命令，系统弹出如图 7-11 所示的"保存图框"对话框，其列表框列出了当前已有图框文件的文件名及图标。在文本框中输入要存储图框的文件名，然后单击"确定"按钮。系统图框文件的扩展名为.frm。该图框文件默认存储在软件安装目录下的 EB\SUPPORT 目录中。

图 7-11　"保存图框"对话框

7.2.4　填写图框与编辑图框

通常所指的填写图框是指填写当前图形中图框的属性信息。图框在定义时所选择的对象通常包含了属性定义。

要填写当前图框，可以在菜单栏中选择"幅面"→"图框"→"填写"命令，打开如图 7-12 所示的"填写图框"对话框，在属性名称后面的属性值单元格处进行填写和编辑。除了属性编辑，还可以进行文本设置和显示属性设置。完成后单击"确定"按钮。填写了部分属性值的图框效果如图 7-13 所示。

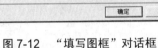

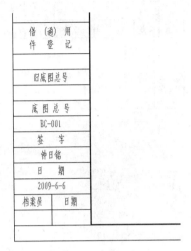

图 7-12　"填写图框"对话框　　　　图 7-13　填写图框的部分属性信息

由于图框是一个特殊的块，因此对图框的编辑操作是以块编辑的方式进行的。在菜单栏中选择"幅面"→"图框"→"编辑"命令，便可进入块编辑状态。

7.3　标　题　栏

在 CAXA 电子图板中，系统为用户预定义好多种标题栏。另外，用户可以自定义标题栏，并以文件的形式存储标题栏。本节首先介绍标题栏的组成，接着介绍调用标题栏、填写标题栏、定义标题栏和存储标题栏的实用知识。

7.3.1　标题栏组成

标题栏一般由更改区、签字区、名称及代号区和其他区 4 个区组成，也可以根据实际需要情况来增加或减少。

- 更改区：更改区中的内容由下而上顺序填写，可根据实际情况顺延，也可以将更改区放置在图样中的其他区域。放置在其他区域时应该绘制表头。通常更改区包含的内容有更改标记、处数、分区、更改文件号、签名和"年 月 日"。
- 签字区：签字区一般按设计、审核、工艺、标准化、批准等有关规定签署名字和日期。
- 名称及代号区：这部分主要包含单位名称、图样名称和图样代号。单位名称是指图样绘制单位的名称或单位代号；图样名称是指所绘制对象的名称；图样代号是指按有关标准或规定填写图样的代号。
- 其他区：主要包括材料标记、阶段标记、重量、比例和"共　张　第　张"这些编写区域。

图 7-14 所示的标题栏为国标推荐的标题栏样式之一。

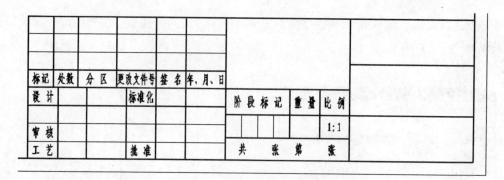

标记	处数	分区	更改文件号	签 名	年, 月, 日			
设 计			标准化			阶 段 标 记	重 量	比 例
								1:1
审 核								
工 艺			批 准			共 张	第	张

图 7-14　国标推荐的标题栏

7.3.2　调入标题栏

在菜单栏中选择"幅面"→"标题栏"→"调入"命令，或者在"图幅"工具栏中单击 ▦ (调入标题栏)按钮，弹出如图7-15所示的"读入标题栏文件"对话框。在对话框中从列出的已有标题栏文件名中选择一个所需要的，然后单击"确定"按钮，所选的标题栏便显示在图框的标题栏定位点位置处。如果之前屏幕上已经存在一个标题栏，那么新标题栏将替代原标题栏。

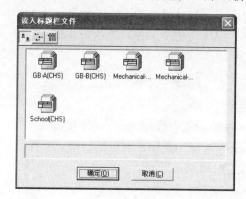

图 7-15　"读入标题栏文件"对话框

7.3.3　填写标题栏

在 CAXA 电子图板中填写定义好的标题栏是很方便的。可以按照以下方法填写调用的标题栏。

(1) 在菜单栏中选择"幅面"→"标题栏"→"填写"命令，弹出如图7-16所示的"填写标题栏"对话框。该对话框具有 3 个选项卡，即"属性编辑"选项卡、"文本设置"选项卡和"显示属性"选项卡。"属性编辑"选项卡主要用于填写属性名称的属性值；"文本设置"选项卡用于为标题栏指定项目(字段元素)设置其文本的对齐方式、文本风格、字高和旋转角；"显示属性"选项卡用于为指定项目设置其所在的层和显示颜色。

(2) 在"填写标题栏"对话框的相应"属性值"单元格中分别填写相关的内容，如填写单位名称、图纸名称、图纸编号(图纸代号)、材料名称、页码、页数和其他内容等。如果选中"自动填写图框上的对应属性"复选框，则可以自动填写图框中与标题栏相同字段的属性信息。

(3) 单击"确定"按钮。

图 7-16　"填写标题栏"对话框

7.3.4　定义标题栏

可以将已经绘制好的图形和文字定义为标题栏，即允许用户自定义标题栏。相关的属性信息可以通过属性定义的方式加入到标题栏中。

定义标题栏的典型方法和步骤如下。

(1) 在菜单栏中选择"幅面"→"标题栏"→"定义"命令。

(2) 选择组成标题栏的图形元素(包括直线、文字、属性定义等)，拾取好所有图形元素后右击。

(3) 拾取标题栏的右下角点作为标题栏的基准点，系统弹出如图 7-17 所示的"保存标题栏"对话框。

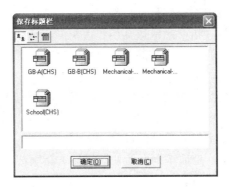

图 7-17　"保存标题栏"对话框

(4) 在"保存标题栏"对话框中输入所需的名称，然后单击"确定"按钮。

7.3.5　存储标题栏

可以将当前图纸中已有的标题栏保存起来，便于以后在需要时调用。

在菜单栏中选择"幅面"→"标题栏"→"存储"命令，打开如图 7-18 所示的"保存标题栏"对话框。在该对话框底部的文本框中输入要存储标题栏的名称，然后单击"确定"按钮，即可将该新标题栏文件存储在默认的目录(软件安装目录下的 EB\SUPPORT 目录)下，文件扩展名为.hdr。

图 7-18 "保存标题栏"对话框

7.4 零件序号

在装配图设计中,可以根据设计要求来注写零部件的序号。在 CAXA 电子图板中,绘制装配图及编制零件序号是比较方便的。

在本节中,首先介绍零件序号的编排规范,然后介绍创建序号、编辑序号、交换序号、删除序号和设置序号样式的方法。

7.4.1 零件序号的编排规范

零件序号的编排规范如下。

- 相同的零件、部件使用一个序号,一般只标注一次。
- 指引线用细实线绘制,指引线应该从所指可见轮廓内引出,并在末端绘制一个圆点。如果所指部分是很薄的零件或是涂黑的剖面,轮廓内部不宜绘制圆点时,可以在指引线的末端绘制出箭头,箭头指向该部分的轮廓。
- 将序号写在用细实线绘制的横线上方,也可以将序号写在用细实线绘制的圆内,另外也可以直接将序号写在指引线的附近。要求在同一装配图中,编号形式和注写形式一致。序号的字高比图中尺寸数字的高度大一号或两号。
- 各指引线不允许相交。当通过剖面线的区域时,指引线不得与剖面线平行。指引线可绘制成折线形式,但只可折一次。
- 一组紧固件或装配关系清楚的零件组,可以采用公共指引线。
- 编写序号时,按顺时针方向或逆时针方向,直线排列,顺次编写。
- 可按照装配图明细栏(表)中的序号排列。采用此方法注写零件序号时,应该尽量在每个平行或垂直方向上顺次排列。

7.4.2 创建序号

创建序号,也称生成零件序号,或简称生成序号。生成零件序号与当前图形中的明细栏联动,允许在生成序号的同时,填写或不填写明细栏中的各表项。

需要注意的是，对于从图库中提取的标准件或含属性的块，在注写零件序号的时候，系统自动将块属性中与明细栏表头对应的属性填入。

下面介绍创建序号的实用操作知识。

在菜单栏中选择"幅面"→"序号"→"生成序号"命令，或者在"图幅"工具栏中单击 $\frac{12}{\sqrt{}}$ (生成序号)按钮，打开如图 7-19 所示的立即菜单。设置好立即菜单的相关内容，接着根据提示来输入引出点和转折点，从而创建序号。

图 7-19 用于生成序号的立即菜单

下面介绍该立即菜单中出现的各主要选项的功能含义。

- "序号"：在该框中显示了当前要编写的零件序号值。用户可以更改该零件序号值，或输入前缀加数值。如果要使注写的零件序号带有一个圆圈(加圈形式的零件序号)，那么可以通过"序号"框为序号数值加前缀"@"符号或"$"符号。加圈形式标注的零件序号示例如图 7-20 所示。零件序号的前缀具有如表 7-1 所示的规则。

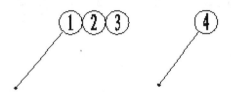

图 7-20 加圈形式标注的零件序号

表 7-1 零件序号的前缀规则

序 号	第一位符号(前缀)	规则说明
1	第一位符号为"~"	序号及明细表中均显示为六角
2	第一位符号为"!"	序号及明细表中均显示有小下划线
3	第一位符号为"@"	序号及明细表中均显示为圈
4	第一位符号为"#"	序号及明细表中均显示为圈下加下划线
5	第一位符号为"$"	序号显示为圈，明细表中显示没有圈

知识点拨 1

在进行零件序号设置操作的过程中，系统会根据设置的当前零件序号值来判断是生成新的零件序号还是在已标注的零件序号中插入序号。默认时系统会根据当前序号自动生成下次标注时的序号值，默认的序号值等于前一序号值加 1。如果输入的序号值只有前缀而无数字值，那么系统根据当前序号情况生成新序号，新序号值为当前前缀的最大值加 1。如果输入序号值与已有序号相同，那么系统会弹出如图 7-21 所示的"注意"提示框。若单击"插入"按钮则插入一个新序号，在此序号后的其他相同前缀的序号依次顺延；如果单击"取重号"按钮，则生成与已有序号重复的序号；如果单击"自动调整"按钮，则在已有序号基础上顺延生成一个新序号；如果单击"取消"按钮，则使输入序号无效，需要重新生成序号。

图 7-21 "注意"提示框

知识点拨2

　　如果设置的新序号大于已有的最大序号+1，例如设置的新序号为9，而已有的最大序号为6，那么系统会弹出如图7-22所示的"CAXA电子图板"对话框来提示用户注意序号不连续，并引导用户单击"是"按钮或"否"按钮来解决问题。

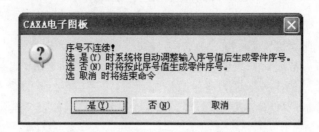

图 7-22 提示序号不连续

- "数量"：表示份数。若数量大于1，那么采用公共指引线形式来表示，如图7-23(a)所示。
- "水平"/"垂直"：用于设置零件序号水平或垂直的排列方向。例如，采用"垂直"选项时，零件序号垂直排列方式如图7-23(b)所示。
- "由内至外"/"由外至内"：这两个选项用于设置零件序号标注方向。如图7-23(c)所示为由外至内排序的注写效果。

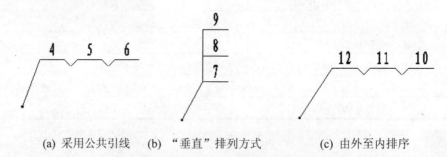

(a) 采用公共引线　　(b) "垂直"排列方式　　(c) 由外至内排序

图 7-23 零件序号注写示例

- "生成明细表"/"不生成明细表"：用于设置是否生成明细表。当选择"生成明细表"时，还可以在下一项列表框中设置为"填写"选项或"不填写"选项。"填写"选项用于在标注完当前零件序号时即时填写明细栏(系统将弹出如图7-24所示的"填写明细表"对话框来供用户填写明细表)；而"不填写"选项用于在标注完当前零件序号时不填写明细栏，待到以后利用明细栏的填写表项或读入数据等方法填写。

图 7-24　"填写明细表"对话框

7.4.3　编辑序号

使用菜单栏中的"幅面"→"序号"→"编辑"命令，可以修改选定的零件序号的位置。编辑序号的示例如图 7-25 所示，图(a)为编辑前的情形，图(b)为只修改序号引出点位置的情形，图(c)为只修改序号转折点位置的情形。

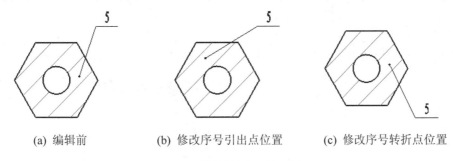

(a) 编辑前　　　　　　(b) 修改序号引出点位置　　　　(c) 修改序号转折点位置

图 7-25　编辑零件序号的示例

编辑序号的典型步骤如下。

(1) 在菜单栏中选择"幅面"→"序号"→"编辑"命令。

(2) 系统出现"请拾取零件序号"的提示。在该提示下拾取要编辑的序号。

(3) 根据鼠标在序号上拾取的位置不同，系统给出修改序号引出点位置或转折点位置的判断。

● 如果拾取的是序号的引出线，那么要编辑的是序号引出线及引出线位置。

● 如果拾取的是序号的序号值，此时出现的立即菜单和系统提示如图 7-26 所示，用户可以利用立即菜单设置序号的排列方向(水平或垂直)和标注方向(由内至外排序或由外至内排序)，以及编辑转折点和序号的位置。

图 7-26　系统提示与立即菜单

(4) 右击，结束编辑序号操作。

7.4.4 交换序号

交换序号是指交换序号的位置，并根据设计需要来交换明细表的相关内容。交换序号的典型方法和步骤如下。

(1) 在菜单栏中选择"幅面"→"序号"→"交换"命令。

(2) 系统出现如图 7-27 所示的立即菜单，并提示用户拾取零件序号。在该立即菜单第 1 项下拉列表框中，可以选择"仅交换选中序号"或"交换所有同号序号"；在第 2 项下拉列表框中可以选择"交换明细表内容"或"不交换明细表内容"。

图 7-27　用于交换序号的立即菜单及系统提示信息

这里以在第 1 项下拉列表框中选择"仅交换选中序号"和在第 2 项下拉列表框中选择"交换明细表内容"为例。

(3) 拾取第一个零件序号，接着拾取第二个零件序号，则这个零件的序号发生了更换，其明细表内容也根据设置要求发生了更换。

如果拾取的要交换的序号为连续标注的序号组，那么系统会弹出如图 7-28 所示的"请选择要交换的序号"对话框，让用户从中选择要交换的一个序号。

图 7-28　"请选择要交换的序号"对话框

7.4.5 删除序号

可以根据设计情况在已有的序号当中删除不再需要的序号。删除序号的典型方法和步骤如下。

(1) 在菜单栏中选择"幅面"→"序号"→"删除"命令。

(2) 系统提示拾取零件序号。使用鼠标拾取要删除的序号，该序号便被即时删除。使用删除序号的命令时，没有重名的序号一旦被删除，那么其在明细栏中的相应表项也随之被删除。

执行上述删除序号的命令操作时，需要注意以下事项。

● 如果多个序号具有共同指引线，那么要特别注意拾取对象的位置：若拾取位置为序号，则删除被拾取的序号；若拾取其他部位，则删除整个序号结点，即一起删除这些具有共同指引线的多个序号。

● 如果删除的序号为中间序号，那么系统删除该序号后，自动将该项以后的序号值按顺序减 1，从而保持序号的连续性。

7.4.6　设置序号样式

序号样式设置主要是指根据设计要求对序号的标注形式进行设置。特别需要提醒用户的
是，在一张装配图中，零件序号的标注形式应该尽量统一。

在菜单栏中选择"格式"→"序号"命令，打开如图 7-29 所示的"序号风格设置"对话
框。在该对话框中可以新建序号风格、删除指定的自定义序号风格、设置当前序号风格、合并
序号风格、编辑指定序号风格的相关参数(包括序号基本形式和符号尺寸控制参数)。下面介绍
"序号基本形式"选项卡和"符号尺寸控制"选项卡的功能含义。

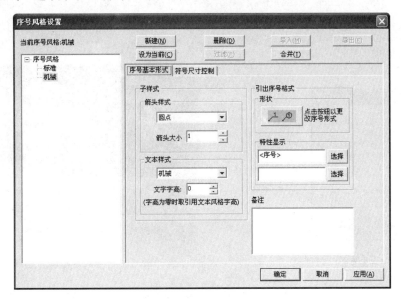

图 7-29　"序号风格设置"对话框

1. 序号基本形式

在"序号基本形式"选项卡中可以设置序号的箭头样式、文本样式、形状、特性显示和
备注。

- 箭头样式：在"箭头样式"下拉列表框中选择不同的箭头形式定义引出点类型，如"无"、
  "圆点"、"箭头"、"斜线"、"空心箭头"、"空心箭头(消隐)"和"直角箭头"
  等，还可以设置相关箭头的箭头大小。图 7-30 给出了两种引出点类型。

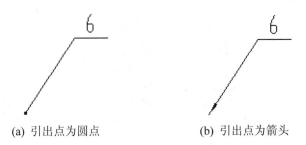

(a) 引出点为圆点　　　　　　(b) 引出点为箭头

图 7-30　序号引出点的两种类型

- 文本样式：在"文本样式"选项组中选择序号中文本的样式，以及设置文字高度，当字高为零时取引用文本风格字高。
- 序号形状：在"形状"选项组中单击  或 按钮来选择序号的形状。
- 特性显示："特性显示"选项组用于设置序号显示产品的各个属性。用户可以单击"选择"按钮并利用如图 7-31 所示的"特性选择"对话框进行可用特性字段的选择，当然也可以直接在输入框中输入。

2. 符号尺寸控制

切换到"符号尺寸控制"选项卡，如图 7-32 所示。在该选项卡中可以设置横线长度、圆圈半径、垂直间距、六角形内切圆半径，还可以设置是否压缩文本。

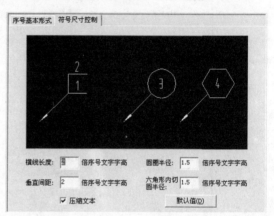

图 7-31 "特性选择"对话框　　　　图 7-32 "符号尺寸控制"选项卡

7.5 明　细　栏

明细栏(明细表)是装配图中的一项信息栏，它与零件序号联动。在菜单栏的"幅面"→"明细表"级联菜单中提供了用于明细表操作的相关实用命令，如图 7-33 所示。

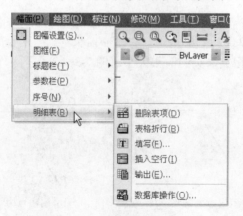

图 7-33 "明细表"级联菜单

7.5.1　明细栏组成

明细栏一般配置在装配图标题栏的上方，按由下而上的顺序填写。当标题栏上方的位置不够时，可紧靠标题栏的左边延续。当有两张或两张以上同一图样代号的装配图时，应该将明细栏放在第一张装配图上。如果在装配图上不便绘制明细栏，那么可以在一张 A4 幅面上单独绘制明细栏，填写顺序由上而下延续。可以根据需要省略部分内容的明细栏。对于大型的装配项目，可以继续加页，但在每页明细栏的下方都要绘制标题栏，并在标题栏中填写一致的名称和代号。

明细栏的表头内容一般是序号、代号、名称、数量、材料、重量(单件、总计)、分区和备注等。在实际工作中，可根据不同的设计场合或情况，适当增加或减少内容。

- 序号：对应图样中标注的序号。
- 代号：图样中相应组成部分的图样代号或标准号。
- 名称：填写图样中相应组成部分的名称，根据需要也可写出其型式与尺寸。
- 数量：图样中相应组成部分在装配中所需要的数量。
- 材料：图样中相应组成部分的材料标记。
- 重量：图样中相应组成部分单件和总件数的计算重量。一般以千克为计量单位时，允许不标出其计量单位。
- 分区：为了方便查找相应组成部分，按照规定将分区代号填写在备注栏中。
- 备注：填写该项的附加说明或其他有关的内容。

7.5.2　定制明细栏样式

在工程制图中需要选用合适的明细表样式。在 CAXA 电子图板中，可以定制所需的明细栏样式，定制的内容包括定制表头、颜色与线宽设置、文字设置等。

在菜单栏中选择"格式"→"明细表"命令，打开如图 7-34 所示的"明细表风格设置"对话框，从中进行明细表风格设置。

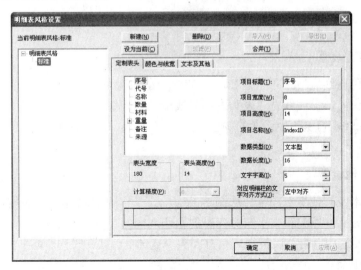

图 7-34　"明细表风格设置"对话框

1. 定制表头

选定明细表风格后，切换到"定制表头"选项卡，此时可以按照需要增删和修改明细表的表头内容。

在表项名称列表框中列出了当前明细表的所有明细表的表头字段及其内容。单击其中的一个字段，接着可以修改这个字段的参数，这些参数包括项目名称、项目宽度、表项别名、数据类型、数据长度、文字字高及文字对齐方式等。

> **操作技巧**
>
> 在"定制表头"选项卡的表头表格中单击相应的单元格，可以选中表头该单元格对应的字段，如图 7-35 所示。单击从左算起的第 3 个单元格，则选中"名称"字段，此时可以修改该字段的参数，如修改其项目标题、项目宽度、项目高度、项目名称、数据类型、数据长度、文字字高和文字对齐方式。

在"定制表头"选项卡的表项名称列表框中右击，则弹出如图 7-36 所示的快捷菜单，利用该快捷菜单可以为表头添加项目、添加子项、删除项目和编辑项目。

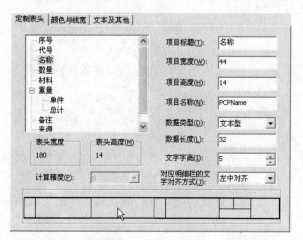

图 7-35　定制表头

图 7-36　定制表头菜单

2. 颜色与线宽设置

切换至"颜色与线宽"选项卡，如图 7-37 所示，可以设置明细表各种线条的线宽(包括表头外框线宽、表头内部横线线宽、表头内部竖线线宽、明细栏外框线宽、明细栏内部横线线宽和明细栏内部竖线线宽)和各种元素的颜色(包括文本颜色、表头线框颜色、明细栏横线颜色和明细栏竖线颜色)。

3. 文本及其他设置

切换至"文本及其他"选项卡，如图 7-38 所示。利用该选项卡可以设置明细栏文本外观、明细栏高度、表头文本外观和文字左对齐时的左侧间隙等参数。如果需要明细表折行后仍然显示表头，那么需要选中"明细表折行后仍有表头"复选框。默认时，"明细表折行后仍有表头"复选框处于未选中状态。

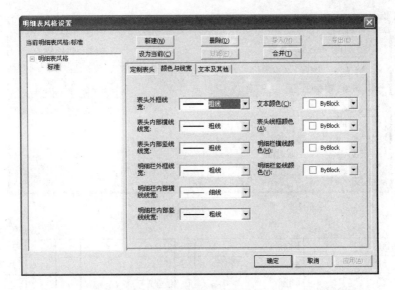

图 7-37 设置颜色与线宽

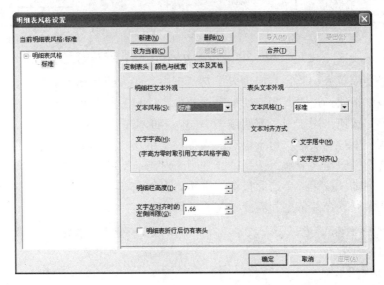

图 7-38 "文本及其他"选项卡

7.5.3 填写明细表

在绘图区生成明细表后，可以根据设计要求，在菜单栏中选择"幅面"→"明细表"→"填写"命令，或者在"图符"工具栏中单击 **T** (填写明细表)按钮，打开"填写明细表"对话框。利用该对话框可以很方便地填写相关的表格单元格。例如，在序号 1 对应的"代号"单元格中输入"BC-100"，在其"名称"单元格中输入"异型垫片"，在其"数量"单元格中输入"1"，在其"材料"单元格中输入"Q235-A"。使用同样的填写方法填写其他序号对应的内容，如图 7-39 所示。

利用"填写明细表"填写好相关内容后，单击"确定"按钮。图 7-40 为某明细栏填写的结果。

图 7-39 填写明细表

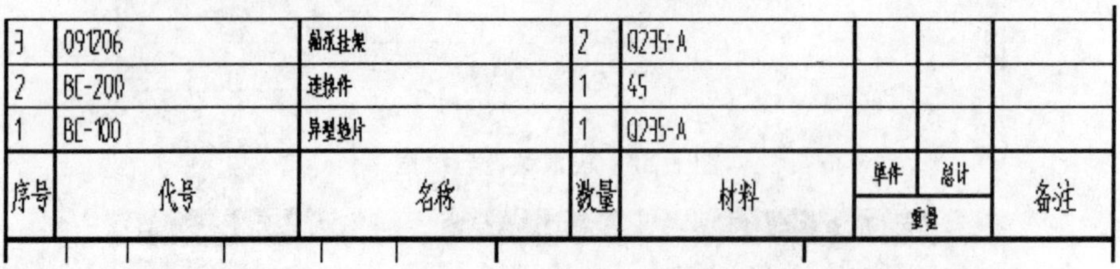

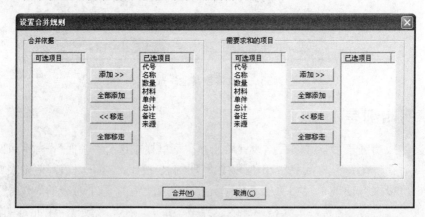

图 7-40 完成部分填写的明细栏

在这里有必要简单介绍"填写明细表"对话框中一些按钮和选项的功能含义。

- "查找"按钮：用于对当前明细表中的内容信息进行查找操作。
- "替换"按钮：用于对当前明细表中的内容信息进行替换操作。
- "插入"下拉列表框：用于快速插入各种文字及特殊符号。
- "合并"按钮与"分解"按钮：分别用于对当前明细表中的表行进行合并和分解。
- "合并规则"按钮：单击此按钮，系统弹出如图 7-41 所示的"设置合并规则"对话框，从中设置合并依据和需要求和的项目。

![设置合并规则对话框]

图 7-41 "设置合并规则"对话框

- "计算重计(重)"按钮：单击此按钮，系统弹出如图 7-42 所示的"计算总计(重)"对话框，选择总计、单件和数量的列，设置计算精度和后缀是否零压缩，然后单击"计算"按钮即可。

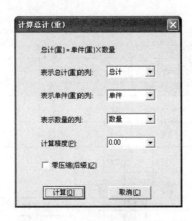

图 7-42　"计算总计(重)"对话框

● "自动填写标题栏总重"复选框：选中此复选框时，则将当前明细表所有零件的总量自动填写到标题栏对应的字段中。

7.5.4　删除表项

删除表项是指从当前已有的明细表中删除某一行，删除表项会把其表格及项目内容全部删除，相应的零件序号也被删除，则装配图中的序号重新排列。

要删除表项，应执行如下典型操作。

(1) 在菜单栏中选择"幅面"→"明细表"→"删除表项"命令。

(2) 系统提示拾取表项。如果只是拾取明细表某一表项的序号，那么系统删除该零件序号所在的行，同时该序号以后的序号将自动重新排列。如果直接在明细栏表头行单击，那么系统弹出如图 7-43 所示的"CAXA 电子图板"提示框，提示这样操作将删除所有的零件序号和明细栏。如果要继续，单击"是"按钮；如果要取消，则单击"否"按钮。

图 7-43　"CAXA 电子图板"提示框

7.5.5　表格折行

表格折行是指将已存在的明细表的表格在所需要的位置处向左或向右转移(相关的表格及项目内容一并转移)。

例如，要将如图 7-44 所示的明细表进行表格折行处理，可以按照以下方法和步骤进行操作。

(1) 在菜单栏中选择"幅面"→"明细表"→"表格折行"命令。

(2) 出现的立即菜单和提示信息如图 7-45 所示。在该立即菜单第 1 项下拉列表框中可以选择"左折"、"右折"或"设置折行点"。这里选择"左折"。

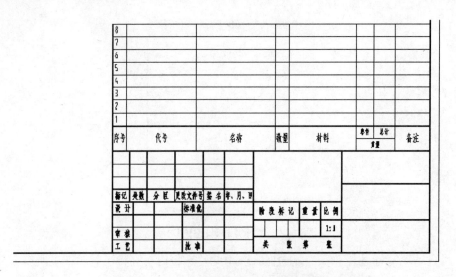

图 7-44　未折行前的明细栏

图 7-45　立即菜单和系统提示信息

(3) 使用鼠标在已有的明细表中拾取要折行的表项，在此例中选择序号为 4 的行表项，则该表项以上的表项(包括该表项)及其内容全部移到明细表的左侧，如图 7-46 所示。

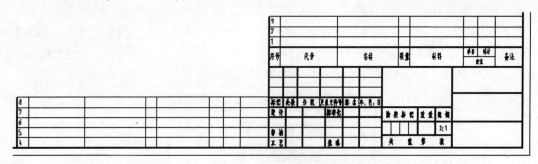

图 7-46　明细表左折

(4) 右击结束该命令操作。

7.5.6　插入空行

可以在现有明细表中插入一个空白行。插入空行的方法和步骤如下。

(1) 在菜单栏中选择"幅面"→"明细表"→"插入空行"命令。

(2) 在现有明细表中拾取所需的表项，则可以在拾取的表项处插入一个空白行，如图 7-47 所示。

(3) 可以继续拾取表项插入新空白行。

(4) 右击结束命令操作。

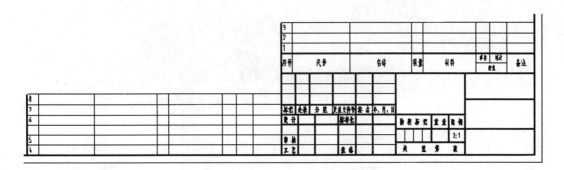

图 7-47　插入空白行

7.5.7　输出明细表

输出明细表是指按照给定参数将当前图形中的明细表数据信息输出到单独的文件中。

在菜单栏中选择"幅面"→"明细表"→"输出"命令，弹出如图 7-48 所示的"输出明细表设置"对话框。在该对话框中，可以根据需要设置输出的明细表文件是否带有图框，是否输出当前图形文件中的标题栏，是否显示当前图形文件中的明细表，是否自动填写页数和页码，以及设置表头中填写输出类型的项目名称，指定明细表的输出类型，设定输出明细表文件中明细表项的最大数目等。完成输出明细表设置后，单击"输出"按钮，弹出如图 7-49 所示的"读入图框文件"对话框。

在"读入图框文件"对话框中选择所需要的图框文件，单击"确定"按钮。紧接着在弹出来的"浏览文件夹"对话框中选择所需目录，然后单击"确定"按钮，即可在该目录下生成一个文件。

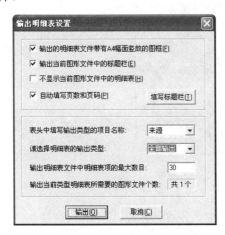

图 7-48　"输出明细表设置"对话框

图 7-49　"读入图框文件"对话框

7.5.8　数据库操作

明细表的数据可以与外部的数据文件关联，这些数据既可以从外部数据文件读入，也可以输出到外部的数据文件中，系统支持的数据文件格式为*.mdb 和*.xls。

在菜单栏中选择"幅面"→"明细表"→"数据库操作"命令，系统弹出如图 7-50 所示的"数据库操作"对话框。在"功能"选项组中提供了3种功能选项，即"自动更新设置"、"输出数据"和"读入数据"。

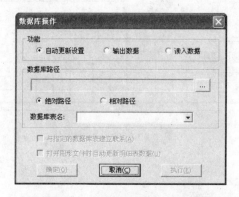

图 7-50　"数据库操作"对话框

在"功能"选项组中选择"自动更新设置"单选按钮时，可以设置明细表与外部数据文件关联。单击 □ (浏览)按钮可以选择数据文件，接着选择"绝对路径"或"相对路径"单选按钮，在"数据库表名"下拉列表框中指定所选数据文件的表名，然后可以根据需要来决定"与指定的数据库表建立联系"复选框和"打开图形文件时自动更新明细表数据"复选框的选中状态。

在"功能"选项组中选择"输出数据"单选按钮时，如图 7-51 所示，接着指定数据库路径和数据库表名，然后单击"确定"按钮或"执行"按钮即可。

在"功能"选项组中选择"读入数据"单选按钮时，接着设置要读入的数据文件，然后单击"确定"按钮或"执行"按钮即可。

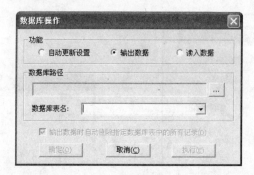

图 7-51　选择"输出数据"单选按钮

7.6　图幅操作范例

本节介绍一个典型的图幅操作范例。首先绘制如图 7-52 所示的图形(包含标注项目在内)，本书同时提供了该原始图形素材。

本图幅操作范例具体的操作步骤如下。

(1) 打开随书光盘 CH7 文件夹中提供的"BC_图幅操作范例.exb"文件。

(2) 设置图纸幅面。

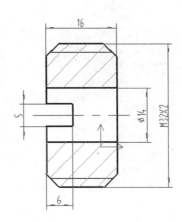

图 7-52　原始图形

在"图幅"工具栏中单击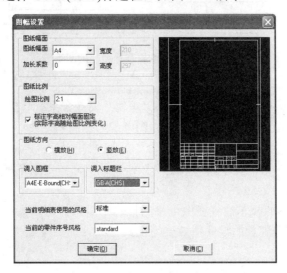(图幅设置)按钮，或者从"幅面"菜单中选择"图幅设置"命令，打开"图幅设置"对话框。在该对话框中，选择图纸幅面为 A4，加长系数为 0，绘制比例为 2:1，选中"标注字高相对幅面固定"复选框，在"图纸方向"选项组中选择"竖放"单选按钮，在"调入图框"选项组的下拉列表框中选择 A4E-E-Bound(CHS)图框，在"调入标题栏"选项组的下拉列表框中选择 GB-A(CHS)标题栏，如图 7-53 所示。

图 7-53　图幅设置

在"图幅设置"对话框中单击"确定"按钮。此时，具有图框和标题栏的图纸幅面被添加到绘图区,如图 7-54 所示。

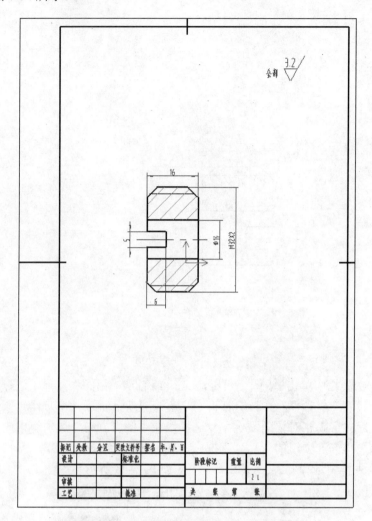

图 7-54 添加具有图框和标题栏的图纸幅面

(3) 填写标题栏。

在菜单栏中选择"幅面"→"标题栏"→"填写"命令,系统弹出"填写标题栏"对话框。在该对话框中分别填写单位名称、图纸名称、图纸编号、材料名称、页码和页数等的属性值,如图 7-55 所示。

在"填写标题栏"对话框中单击"确定"按钮,此时系统更新了标题栏数据,即完成标题栏的填写工作,结果如图 7-56 所示。

(4) 如果对零件视图或技术注释在图纸中的位置不满意,可以执行"平移"命令来进行适当的位置调整,直到获得满意的零件图效果为止。

图 7-55　填写标题栏的相关内容

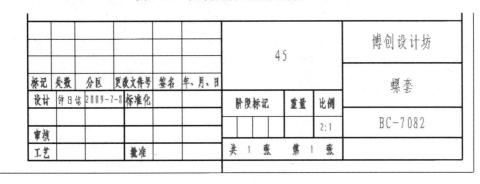

图 7-56　填写标题栏的结果

7.7　本章小结

本章重点介绍了图幅操作的实用知识。在 CAXA 电子图板中，可以调用满足国家标准的图纸幅面及相应的图框、标题栏和明细栏，同时也允许用户根据情况自定义图幅、图框等，并可以将这些定义的图幅和图框制成模板文件，以供在设计工作中调用。

用于图幅操作的命令位于菜单栏的"幅面"菜单中。用户需要认真掌握该菜单中的各命令，同时也要熟悉"图幅"工具栏中的相应工具按钮。

本章首先介绍图幅设置，接着层次分明地介绍图框设置、标题栏操作、零件序号和明细栏操作等内容，最后介绍了一个典型的图幅操作范例。在"图框设置"一节中，介绍了调入图框、定义图框、存储图框、填写图框和编辑图框的实用知识；在"标题栏"一节中，重点介绍了标题栏组成、调入标题栏、填写标题栏、定义标题栏和存储标题栏的知识；在"零件序号"部分，讲解零件序号的编排规范、创建序号、编辑序号、交换序号、删除序号和设置序号样式等内容；在"明细栏"一节中，对明细栏组成、定制明细栏样式、填写明细表、删除表项、表格折行、插入空行、输出明细表和明细栏数据库操作等内容进行深入浅出的讲解。

本节在介绍相关内容时，为了描述的简洁，一般只是从菜单栏或工具栏中选择所需的图幅操作命令。用户也可以切换到另一个新界面，打开功能区的"图幅"选项卡，从相应的面板中选择相应的命令工具，如图 7-57 所示。"图幅"选项卡上集中了"图幅"、"图框"、"标题栏"、"参数栏"、"序号"和"明细表"等面板。

图 7-57　"图幅"选项卡

7.8　思考与练习

(1) 如何进行 A3 横向的图幅设置？(要求具有国家标准推荐的一种图框和标题栏)

(2) 如何调用图框？

(3) 标题栏主要包括哪些内容？在 CAXA 电子图板中如何进行标题栏的填写工作？

(4) 零件序号的编排规范主要有哪些内容？

(5) 在一个装配图中，如何创建零件序号？如果需要对零件序号进行编辑，应该如何处理？

(6) 明细栏主要包括哪些内容？如何填写明细栏？

(7) 课外学习任务：认识参数栏。电子图板的参数栏功能包括参数栏的调入、定义、保存、填写和编辑几个部分，功能和标题栏等类似。请通过帮助文件学习参数栏的相关知识。

说明：典型的参数栏为填写齿轮参数表等各种表格，CAXA 电子图板机械版 2009 可以对定义好的参数栏进行填写、编辑、存储和调入等操作。

(8) 在装配图中，如何对明细栏的表格进行折行处理(即表格折行)？

(9) 上机操作：绘制图形(尺寸可参照相关资料的推荐值)并将其定义成标题栏，完成的自定义标题栏如图 7-58 所示。

制图		（图纸名称）	（图纸比例）
校核			（材料）
博创设计坊		（图纸代号）	

图 7-58　定制标题栏

(10) 如果要将明细栏(明细表)中的数据输出到 Excel 中，应该如何操作？

操作提示：选择明细栏(明细表)后右击，从快捷菜单中选择"输出数据"命令，然后在弹出的对话框中进行相关设置即可。

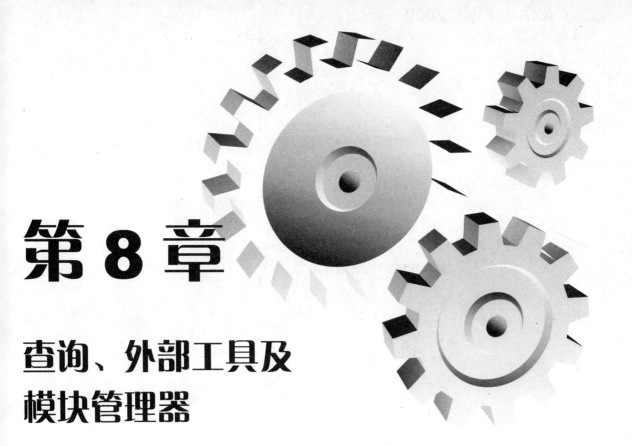

第 8 章

查询、外部工具及
模块管理器

本章导读：

在 CAXA 电子图板中还提供了许多其他的实用功能和工具，例如本章所要介绍的系统查询功能、外部工具和应用程序管理器。通过本章的学习，读者将掌握更多的实用功能，从而扩展自己的实战应用思路和技能。

8.1 系 统 查 询

在 CAXA 电子图板中，系统不但提供了属性查看的功能，还提供了非常实用的查询功能，即可以精确地查询点的坐标、两点距离、角度、元素属性、周长、面积、重心和惯性距等，并可以将查询结果保存到指定的文件中。

系统查询的相关命令位于菜单栏的"工具"→"查询"级联菜单中，如图 8-1(a)所示；在功能区"工具"选项卡的"查询"面板中也集中了查询工具，如图 8-1(b)所示。下面介绍这些查询命令/工具的应用方法。

(a) "查询"级联菜单　　　　　　(b) "查询"面板

图 8-1　查询功能

8.1.1　点坐标

查询点坐标的操作方法和步骤如下。

(1) 在菜单栏中选择"工具"→"查询"→"坐标点"命令。

(2) 系统提示拾取要查询的点。由用户使用鼠标在图形中拾取所要查询的点，选中后该点用红色标记。用户可以继续拾取其他点，拾取完毕后右击来确认。

(3) 系统弹出如图 8-2 所示的"查询结果"对话框，在该对话框中按照拾取点的顺序列出所有拾取点的坐标值。如果单击"保存"按钮，则弹出"另存为"对话框，从中可以将该查询结果存入到指定的文本文件中，供以后参考使用。如果不想保存查询结果，则可在"查询结果"对话框中单击"关闭"按钮。

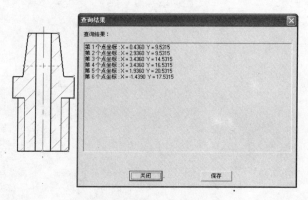

图 8-2　查询点坐标的结果

在实际设计中，结合工具点菜单或点捕捉设置状态列表框(用于设置"自由"、"智能"、"栅格"或"导航"捕捉模式)可以精确查询特定位置点的坐标。

8.1.2　两点距离

查询两点距离的操作方法和步骤如下。

(1) 在菜单栏中选择"工具"→"查询"→"两点距离"命令。

(2) 拾取第 1 点，接着拾取第 2 点。拾取两点后，系统弹出如图 8-3 所示的"查询结果"对话框，在该对话框中列出了被查询两点间的距离以及第 2 点相对于第 1 点的 X 轴和 Y 轴上的增量等。

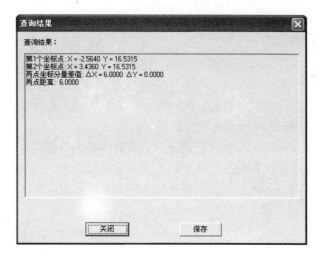

图 8-3　两点距离的查询结果

8.1.3　角度

可以很方便地查询以下 3 种类型的角度(查询结果的角度单位为度)：

- 圆心角；
- 直线夹角(两条直线的夹角)；
- 三点夹角(由 3 个点定义的夹角)。

查询角度的操作如下。

(1) 在菜单栏中选择"工具"→"查询"→"角度"命令。

(2) 根据实际情况，在该立即菜单的第 1 项下拉列表框中选择"圆心角"、"两线夹角"或"三点夹角"选项，如图 8-4 所示。

如果要查询圆弧的圆心角，则在立即菜单中选择"圆心角"，接着选择一条圆弧，系统即时弹出"查询结果"对话框，其查询结果显示在该对话框中。

如果要查询两条直线的夹角，则可在立即菜单中选择"两线夹角"，接着选择第一条直线和第二条直线，查询结果显示在弹出的对话框中。用户需要注意的是，直线夹角的查询结果与直线的拾取位置有关，如图 8-5 所示。倘若拾取位置为 1 和 2，则查询结果为 45°；倘若拾取位置为 1 和 3，则查询结果为 135°。

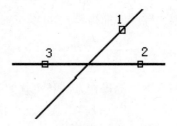

图 8-4　从立即菜单中选择选项　　　　　　　图 8-5　查询两条直线间的角度

如果要查询任意三点的夹角，那么在立即菜单中选择"三点夹角"选项，接着拾取一点作为夹角的顶点，再拾取一点作为夹角的起始点，然后拾取第 3 点作为夹角的终止点，此时查询结果显示在弹出的"查询结果"对话框中。

8.1.4　元素属性

图形元素包括点、直线、圆、圆弧、剖面线、样条和块等。用户可以查询指定的图形元素的属性并以列表的方式将查询结果显示出来。

查询元素属性的操作方法和步骤比较简单，即在菜单栏中选择"工具"→"查询"→"元素属性"命令，接着拾取要查询的图形元素，右击确认拾取结果，系统在弹出的"记事本"对话框中按拾取顺序依次列出各图形元素的属性。如图 8-6 所示的示例，查询了两条直线元素的属性。

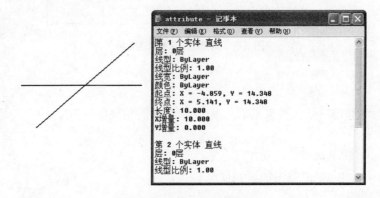

图 8-6　查询直线元素属性

8.1.5　周长

在某些设计场合下，需要了解某些曲线链的长度，也就是需要查询某些一系列首尾相连的曲线的总长度。查询周长长度可以按照以下方法和步骤进行。

(1) 在菜单栏的"工具"→"查询"级联菜单中选择"周长"命令。

(2) 拾取要查询的曲线链。拾取曲线链后，立即弹出"查询结果"对话框，如图 8-7 所示。系统不但列出了曲线链的总长度，还列出了这一系列依次相连的曲线中的每一条曲线的长度。

被查询的曲线链可以是封闭的，也可以是非封闭的。

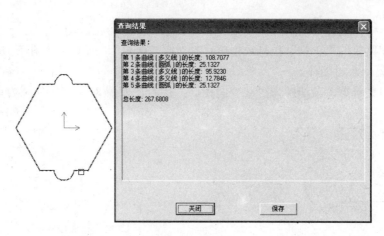

图 8-7　查询周长

8.1.6　面积

用户可以在设计过程中查询一个封闭区域或多个封闭区域构成的复杂图形的面积。查询面积的典型方法和步骤如下。

(1) 在菜单栏中选择"工具"→"查询"→"面积"命令。

(2) 在出现的立即菜单中选择"增加面积"选项或"减少面积"选项，如图 8-8 所示。选择"增加面积"选项时，则将拾取封闭区域的面积与其他面积累加；选择"减少面积"选项时，则从其他面积中减去该封闭区域的面积。

(a) 选择"增加面积"

(b) 选择"减少面积"

图 8-8　出现的立即菜单

(3) 在要计算面积的封闭区域内单击一点(即拾取该环内点)，则系统从拾取点向左搜索最小封闭环。可继续拾取环内点，系统根据在立即菜单中的设置增加面积或减少面积。拾取结束后右击来确认，查询面积的结果显示在"查询结果"对话框中。

【**课堂范例**】　查询如图 8-9 所示的剖面线区域的面积。

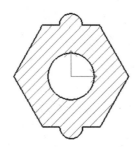

图 8-9　要查询面积的图形

(1) 打开随书光盘的 CH8 文件夹中的"BC_查询面积.exb"文件。

(2) 在菜单栏中选择"工具"→"查询"→"面积"命令。

(3) 在立即菜单的第 1 项下拉列表框中选择"增加面积",接着在如图 8-10 所示的区域单击,从而确定第一个封闭环。

(4) 将立即菜单第 1 项切换为"减少面积",接着在如图 8-11 所示的圆内单击。

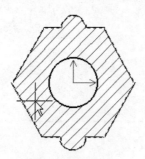

图 8-10 拾取环内点

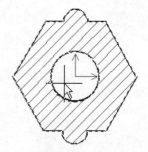

图 8-11 拾取要减去面积的区域

(5) 右击,系统弹出"查询结果"对话框来显示剖面线部分的面积,如图 8-12 所示。

(6) 单击"关闭"按钮。

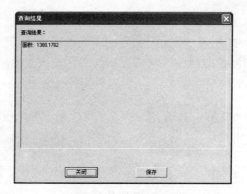

图 8-12 查询结果

8.1.7 重心

在菜单栏中选择"工具"→"查询"→"重心"命令,可以计算指定环区域的重心位置。在实际操作中,注意其立即菜单中的"增加环"和"减少环"的巧妙应用。

【课堂范例】 查询如图 8-13 所示的剖面线区域的重心位置。

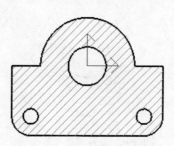

图 8-13 要查询重心的图形

查询剖面线区域的重心位置的一般方法和步骤如下。

(1) 打开随书光盘的 CH8 文件夹中的"BC_查询重心.exb"文件。

(2) 在菜单栏中选择"工具"→"查询"→"重心"命令。

(3) 在立即菜单中选择"增加环"选项，如图 8-14 所示。使用鼠标拾取如图 8-15 所示的环内点。

图 8-14 选择"增加环"

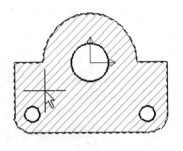

图 8-15 增加环

(4) 在"1.增加环"框中单击，切换到"减少环"选项，如图 8-16 所示。接着使用鼠标依次在 3 个圆内单击，从大环中减去这 3 个圆的面积，如图 8-17 所示。

图 8-16 切换为"减少环"选项

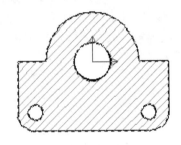

图 8-17 减少环

(5) 右击，查询到的重心位置显示在如图 8-18 所示的"查询结果"对话框中。

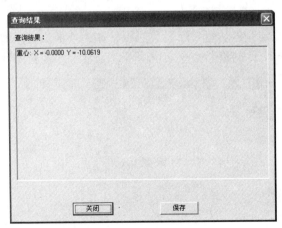

图 8-18 查询重心的结果

(6) 单击"关闭"按钮。

8.1.8　惯性距

在设计中，用户可以对一个封闭区域或多个封闭区域构成的复杂图形相对于任意回转轴、回转点的惯性距进行查询。惯性距查询的典型方法和步骤如下。

(1) 在菜单栏中选择"工具"→"查询"→"惯性距"命令。

(2) 出现的立即菜单如图8-19所示。在第1项中可以切换为"增加环"选项或"减少环"选项，这与查询面积和重心时的使用方法相同。

图8-19　用于查询惯性距的立即菜单

(3) 在立即菜单第2项的下拉列表框中，可以根据查询要求来选择"回转轴"、"回转点"、"X坐标轴"、"Y坐标轴"或"坐标原点"。其中，"X坐标轴"、"Y坐标轴"和"坐标原点"用于查询所选择的分布区域分别相对X坐标轴、Y坐标轴和坐标原点的惯性距；"回转轴"、"回转点"则用于根据用户自己设定的回转轴和回转点来计算惯性距。

(4) 按照提示拾取封闭区域、回转轴或回转点。完成后，惯性距显示在"查询结果"对话框中。

8.2　外部工具应用

在CAXA电子图板中提供了一些实用的外部工具。这些外部工具的调用命令位于菜单栏的"工具"→"外部工具"级联菜单中，如图8-20所示，包括"打印工具"、"计算器"和"画笔"。这些外部工具的启用按钮也集中在功能区"工具"选项卡的"外部工具"面板中，如图8-21所示。

用户可以执行"界面定制"功能来配置其他程序作为外部工具，如配置工程计算器、记事本、打印排版工具、Exb文件浏览器、个人协同管理工具等作为新外部工具。

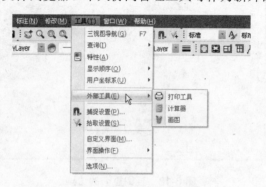

图8-20　外部工具的调用命令

图 8-21　使用"外部工具"面板

8.2.1　计算器

在菜单栏中选择"工具"→"外部工具"→"计算器"命令，或者在功能区的"工具"选项卡的"外部工具"面板中单击▓(计算器)按钮，打开如图 8-22 所示的"计算器"对话框。初始默认的是标准型的计算器界面，利用该标准型的电子计算器，可以很方便地计算一些算术运算式的值。

在"计算器"对话框的"查看"菜单中选择"科学型"命令，则"计算器"对话框的界面转换为科学型计算器的界面，如图 8-23 所示。

图 8-22　"计算器"对话框

图 8-23　科学型计算器的界面

8.2.2　画笔

在菜单栏中选择"工具"→"外部工具"→"画笔"命令，或者在功能区的"工具"选项卡的"外部工具"面板中单击▓(画笔)按钮，启动画笔软件功能，弹出的"画图"软件窗口如图 8-24 所示。利用"画图"软件工具，可以进行一些图形绘制和编辑。

图 8-24　"画图"窗口

8.2.3 打印工具

在 CAXA 电子图板 2009 中，提供的打印工具主要用于批量打印图纸。使用该模块可以按最优的方式组织图纸，包括进行单个打印或排版打印，并且可以方便地调整图纸设置以及各种打印参数。

电子图板的打印工具具有根据图纸大小自动匹配打印参数的功能；支持同时处理多个打印作业，可以随时在不同的打印作业间切换；支持单张打印和排版打印方式，并且可以实现批量打印；支持电子图板 EXB 和 DWG 等文件格式的打印出图。

在菜单栏中选择"工具"→"外部工具"→"打印工具"命令，或者在功能区的"工具"选项卡的"外部工具"面板中单击 (打印工具)按钮，启动电子图板的打印工具。打印工具的界面也分两种，一种是 Fluent 风格界面，另一种是经典界面。其中，Fluent 风格界面如图 8-25 所示，该风格的界面使用了菜单按钮、功能区、快速启动工具栏组织命令等。本节以 Fluent 风格界面为例进行相关内容的介绍。

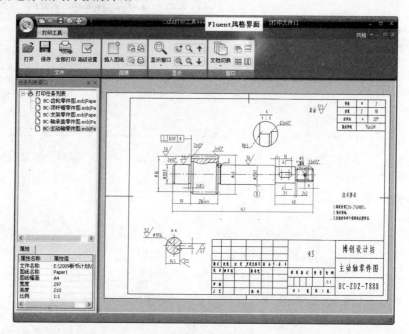

图 8-25 打印工具的 Fluent 风格界面

打印工具界面左侧主要为"任务列表窗口"，它的下方为用于显示选择的图纸属性的"属性"选项卡。"任务列表窗口"用于显示打印任务列表，可以通过单击的方式选中每个任务进行浏览和设置相应的参数。打印工具界面右侧区域为浏览窗口，当选中一个打印任务时，浏览窗口中将显示对应的图纸信息等。

下面介绍打印工具的文件操作、插入图纸、设置参数、浏览图纸和打印输出的实用知识。

1. 文件操作

电子图板的打印工具支持同时处理多个打印作业，而每个打印作业均可以进行新建、打开、保存、另存为和关闭等文件操作。

单击(菜单)按钮，接着打开"文件"菜单，如图 8-26 所示，在该菜单中提供了打印工具的各种文件操作命令，包括"新建"、"打开"、"保存"、"另存为"、"关闭"、"插入图纸"、"图纸设置"、"打印设置"、"打印预览"、"打印"、"全部打印"、"高级设置"和"退出"命令。选择其中的命令即可启动相应的文件操作。例如，选择"保存"命令，系统弹出"另存为"对话框，指定保存位置和输入文件名，保存类型为打印文档(*.ptf)，然后单击"保存"按钮即可。

图 8-26　菜单管理器中的"文件"菜单

2. 插入图纸

使用打印工具进行打印时，免不了要插入欲打印的图纸，组建各个打印任务单元。

单击(菜单)按钮，接着从"文件"菜单中选择"插入图纸"命令，或者在"打印工具"功能区选项卡的"组建"面板中单击(插入)按钮，弹出"选择图纸，添加打印单元"对话框，如图 8-27 所示。

图 8-27　"选择图纸，添加打印单元"对话框

"选择图纸，添加打印单元"对话框中的"高级"复选框与"排版插入"复选框的功能含义如下。

- "高级"复选框：选中此复选框时，选中图纸后需要再进行图纸浏览，并选择或取消图纸；不选中此复选框时，选择的图纸直接插入到打印任务列表窗口中。在这里，假设选中"高级"复选框，接着从磁盘中选择好所需的图纸后，单击"打开"按钮，系统弹出如图 8-28 所示的"图纸选择"对话框。该对话框的左半部分为图纸明细框，右半部分为图纸信息和图纸预显的区域，便于查看所选图纸的幅面信息和浏览图纸内容。在图纸明细框中通过单击图纸名称前面的复选框可以取消选择图纸。一个文件中可以具有多张图纸。

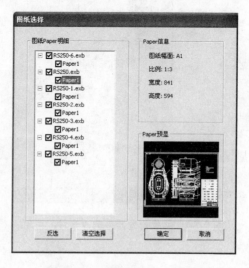

图 8-28 "图纸选择"对话框

- "排版插入"复选框：选中此复选框时，所选择的图纸将组建一个排版打印单元；而不选中此复选框时，所选择的图纸将组建为多个单张打印任务单元。如果选中"排版插入"复选框并选择好图纸，单击"打开"按钮，系统将弹出如图 8-29 所示的"设置排版图幅"对话框，从中可以设置排版图幅的大小为 A0、A1、A2、A3、A4 或自定义图幅大小，在"图纸边框放大"文本框中可以设置排版的图纸边框间保留的间距值。

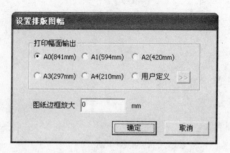

图 8-29 "设置排版图幅"对话框

完成插入图纸操作后，所插入的打印任务单元显示在打印工具界面的打印任务列表窗口中。用户可以根据实际情况继续执行"插入图纸"命令来插入其他图纸生成新的打印任务单元。

3. 设置参数

可以进行单张打印、排版打印、打印工具环境配置的参数设置。

1) 单张打印设置

在打印任务列表中选择一个单张打印任务单元，在预览区可以查看该图纸的图形信息。单张图纸设置的操作主要包括打印设置、打印预览、打印、删除等。除了可以在功能区的"组建"面板上单击相应的按钮来执行这些命令之外，还可以在打印任务列表中右击单张打印任务单元，接着利用打开的如图 8-30 所示的快捷菜单来执行命令。此外，还可以在图纸预览窗口中右击，利用出现的如图 8-31 所示的快捷菜单进行命令操作。

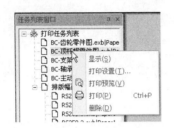

图 8-30　单张打印单元的右键快捷菜单　　　图 8-31　浏览单张图纸的右键快捷菜单

- "打印设置"：对单张图纸执行"打印设置"命令时，会打开如图 8-32 所示的"打印设置"对话框，从中可以设置打印机、纸张、输出图形、映射关系、图形方向和打印偏移等打印参数。

图 8-32　"打印设置"对话框

- "打印预览"：用于按照设置的参数预览实际图形的打印效果。
- "打印"：用于按照设置的参数对所选择的打印任务实施打印输出。
- "删除"：用于删除所选的该打印任务单元。由于删除操作不可恢复，所以执行此命令时要格外慎重。

2) 排版打印设置

在打印任务列表中选择一个排版幅面打印任务单元，在预览区可以查看该幅面上的图纸信息，如图 8-33 所示。选择一个排版幅面打印任务单元后，便可以对它进行打印设置、打印预览、打印、删除操作，这与单张打印的相应设置操作相同。

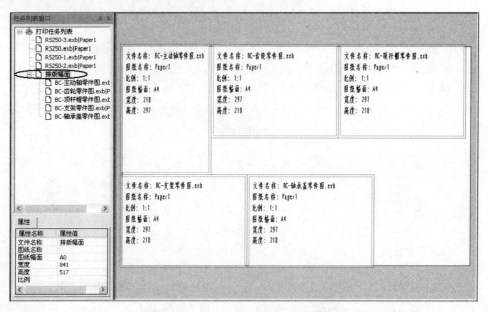

图 8-33　选择一个排版幅面打印任务单元

此外，排版设置和操作还包括排版插入、重排、图形重叠、幅面检查、真实显示、平移、旋转等操作。大部分命令可以在功能区"打印工具"选项卡的"排版"面板中找到。下面以真实显示为例进行介绍。

(1) 选中排版打印任务单元后，在预览区显示该排版幅面上的图纸信息，如图 8-34 所示。

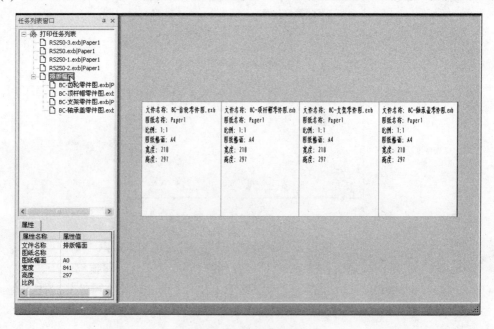

图 8-34　选择排版幅面

(2) 在功能区"打印工具"选项卡的"排版"面板中单击 (真实显示)按钮，如图 8-35 所示。

图 8-35　单击"真实显示"按钮

真实显示的效果如图 8-36 所示。

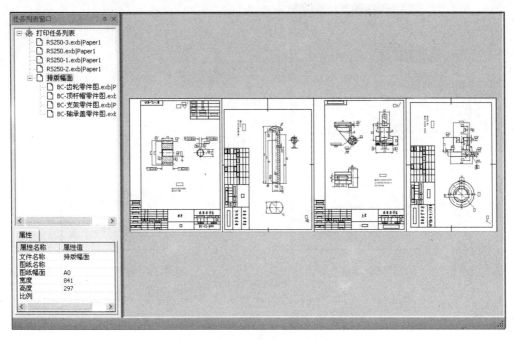

图 8-36　真实显示的效果

(3) 打印工具环境配置。

单击 (菜单)按钮，接着从"文件"菜单中选择"高级设置"命令，或者在"打印工具"功能区选项卡的"文件"面板中单击 (高级设置)按钮，系统弹出如图 8-37 所示的"打印环境配置"对话框。利用该对话框设置可以根据图纸自身的幅面信息自动匹配打印设置。

在"按图纸幅面匹配打印设置"选项组中设置插入到打印任务表中的图纸根据自身幅面信息来匹配打印设置，单击"统一设置"按钮则为所有幅面的图纸选择统一的打印设置。

如果对插入到打印任务列表中的任务单元进行了打印设置调整，之后在进行打印环境配置时可以选择强制刷新或部分刷新。

在"打印排版设置"选项组中可以设置按初始图形排版还是按极限图形排版。

4. 浏览图纸

在打印任务列表中选中打印任务单元时，在右侧预览区可以浏览所选单元的预览信息。对于单张打印单元，则直接显示图形预览；对于排版打印单元，则预显图幅信息或通过真实显示功能预显实际图形信息。在预览区查看图形时，使用鼠标滚轮可以缩放预显图形，双击鼠标中键可以全部显示图形。另外用户也可以单击功能区的"显示"面板中的相关按钮来辅助查看图形，如显示窗口、动态平移、动态缩放、显示全部、显示上一张和显示下一张等。

5. 打印输出

完成插入图纸和进行各种所需的设置之后，便可使用打印设备进行图形的打印输出操作。通常在打印输出之前，要观察一下打印预显，满意后再执行"文件"菜单中的"打印"命令或功能区的"组建"面板中的🖶(打印)按钮，打开如图 8-38 所示的提示框，单击"确定"按钮确认打印当前所选的打印单元。

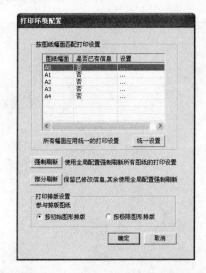

图 8-37　"打印环境配置"对话框　　　　图 8-38　提示用户确认打印

另外，可以启用全部打印功能，直接对打印任务列表中的所有任务进行打印输出。

8.3　模块管理器

在 CAXA 电子图板中提供了一个实用的模块管理器，使用它可以很好地加载和管理电子图板的其他功能模块或一些二次开发应用程序。

在 CAXA 电子图板的"文件"菜单中选择"模块管理器"命令，或者在功能区的"工具"选项卡的"工具"面板中单击🛠(模块管理器)按钮，打开如图 8-39 所示的"模块管理器"对话框。

在"模块管理器"对话框的左上区域为"模块列表"框，选中或取消模块名称前面的"已载入"复选框即可加载或卸载模块。在"模块列表"框中选择一个所需的模块，单击 ➡ 按钮，可以将该模块添加到"自动加载列表"框中，如图 8-40 所示，表示将该模块的状态设置为自动加载，以后关闭 CAXA 电子图板并重新启动后系统会自动加载该模块，可以直接使用。所有会自动加载的模块都显示在"自动加载列表"中。

图 8-39　"模块管理器"对话框

图 8-40　设置自动加载的模块

　　如果要取消某模块的自动加载设置，那么需要在"模块管理器"对话框的"自动加载列表"框中选择该模块，然后单击 <= 按钮，所选的模块将从"自动加载列表"框中被清除。

　　"模块信息"框用于显示所选的模块的信息，通常信息内容包括模块名称、公司、版本和模块描述等。

8.4 本 章 小 结

在 CAXA 电子图板中还提供了许多其他的实用功能和工具。在某些设计中，如果借助这些实用功能和工具，设计起来会游刃有余。

本章主要介绍系统查询、外部工具应用和模块管理器等方面的知识。系统查询的内容包括查询点坐标、两点距离、角度、元素属性、周长、面积、重心和惯性距；外部工具包括计算器、画笔和打印工具等(用户可以通过界面定制添加更多的外部工具，如工程计算器、Exb 文件浏览器、记事本、个人协同管理工具等)；使用 CAXA 电子图板中的模块管理器可以很好地管理电子图板的其他功能模块，设置哪些模块可以自动加载。

通过本章的学习，读者可以掌握更多的实用功能和工具，从而扩展实战应用思路和技能。

8.5 思 考 与 练 习

(1) CAXA 电子图板在菜单栏的"工具"→"查询"级联菜单中提供了哪些查询命令？

(2) 如何定制 CAXA 电子图板的外部工具？

(3) 使用模块管理器可以进行哪些工作？

(4) 上机操作：在绘图区域绘制若干个点，然后查询这些点的坐标。

(5) 上机操作：在绘图区域绘制如图 8-41 所示的图形(具体尺寸由读者自由发挥)，然后查询画剖面线部分的面积以及其重心。

(6) 上机操作：在绘图区域绘制如图 8-42 所示的图形(具体尺寸由读者自由发挥)，然后查询其周长，以及查询左侧两条倾斜直线之间的夹角角度。

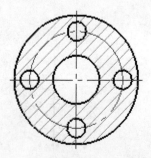

图 8-41 练习图形(1)

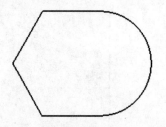

图 8-42 练习图形(2)

第 9 章

零件图绘制

本章导读：

　　学至本章，读者应该已经对电子图板的各项功能有了比较全面的了解乃至掌握。本章重点介绍零件图综合绘制实例，具体内容包括零件图内容概述和若干个典型零件(顶杆帽、主动轴、轴承盖、支架和齿轮)的零件图绘制实例。

9.1 零件图内容概述

零件图是很重要的技术文档。

一张完整的零件图主要包括以下内容。

(1) 一组表达清楚的图形。也就是使用一组图形正确、清晰、完整地表达零件的结构形状。在这些图形中，可以采用一般视图、剖视、断面、规定画法和简化画法等方法表达。

(2) 一组尺寸。这些尺寸用来反映零件各部分结构的大小和相对位置，满足制造和检验零件的要求。

(3) 技术要求。包括注写零件的粗糙度、尺寸公差、形状和位置公差以及材料的热处理和表面处理等要求。一般用规定的代号、符号、数字和字母等标注在图上，或用文字书写在图样下方的空白处。

(4) 标题栏。标题栏通常位于图框的右下角部位，需要填写零件的名称、材料、数量、图样比例、代号、图样的责任人名称和单位名称等。

图 9-1 为某耦合凸轮零件的一张零件图。

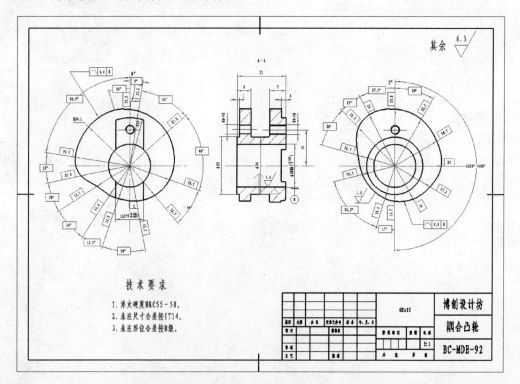

图 9-1　耦合凸轮零件的零件图

9.2 绘制顶杆帽零件图

本实例要完成的是某顶杆帽零件的零件图，完成的参考效果如图 9-2 所示。

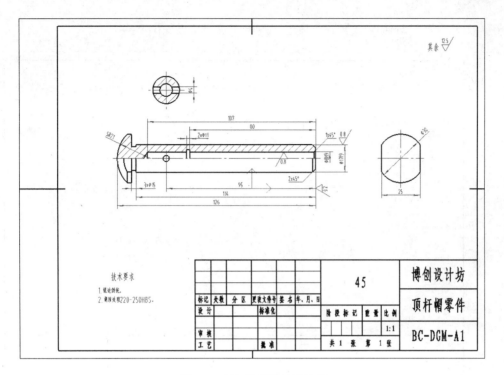

图 9-2   顶杆帽零件的零件图

绘制该顶杆帽零件图的具体操作步骤如下。

(1) 设置图纸幅面并调入图框和标题栏。

在菜单栏的"幅面"菜单中选择"图幅设置"命令，打开"图幅设置"对话框。在"图纸幅面"选项组中，将图纸幅面设置为 A4，加长系数为 0；在"图纸比例"选项组中，将绘图比例设置为 1∶1，并选中"标注字高相对幅面固定"复选框；在"图纸方向"选项组中选中"横放"单选按钮；在"调入图框"下拉列表框中选择 A4A-E-Bound(CHS)，在"调入标题栏"下拉列表框中选择 Mechanical-A(CHS)，如图 9-3 所示。

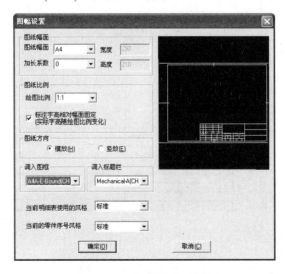

图 9-3   "图幅设置"对话框

在"图幅设置"对话框中单击"确定"按钮，设置结果如图 9-4 所示。

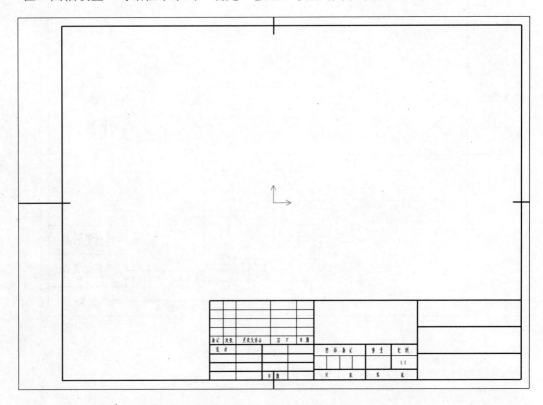

图 9-4　设置图纸幅面并调入图框和标题栏的效果

选择标题栏，接着打开"特性"选项板，从"消隐"特性行的"特性值"下拉列表框中选择"消隐"选项，如图 9-5(a)所示，则位于前面的标题栏遮挡了图纸的中线，如图 9-5(b)所示。

(a) 设置标题栏的消隐状态

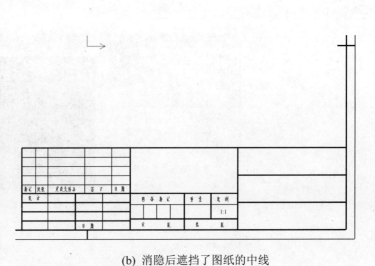

(b) 消隐后遮挡了图纸的中线

图 9-5　使用标题栏的消隐效果

(2) 绘制主要中心线和定位线。

将当前图层设置为中心线层。

在"绘图工具"工具栏中单击 ✎ (直线)按钮，在出现的菜单中设置"1.两点线"、"2.单根"，并在状态栏中启用"正交"模式，分别根据设计尺寸来绘制如图 9-6 所示的中心线。

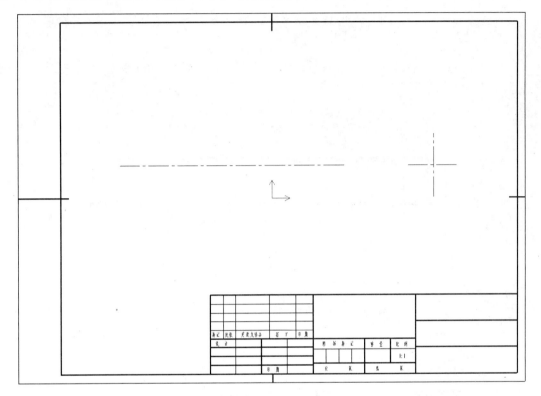

图 9-6　绘制中心线

(3) 将当前图层设置为 0 层或粗实线层。

(4) 绘制等距线。

在"绘图工具"工具栏中单击 ⬒ (等距线)按钮，分别绘制如图 9-7 所示的等距线。

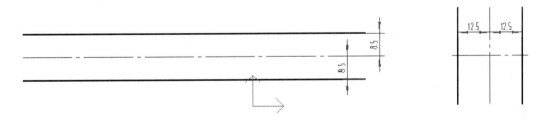

图 9-7　绘制等距线

(5) 绘制直线。

在"绘图工具"工具栏中单击 ✎ (直线)按钮，使用"两点线"方式绘制如图 9-8 所示的竖直直线，该直线与水平中心线近端点的水平距离约为 3mm。

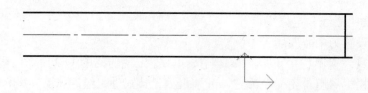

图 9-8 绘制竖直的直线

(6) 绘制等距线。

在"绘图工具"工具栏中单击 (等距线)按钮，分别绘制如图 9-9 所示的几条等距线。截图特意给出了相关的等距值。

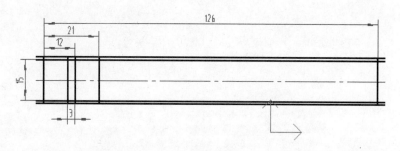

图 9-9 绘制等距线

(7) 绘制圆。

在"绘图工具"工具栏中单击 (圆)按钮，绘制如图 9-10 所示的两个圆，一个直径为 42mm，另一个直径为 30mm。

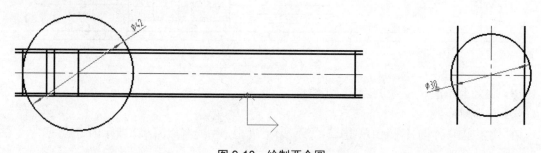

图 9-10 绘制两个圆

(8) 利用导航模式绘制直线。

在"绘图工具"工具栏中单击 (直线)按钮，在菜单中选择"两点线"方式，并使用"导航"模式绘制如图 9-11 所示的两条水平直线段。

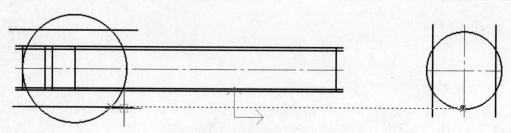

图 9-11 结合导航功能绘制两条直线段

(9) 裁剪线段。

在"编辑工具"工具栏中单击 /-(裁剪)按钮，在菜单中选择"快速裁剪"选项，将图形初步裁剪成如图 9-12 所示。

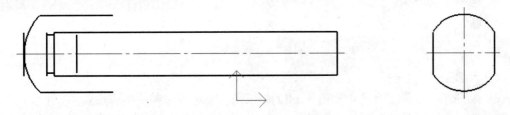

图 9-12　初步裁剪线段的结果

(10) 将不需要的线段删除。

在"编辑工具"工具栏中单击 ✎(删除)按钮，选择如图 9-13 所示的两条要删除的线段，然后右击，从而将所选的两条线段删除。

(11) 齐边操作。

在"编辑工具"工具栏中单击 ¬/(齐边)按钮，接着指定剪刀线，拾取要编辑的曲线，完成将该曲线延伸至剪刀线。使用同样的方法，进行另一处齐边操作。齐边操作的结果如图 9-14 所示。

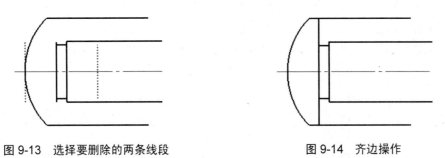

图 9-13　选择要删除的两条线段　　　　　　图 9-14　齐边操作

(12) 裁剪图形。

在"编辑工具"工具栏中单击 /-(裁剪)按钮，在立即菜单中选择"快速裁剪"选项，将图形裁剪成如图 9-15 所示。

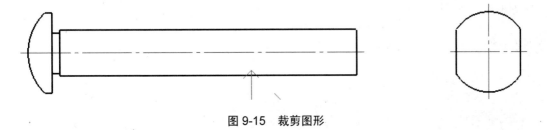

图 9-15　裁剪图形

(13) 创建倒角。

在"编辑工具"工具栏中单击 ▢(过渡)按钮，然后在菜单中选择"1.倒角"、"2.裁剪"，并设置"3.长度"为 2 和"4.倒角"为 45°，接着分别拾取两条直线来创建倒角。一共选择两组直线，即创建两处倒角，如图 9-16 所示。

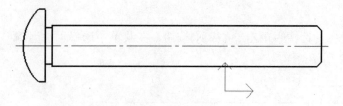

图 9-16　创建倒角

(14) 绘制孔。

在"绘图工具Ⅱ"工具栏中单击 (孔/轴)按钮，然后在立即菜单中设置"1.孔"、"2.直接给出角度"，并设置"3.中心线角度"为 0，接着指定插入点，设置相应的起始直径和终止直径，并输入相应的距离，注意不产生中心线，绘制如图 9-17 所示的阶梯孔。

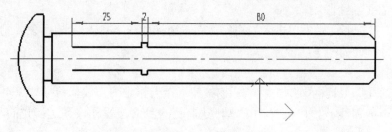

图 9-17　绘制孔

(15) 绘制角度线。

在"绘图工具"工具栏中单击 (直线)按钮，在菜单中选择"角度线"方式，并以与 X 轴夹角为 60°来绘制如图 9-18 所示的角度线。

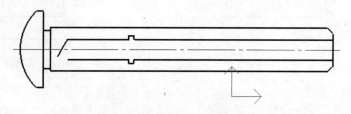

图 9-18　绘制角度线

(16) 齐边处理。

在"编辑工具"工具栏中单击 (齐边)按钮，选择主视图的水平中心线作为剪刀线，接着分别拾取要编辑的曲线，得到的齐边结果如图 9-19 所示。

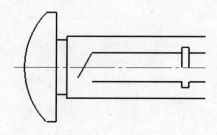

图 9-19　齐边结果

(17) 绘制直线。

在"绘图工具"工具栏中单击 ✎ (直线)按钮，在菜单中选择"两点线"方式，绘制如图 9-20 所示的 3 条直线段。

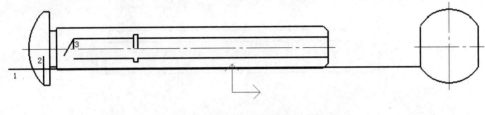

图 9-20　绘制直线

(18) 创建等距线。

在"绘图工具"工具栏中单击 ▤ (等距线)按钮，在菜单中设置"1.单个拾取"、"2.过点方式"、"3.单向"、"4.空心"，并设置"5.份数"为 1，拾取主视图中的大圆弧，接着拾取要通过的点(为了精确拾取点，可以使用工具点菜单)，创建的等距线如图 9-21 所示。

(19) 裁剪和删除线段。

在"编辑工具"工具栏中单击 ✂ (裁剪)按钮，将图形裁剪成如图 9-22 所示。用户也可以配合 ✂ (裁剪)按钮和 ✐ (删除)按钮来修改图形。

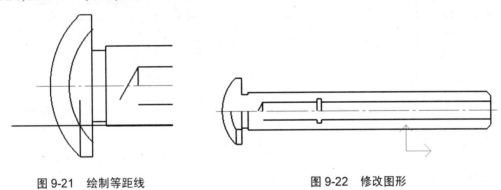

图 9-21　绘制等距线　　　　　　　　　　图 9-22　修改图形

(20) 倒角过渡。

在"编辑工具"工具栏中单击 ▤ (过渡)按钮，接着在菜单中选择"内倒角"，并设置长度为 1，倒角角度为 45°，拾取 3 条直线来创建如图 9-23 所示的内倒角。

(21) 修改图形。

结合裁剪、删除的方式修改图形，并使用直线工具补齐先前倒角所形成的轮廓线，此处修改图形的结果如图 9-24 所示。

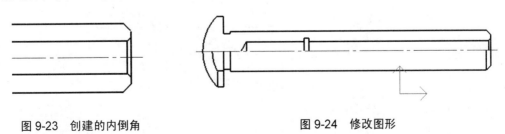

图 9-23　创建的内倒角　　　　　　　　　图 9-24　修改图形

(22) 绘制等距线。

在"绘图工具"工具栏中单击(等距线)按钮，绘制如图 9-25 所示的一条等距线，其等距距离为 95。

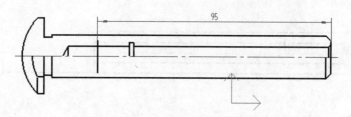

图 9-25　绘制一条等距线

(23) 绘制一个圆。

在"绘图工具"工具栏中单击(圆)按钮，绘制如图 9-26 所示的带中心线的圆，该圆的直径为 $\Phi 4$。

(24) 删除用来定位圆的等距线。

删除用来定位圆的等距线后，效果如图 9-27 所示。

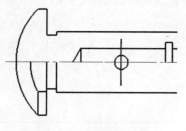

图 9-26　绘制一个圆

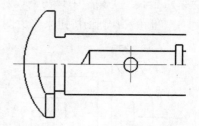

图 9-27　删除用来定位圆的等距线

(25) 绘制两个圆。

在"绘图工具"工具栏中单击(圆)按钮，使用导航功能根据视图间的投影关系绘制如图 9-28 所示的两个圆。其中大圆直径为 $\Phi 17$，小圆直径为 $\Phi 8$。

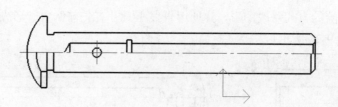

图 9-28　绘制两个圆

(26) 绘制双向的等距线。

在"绘图工具"工具栏中单击(等距线)按钮，在菜单第 1 项中选择"单个拾取"，在第

2 项中选择"指定距离",在第 3 项中选择"双向",在第 4 项中选择"空心",在第 5 项中设置距离为 2,在第 6 项中设置份数为 1,接着拾取一根水平中心线来完成该双向的等距线,如图 9-29 所示。

(27) 裁剪线段。

在"编辑工具"工具栏中单击 ✄(裁剪)按钮,在菜单中选择"快速裁剪"选项,将图形裁剪成如图 9-30 所示。

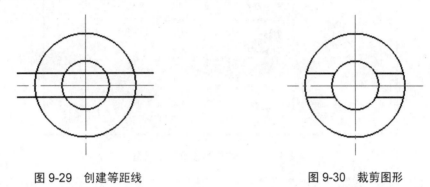

图 9-29　创建等距线　　　　　图 9-30　裁剪图形

(28) 绘制剖面线。

将当前层设置为剖面线层。

在"绘图工具"工具栏中单击▨(剖面线)按钮,使用拾取环内点的方式绘制如图 9-31 所示的剖面线。

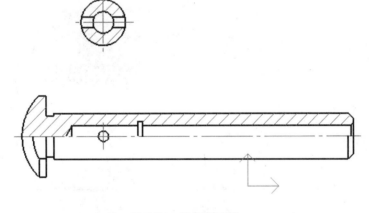

图 9-31　绘制剖面线

(29) 设置尺寸线层。

选择"尺寸线层"作为当前图层。

(30) 设置标注风格和文本风格。

在"格式"菜单中选择"文字"命令,打开"文本风格设置"对话框,新建一个名为"机械"的文本风格并修改其相关参数。从"文本风格"列表框中选择"机械"文本风格,然后单击"设为当前"按钮,从而将"机械"文本风格设置为当前文本风格,如图 9-32 所示。单击"确定"按钮。

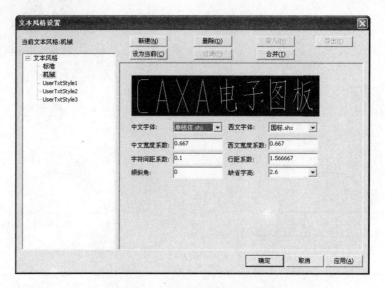

图 9-32　"文本风格设置"对话框

在"格式"菜单中选择"尺寸"命令，打开"标注风格设置"对话框，利用该对话框创建符合机械制图标准的标注风格，然后将其设为当前尺寸标注风格，如图 9-33 所示。最后单击"确定"按钮，关闭"标注风格设置"对话框。

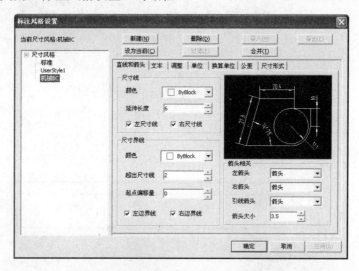

图 9-33　"标注风格设置"对话框

(31) 使用尺寸标注功能当中的基本标注方式，可以创建该工程图中的几乎全部尺寸，标注基本尺寸的完成效果如图 9-34 所示。在标注过程中注意使用通过右击打开的"尺寸标注属性设置"对话框来为相应的尺寸添加前缀或者后缀。

(32) 创建半标注尺寸。

在"标注"工具栏中单击┌┐(尺寸标注)按钮，在菜单第 1 项中选择"半标注"方式选项，接着在出现的第 2 项中选择"直径"选项，在第 3 项中设置延伸长度为 3。在主视图中拾取水平中心线，然后拾取顶杆长圆柱面的上轮廓线，接着移动光标到拟指定尺寸线位置，如图 9-35 所示。

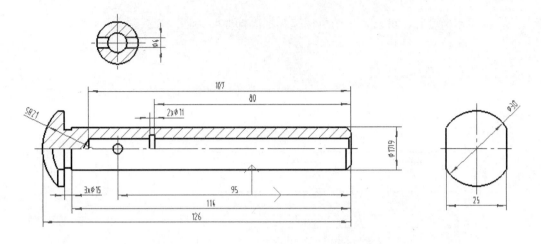

图 9-34　使用尺寸标注功能的基本标注方式标注尺寸

此时右击，弹出"尺寸标注属性设置(请注意各项内容是否正确)"对话框，在"后缀"文本框中输入 H9，如图 9-36 所示。

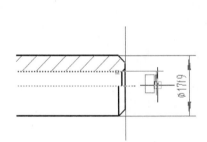

图 9-35　半标注操作　　　　　　　　图 9-36　为半标注尺寸添加后缀

在"尺寸标注属性设置(请注意各项内容是否正确)"对话框中单击"确定"按钮，完成的该半标注尺寸如图 9-37 所示。右击结束尺寸标注命令。

(33) 创建倒角尺寸。

在"标注"工具栏中单击 ✓(倒角标注)按钮，分别创建如图 9-38 所示的两处倒角尺寸。

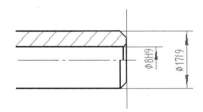

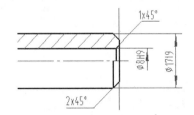

图 9-37　完成一个半标注尺寸　　　　　图 9-38　创建两处倒角尺寸

(34) 标注粗糙度。

在标注粗糙度之前，可以执行"格式"→"粗糙度"命令来定制当前的粗糙度样式。

在"标注"工具栏中单击 √(粗糙度)按钮，分别标注相关的粗糙度，完成结果如图 9-39

所示。在标注粗糙度时，可以选择简单标注和标准标注两种标注形式。

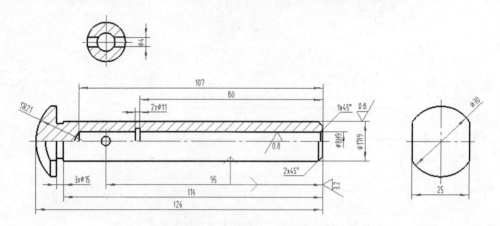

图 9-39　标注粗糙度

(35) 在图框内右上角处注写其余粗糙度要求。

在"绘图工具"工具栏中单击**A**(文字)按钮，在文本菜单中选择"指定两点"方式，接着使用鼠标在图框内右上角处分别指定两个角点，弹出"文本编辑器"对话框和文字输入框。在"文字编辑器"对话框中设置相关参数，在文字输入框中输入"其余"字样，如图 9-40 所示。然后单击"确定"按钮。

图 9-40　"文本编辑器"对话框与文字输入框

在"标注"工具栏中单击√(粗糙度)按钮，在菜单中设置"1.简单标注"、"2.默认方式"、"3.去除材料"，并设置"4.数值"为 12.5，然后在绘图区的"其余"字样后拾取一点，并输入角度为 0，按 Enter 键。注写其余粗糙度如图 9-41 所示。

知识点拨

在 CAXA 电子图板 2009 中，还有更方便的方法来注写其余粗糙度要求，该方法不用单独注写"其余"字样。具体的方法是在"标注"工具栏中单击√(粗糙度)按钮，在菜单的"1.简单标注"中单击，使其选项切换为"标准标注"，同时系统弹出"表面粗糙度"对话框。选择"其余"选项，指定基本符号和下限值，如图 9-42 所示。然后单击"确定"按钮，在提示下在绘图区指定放置点，并输入角度为 0 即可。

(36) 注写技术要求文本。

在"绘图工具"工具栏中单击**A**(文字)按钮，先在图框左下区域添加"技术要求"4 个字，字高设置为 5。接着使用同样的方法，在"技术要求"文本下添加两行文本，其字高设置为 3.5。注写的技术要求文本如图 9-43 所示。

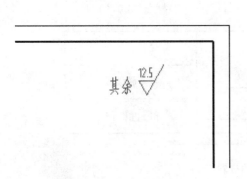

图 9-41　注写其余粗糙度　　　　　　　　图 9-42　注写其余的表面粗糙度

图 9-43　注写技术要求文本

知识点拨

在 CAXA 电子图板 2009 中，用户也可以选择"标注"→"技术要求"命令，打开"技术要求库"对话框。标题内容默认为"技术要求"，在文本框中输入所需的技术要求内容，如图 9-44 所示。然后单击"生成"按钮，在图框内合适位置处指定两个角点即可。

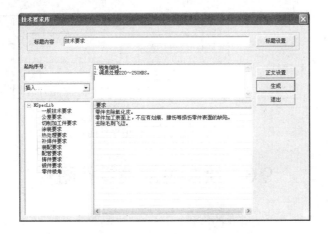

图 9-44　使用"技术要求库"注写技术要求

(37) 填写标题栏。

在菜单栏中选择"幅面"→"标题栏"→"填写"命令，或者直接双击标题栏，打开"填写标题栏"对话框，利用该对话框填写标题栏。填写好的标题栏如图 9-45 所示。

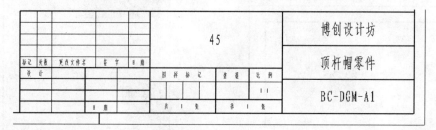

图 9-45　填写标题栏

(38) 保存文件。

最后完成的顶杆帽零件图如图 9-46 所示。

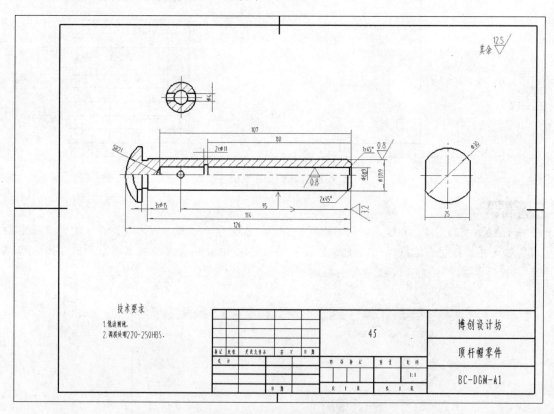

图 9-46　完成的顶杆帽零件图

9.3　绘制主动轴零件图

本实例要完成的是某主动轴零件的零件图，完成的参考效果如图 9-47 所示。此类零件的基本结构为同轴回转体，通常绘制一个基本视图作为主视图，对于轴上的退刀槽、键槽、销孔、砂轮越程槽等局部结构，可采用局部剖视图、局部放大图或断面视图来表达。

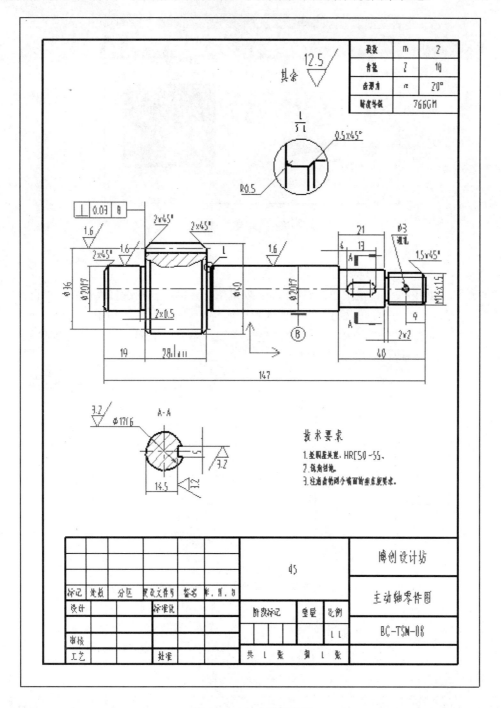

图 9-47　主动轴零件图

绘制该主动轴零件图的具体操作步骤如下。

(1) 新建图形文件。

在 CAXA 电子图板界面中单击 按钮，弹出"新建"对话框，在"模板"选项卡的模板列表框中选择 GB-A4(CHS)模板，如图 9-48 所示。然后单击"确定"按钮。

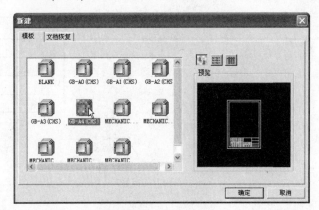

图 9-48　"新建"对话框

(2) 绘制轴主体图形。

将"0 层"或"粗实线层"设置为当前图层。

在"绘图工具Ⅱ"工具栏中单击🔲(孔/轴)按钮，在菜单中分别选择"轴"和"直接给出角度"选项，并设置中心线角度为 0，输入插入点的坐标为"-67,28"，按 Enter 键。接着分别设置相应的起始直径、终止直径和轴长度来创建阶梯轴。完成的阶梯轴图形如图 9-49 所示(为了便于读者上机练习，特意给出了相关尺寸)。

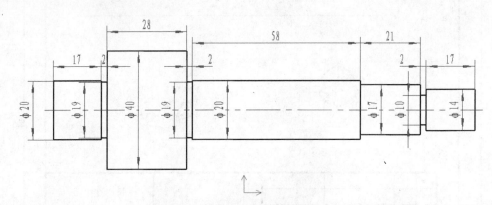

图 9-49　绘制阶梯图形

(3) 创建等距线。

将"细实线层"设置为当前图层。

在"绘图工具"工具栏中单击🔲(等距线)按钮，在出现的菜单中设置如图 9-50 所示的选项及参数值。

图 9-50　设置等距线立即菜单中的选项与参数值

拾取如图 9-51 所示的曲线，接着在所选曲线的下方区域单击以指定所需的偏距方向。创建的该条等距线如图 9-52 所示。

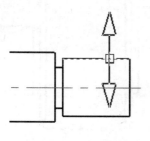

图 9-51　拾取曲线

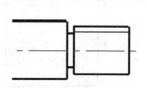

图 9-52　创建一条等距线

拾取如图 9-53 所示的曲线，接着在所选曲线的上方区域单击以指定所需的偏距方向。创建的该条等距线如图 9-54 所示。

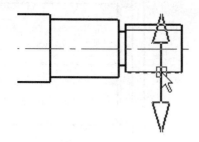

图 9-53　拾取曲线

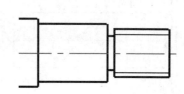

图 9-54　创建第 2 条等距线

右击结束等距线创建命令。

(4) 创建外倒角和圆弧过渡。

将"粗实线层"或"0 层"设置为当前图层。

在"编辑工具"工具栏中单击 (过渡)按钮，在菜单中选择"外倒角"，并设置倒角长度为 1.5，倒角角度为 45°，如图 9-55 所示。接着分别拾取 3 条有效直线来创建如图 9-56 所示的外倒角。

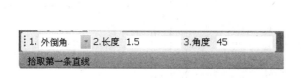

图 9-55　设置外倒角参数

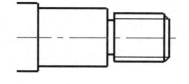

图 9-56　创建 C1.5 的外倒角

在菜单中将后续的倒角长度设置为 2，倒角角度为 45°，接着分别拾取一组直线(3 条有效直线)来创建第 2 个外倒角，如图 9-57 所示。

使用同样的方法，继续创建两个同样规格(倒角长度为 2，倒角角度为 45°)的外倒角，如图 9-58 所示。

在过渡菜单中将后续的倒角长度设置为 0.5，倒角角度为 45°，接着分别拾取如图 9-59 所示的直线 1、直线 2 和直线 3。从而创建如图 9-60 所示的外倒角。

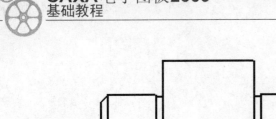

图 9-57　创建一个 C2 外倒角　　　　图 9-58　创建两个外倒角

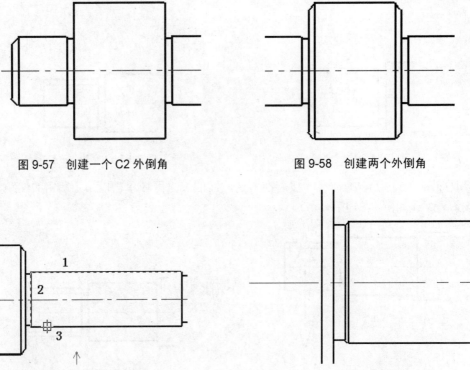

图 9-59　拾取 3 条直线　　　　　　　　图 9-60　创建外倒角

在过渡菜单的第 1 项下拉列表框中选择"圆角"选项，接着在出现的第 2 项下拉列表框中选择"裁剪始边"选项，并在第 3 项文本框中将圆角半径设置为 0.5，如图 9-61 所示。在提示下拾取如图 9-62 所示的直线 1，接着拾取图示中的直线 2。

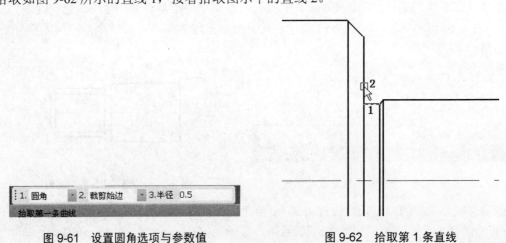

图 9-61　设置圆角选项与参数值　　　　图 9-62　拾取第 1 条直线

创建的该圆角过渡如图 9-63 所示。使用同样的拾取方法，在水平中心线的另一侧创建相应的圆角过渡，如图 9-64 所示。

右击结束过渡命令。

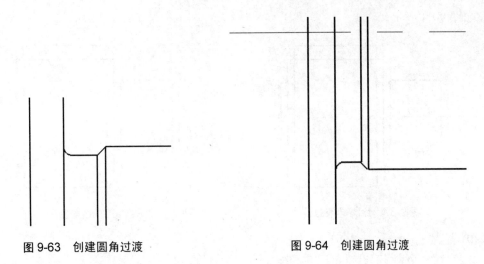

图 9-63　创建圆角过渡　　　　　图 9-64　创建圆角过渡

(5) 创建等距线。

在"绘图工具"工具栏中单击 ⬆(等距线)按钮，创建如图 9-65 所示的等距线。

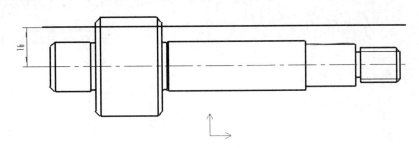

图 9-65　创建等距线

(6) 裁剪图形。

在"编辑工具"工具栏中单击 ⊹(裁剪)按钮，在菜单中选择"快速裁剪"选项，将图形裁剪成如图 9-66 所示。

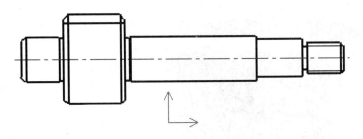

图 9-66　裁剪图形

(7) 绘制样条曲线。

将"细实线层"设置为当前图层。在"绘图工具"工具栏中单击 ⟋(样条)按钮，依次拾取若干点来绘制如图 9-67 所示的样条曲线。

(8) 裁剪图形。

在"编辑工具"工具栏中单击 ⊹(裁剪)按钮，在菜单中选择"快速裁剪"选项，将图形裁剪成如图 9-68 所示。

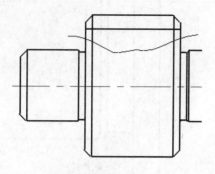

图 9-67　绘制样条曲线

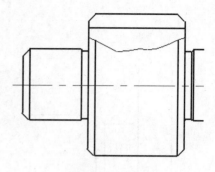

图 9-68　裁剪图形

(9) 绘制剖面线。

先将"剖面线层"设置为当前图层。

在"绘图工具"工具栏中单击 (剖面线)按钮，在出现的菜单中选择"1.拾取点"和"2.
选择剖面图案"，如图 9-69 所示。接着拾取如图 9-70 所示的环内点，右击来确认。

图 9-69　剖面线的立即菜单

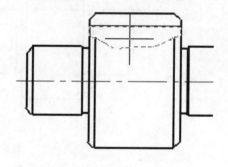

图 9-70　拾取环内点

系统弹出"剖面图案"对话框，从中选择 ANSI31 图案，并设置其比例、旋转角和间距错
开值，如图 9-71 所示。然后单击"确定"按钮，完成绘制的剖面线如图 9-72 所示。

图 9-71　"剖面图案"对话框

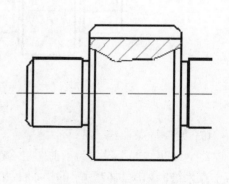

图 9-72　绘制一处剖面线

(10) 绘制辅助中心线。

将"中心线层"设置为当前图层。

在"绘图工具"工具栏中单击⊿(等距线)按钮，以等距的方式绘制如图 9-73 所示的辅助中心线(为了便于读者上机操作，特意给出了相关的偏移距离)。

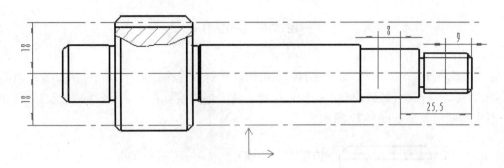

图 9-73　以等距方式绘制辅助中心线

(11) 绘制圆。

将"粗实线层"或"0 层"设置为当前图层。

在"绘图工具"工具栏中单击⊙(圆)按钮，分别绘制如图 9-74 所示的 3 个圆。其中，左边两个圆的直径均为 5mm，右侧的一个小圆直径为 3mm。在操作过程中，可以按空格键调出工具点菜单，从中选择"交点"方式，并拾取所需的两条中心线来捕捉其交点作为圆心位置。

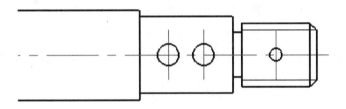

图 9-74　绘制 3 个圆

(12) 绘制相切直线。

执行直线工具绘制如图 9-75 所示的两条相切直线。

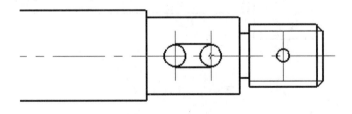

图 9-75　绘制两条相切直线

(13) 裁剪图形。

在"编辑工具"工具栏中单击／(裁剪)按钮，在菜单中选择"快速裁剪"选项，将键槽部分的图形裁剪成如图 9-76 所示。

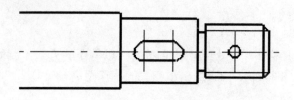

图 9-76 裁剪图形

(14) 将两条中心线拉短。

在"编辑工具"工具栏中单击▣(拉伸)按钮，选择"单个拾取"方式，拾取要拉短的一条中心线，将其离拾取点最近的端点拉伸到指定位置。根据实际情况进行拉伸操作，直到获得两条中心线的显示效果如图 9-77 所示。

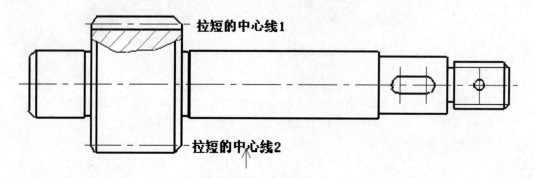

图 9-77 将两条中心线拉短

(15) 将小圆的竖直中心线拉短。

使用和以上步骤相同的方法，对小圆等的竖直中心线拉短，即拉伸选定中心线来重新指定两个端点的位置。

此时该主视图如图 9-78 所示。

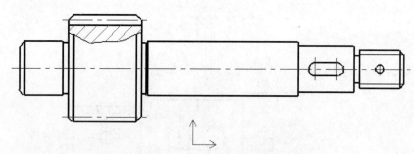

图 9-78 主视图效果

(16) 绘制断面图。

在"绘图工具"工具栏中单击◉(圆)按钮，在主视图的下方区域绘制如图 9-79 所示的一个圆，该圆的直径为 17mm。

在"绘图工具"工具栏中单击▤(等距线)按钮，分别创建如图 9-80 所示的 3 条等距线。

在"编辑工具"工具栏中单击╱(裁剪)按钮，在菜单中选择"快速裁剪"选项，将该断面图裁剪成如图 9-81 所示。

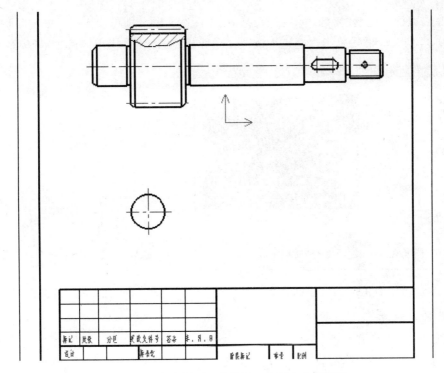

图 9-79　在主视图下方绘制一个带中心线的圆

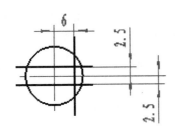

图 9-80　绘制等距线

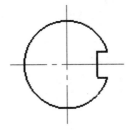

图 9-81　裁剪断面视图

将"剖面线层"设置为当前图层。在"绘图工具"工具栏中单击█(剖面线)按钮，在出现的菜单中设置相应的选项为"1.拾取边界"、"2.选择剖面图案"，如图 9-82 所示。接着使用鼠标分别拾取如图 9-83 所示的 4 个环内点，然后右击确定。

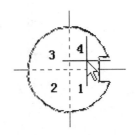

图 9-82　剖面线的立即菜单

图 9-83　分别拾取 4 个环的内部点

系统弹出"剖面图案"对话框，选择 ANSI31 图案，并分别设置比例、旋转角和间距错开值，如图 9-84 所示。然后单击"确定"按钮，完成绘制的该断面图剖面线如图 9-85 所示。

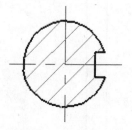

图 9-84 选择剖面图案   图 9-85 绘制剖面线

(17) 创建局部放大图。

将"细实线层"设置为当前图层。

在"标注"工具栏中单击 (局部放大)按钮，或者从"绘图"菜单中选择"局部放大图"命令，接着在出现的立即菜单中设置"1.圆形边界"、"2.加引线"，并设置"3.放大倍数"为5、"4.符号"为Ⅰ。

拾取局部放大区域的中心点，如图 9-86 所示。接着拖动鼠标来指定圆上一点，如图 9-87 所示。

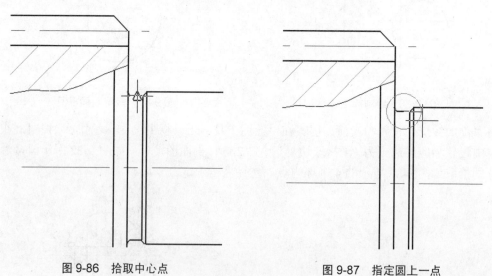

图 9-86 拾取中心点   图 9-87 指定圆上一点

使用鼠标来指定符号插入点，如图 9-88 所示。

在主视图上方的合适位置处指定一点来放置局部放大图，输入角度为 0，按 Enter 键。然后在该局部放大视图上方指定符号插入点，从而完成创建局部放大图，结果如图 9-89 所示。

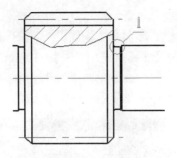

图 9-88　指定符号插入点

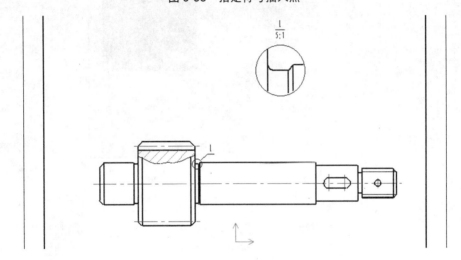

图 9-89　完成局部放大图

(18) 设置当前图层以及设置相关的标注风格。

将"尺寸线层"设置为当前图层。

在"格式"菜单中选择"文字"命令，打开"文本风格设置"对话框。从文本风格列表中选择"机械"标注风格，接着单击"设为当前"按钮，如图 9-90 所示。然后单击"确定"按钮。

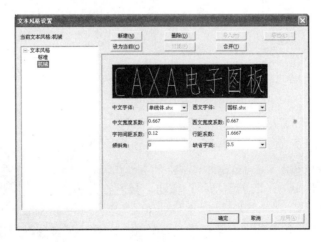

图 9-90　设置当前文本风格

在"格式"菜单中选择"尺寸"命令,打开"标注风格设置"对话框,从尺寸风格列表中选择"机械"标注风格,接着在相关选项卡中编辑其标注的相关参数。例如在"直线和箭头"选项卡中将箭头大小设置为 3.5,尺寸界线超出尺寸线 1.5mm,起点偏移量为 0.625 等。注意所编辑的标注参数要符合相应的制图标准。单击"设为当前"按钮,将"机械"标注风格设置为当前的尺寸标注风格,如图 9-91 所示。

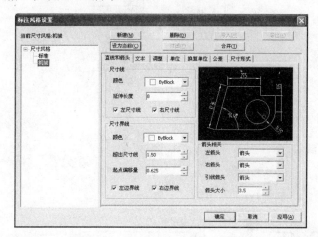

图 9-91 "标注风格设置"对话框

使用同样的方法,分别设置当前的引线样式、形位公差样式、粗糙度样式、基准代号样式和剖切符号样式,具体设置过程省略。对于已经设置好可用的相关样式,用户可以在菜单栏中选择"格式"→"样式管理"命令,打开如图 9-92 所示的"样式管理"对话框,利用该对话框集中地设置不同标注项目的当前样式。

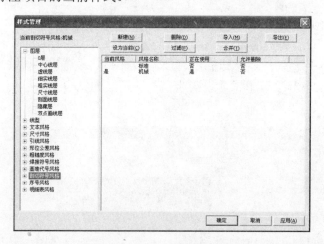

图 9-92 "样式管理"对话框

(19) 使用尺寸标注的基本标注功能来标注一系列尺寸。

在"标注"工具栏中单击 ⊢(尺寸标注)按钮,接着在菜单的"1."下拉列表框中选择"基本标注"选项,分别依据相关的设计要求选择元素来标注一系列所需要的尺寸。例如,拾取如图 9-93 所示的两条平行轮廓线,在菜单中设置好相关的选项后,移动光标至欲放置尺寸线的地方,此时右击,弹出"尺寸标注属性设置(请注意各项内容是否正确)"对话框,从中设置该尺寸的前缀和后缀，如图 9-94 所示，然后单击"确定"按钮，从而完成该尺寸标注。可以继续创建其他尺寸标注。

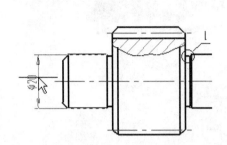

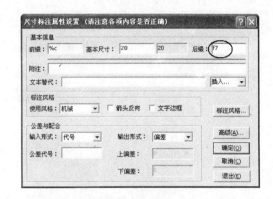

图 9-93　拾取要标注尺寸的元素　　　　图 9-94　"尺寸标注属性设置(请注意各项内容是否正确)"对话框

操作点拨

如果需要注写某尺寸的尺寸公差，那么可以在标注该尺寸时利用打开的"尺寸标注属性设置(请注意各项内容是否正确)"对话框来设置其公差输入形式和输出形式等，确定后系统便按照设定的方式注写其尺寸公差。

初步标注好的一系列基本尺寸如图 9-95 所示。

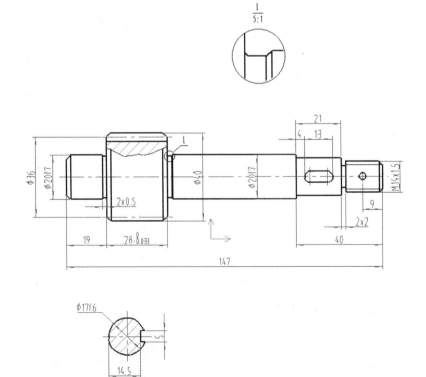

图 9-95　初步标注的一系列尺寸

(20) 倒角标注。

在"标注"工具栏中单击 $\curlyvee$ (倒角标注)按钮，在出现的菜单中设置如图 9-96 所示的参数。分别选择倒角线来创建如图 9-97 所示的几处倒角尺寸。

图 9-96　倒角菜单

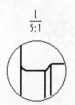

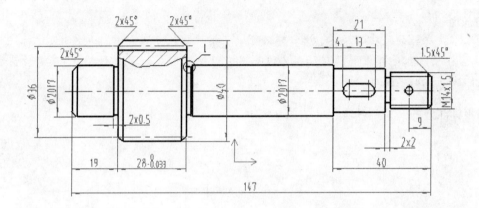

图 9-97　标注倒角尺寸

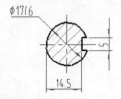

(21) 引出标注。

在"标注"工具栏中单击 $\lceil$▲(引出说明)按钮，弹出"引出说明"对话框。在"上说明"文本框中输入%c3，在"下说明"文本框中输入"通孔"，如图 9-98 所示。接着单击"确定"按钮，在出现的菜单第 1 项下拉列表框中单击以切换到"文字反向"选项，在第 2 项文本框中设置延伸长度为 3，然后分别指定第 1 点和第 2 点。创建的该通孔引出说明如图 9-99 所示。

(22) 标注局部放大图。

在 CAXA 电子图板 2009 中，对局部放大图进行标注，尺寸数值与原图形保持一致，其标注数值根据比例自动计算。

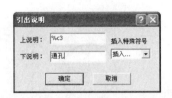

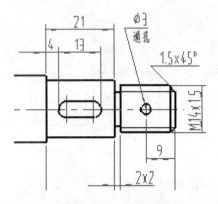

图 9-98　"引出说明"对话框　　　　　图 9-99　引出说明

在"标注"工具栏中单击┌┐(尺寸标注)按钮，接着在菜单的"1."下拉列表框中选择"基本标注"选项，拾取局部放大图中的圆弧来标注其半径尺寸，如图 9-100 所示。

在"标注"工具栏中单击 ╱(倒角标注)按钮，在菜单中设置"1.轴线方向为 X 轴方向"、"2.标准 45 度倒角"和"3.基本尺寸"，接着在局部放大图中拾取倒角线，并指定尺寸线位置，右击结束倒角命令。完成标注的该倒角尺寸如图 9-101 所示。

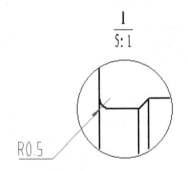

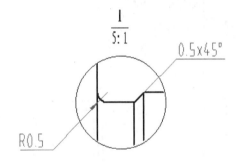

图 9-100　在局部放大图中标注　　　图 9-101　标注局部放大图中的倒角尺寸

(23) 注写剖切符号。

在"标注"工具栏中单击 ⌷A(剖切符号)按钮，在菜单中设置剖面名称为 A，在状态栏中启用"正交"模式，接着在主视图适当位置处画剖切轨迹。右击，并紧接着拾取所需的方向，然后在剖切箭头处分别指定剖面名称标注点，效果如图 9-102(a)所示。

系统继续出现"指定剖面名称标注点:"的提示信息。右击，接着在断面图上方指定该剖面名称的标注点，系统自动将该剖面名称定为 A-A，如图 9-102(b)所示。最后右击结束剖切符号注写操作。

(24) 注写视图中的表面粗糙度。

在"标注"工具栏中单击 √(粗糙度)按钮，在出现的菜单中设置"1.简单标注"、"2.默认方式"、"3.去除材料"，并在"4.数值"文本框中根据情况设置所需的粗糙度参数值。接着选择对象和指定标注位置来标注相关的粗糙度，完成结果如图 9-103 所示。

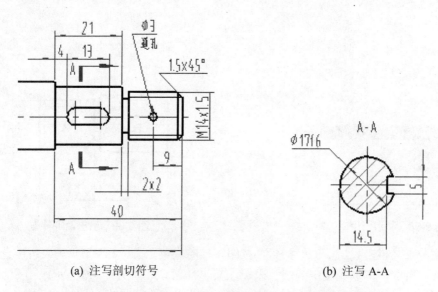

(a) 注写剖切符号　　　　　　　　　　(b) 注写 A-A

图 9-102　注写剖切符号(含"A-A"视图名)

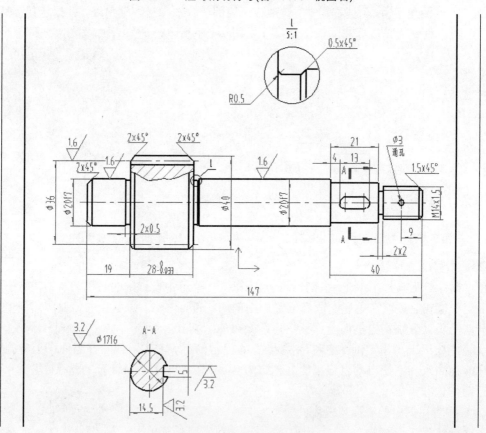

图 9-103　注写视图中的表面粗糙度

(25) 注写基准代号。

在"标注"工具栏中单击 (基准代号)按钮，在菜单中设置如图 9-104 所示的选项和基准名称。

图 9-104　在基准代号立即菜单中的设置

在主视图中拾取所需的轮廓直线，拖动鼠标确定标注位置，注写的该基准代号如图 9-105 所示。

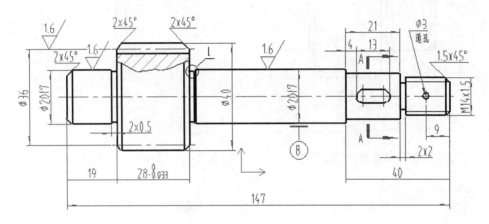

图 9-105　注写基准代号

(26) 注写形位公差。

在"标注"工具栏中单击 📍(形位公差)按钮，打开"形位公差"对话框。在"公差代号"列表框中单击 ⊥(垂直度)按钮，在"公差 1"选项组的下拉列表框中输入 0.03，在"基准一"下拉列表框中输入 B，如图 9-106 所示，然后单击"确定"按钮。

图 9-106　"形位公差"对话框

在出现的菜单中选中"水平标注"选项，接着拾取对象(如拾取轮廓边)，指定引线转折点和拖动确定定位点，完成的形位公差如图 9-107 所示。

(27) 编辑一个倒角尺寸的标注位置。

在"编辑工具"工具栏中单击 ✏(标注编辑)按钮，选择与形位公差引出线相交的倒角标注作为要编辑的标注,接着指定新位置即可,如图 9-108 所示。

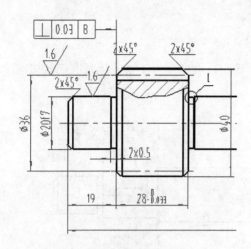

图 9-107　完成的形位公差

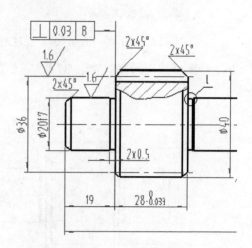

图 9-108　编辑一个倒角尺寸的标注位置

(28) 绘制表格和填写内容。

将"细实线层"设置为当前图层。使用直线工具、等距线工具和裁剪工具在图框右上角处完成如图 9-109(a)所示的表格,注意要将左侧边线的线型设置为粗实线。

使用"绘图工具"工具栏中的 **A**(文字)按钮,在相关的矩形区域内输入文本,注意文本的对齐方式为中间对齐。填写的文本信息如图 9-109(b)所示。

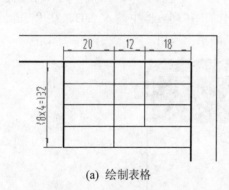

模数	m	2
齿数	Z	18
齿形角	α	20°
精度等级		766GM

(a) 绘制表格　　　　　　　　　　　　(b) 表格注写

图 9-109　绘制表格及填写表格

(29) 注写其他表面粗糙度要求。

在"标注"工具栏中单击√(粗糙度)按钮,在菜单"1."中切换到"标准标注"选项,弹出"表面粗糙度"对话框,设置如图 9-110 所示的选项及参数,然后单击"确定"按钮,在图框右上角的参数表的左侧指定定位点,接着输入角度为 0。得到的其余表面粗糙度标注效果如图 9-111 所示。

可以执行比例缩放功能将该标注放大 1.5 倍,如图 9-112 所示。

(30) 注写技术要求。

在"标注"菜单中选择"技术要求"命令,或者在"标注"工具栏中单击📇(技术要求)按钮,系统弹出"技术要求库"对话框。在该对话框中设置标题内容和技术要求内容等,如

图 9-113 所示。接着单击"生成"按钮，然后在图框内标题栏上方指定两个角点来放置技术要求文本，如图 9-114 所示。

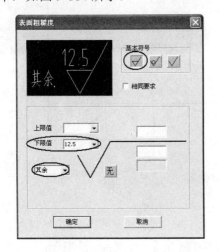

图 9-110　"表面粗糙度"对话框

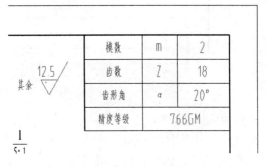

图 9-111　注写其余表面粗糙度

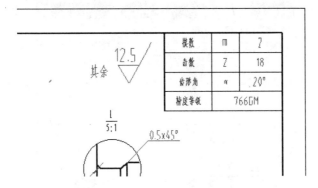

图 9-112　将"其余"粗糙度标注放大

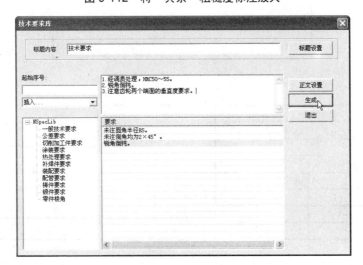

图 9-113　"技术要求库"对话框

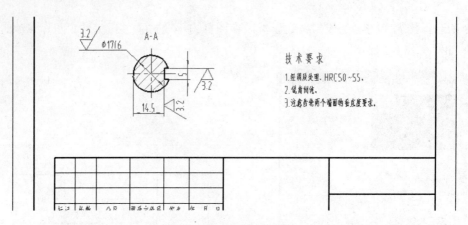

图 9-114　注写技术要求

(31) 填写标题栏。

在菜单栏中选择"幅面"→"标题栏"→"填写"命令，或者在绘图区双击标题栏，弹出"填写标题栏"对话框，从中填写相关的内容，如图 9-115 所示。然后单击"确定"按钮。

填写好的标题栏如图 9-116 所示。

图 9-115　"填写标题栏"对话框

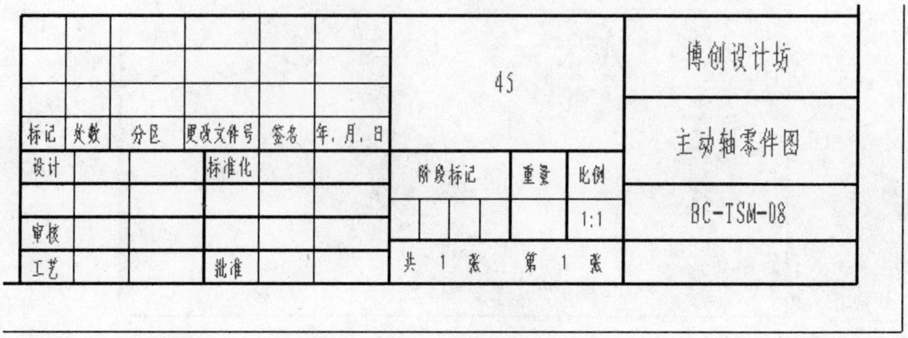

						45			博创设计坊
标记	类数	分区	更改文件号	签名	年,月,日				主动轴零件图
设计			标准化			阶段标记	重量	比例	
审核								1:1	BC-TSM-08
工艺			批准			共 1 张	第 1 张		

图 9-116　填写好的标题栏

(32) 保存文件。

在保存文件前通常要仔细检查零件图，看是否有错漏的图形细节，尺寸是否齐全，并可使用 (标注编辑)工具来适当调整某些尺寸线的放置位置。

该零件图的完成效果如图 9-117 所示。

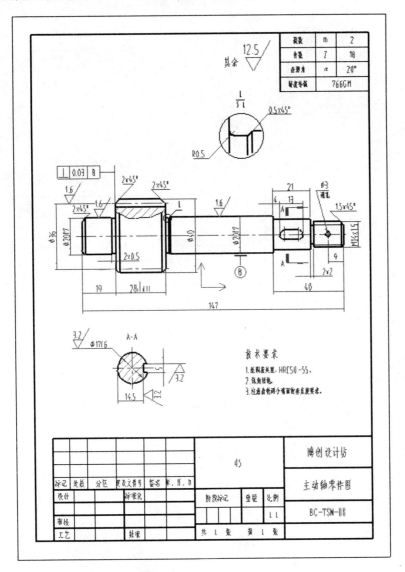

图 9-117　主动轴的零件图

9.4　绘制轴承盖零件图

从零件的基本体征上来看，轴承盖通常属于扁平的轮盘类零件，此类零件一般需要使用两三个视图来表达。

本实例要完成的是某轴承盖零件的零件图，完成效果如图 9-118 所示。

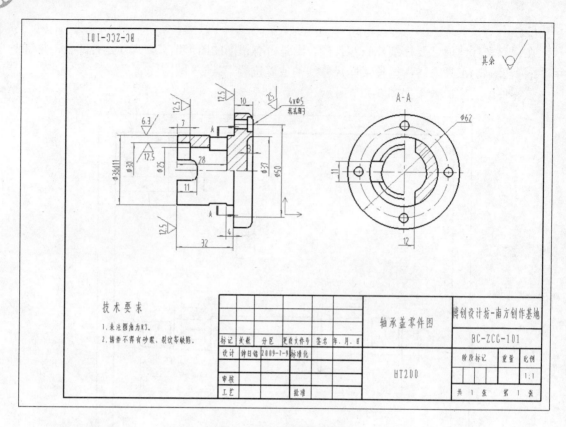

图 9-118　轴承盖零件图

绘制该轴承盖零件图的具体操作步骤如下。

(1) 新建图形文件。

在 CAXA 电子图板界面中单击▢(新建)按钮，弹出"新建"对话框，在"模板"选项卡的模板列表中选择 BLANK 模板，如图 9-119 所示，然后单击"确定"按钮。

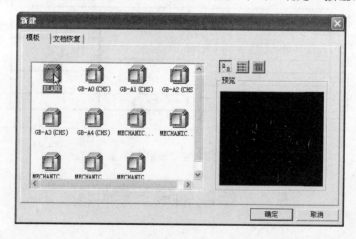

图 9-119　"新建"对话框

(2) 绘制主要中心线和定位线。

将当前图层设置为"中心线层"，如图 9-120 所示。

图 9-120　将中心线层设置为当前图层

在"绘图工具"工具栏中单击 ✏(直线)按钮，在出现的菜单中设置"1.两点线"、"2.单根"，并在状态栏中启用"正交"模式，根据设计尺寸分别绘制如图 9-121 所示的几条中心线。

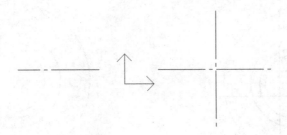

图 9-121　绘制中心线

在"绘图工具"工具栏中单击 ⊙(圆)按钮，在出现的菜单中选择"1.圆心_半径"、"2.直径"和"3.无中心线"，按空格键，从弹出来的工具点菜单中选择"交点"选项。接着分别拾取右边的水平中心线和垂直中心线，系统以这两条中心线的交点作为圆心。输入直径为 50，按 Enter 键确认，绘制如图 9-122 所示的辅助圆。右击结束圆绘制命令。

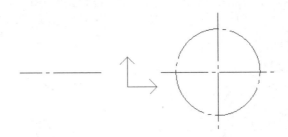

图 9-122　绘制辅助圆

(3) 将"0 层"或"粗实线层"设置为当前图层。

(4) 绘制若干个圆。

在"绘图工具"工具栏中单击 ⊙(圆)按钮，根据设计要求绘制如图 9-123 所示的 4 个同心圆。这 4 个同心圆的直径从外到内依次是 $\Phi62$、$\Phi38$、$\Phi30$ 和 $\Phi25$。

继续使用 ⊙(圆)按钮来绘制 4 个直径相等的小圆，其直径均为 $\Phi5$，如图 9-124 所示。

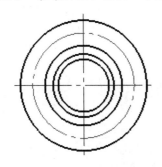

图 9-123　绘制 4 个同心的圆

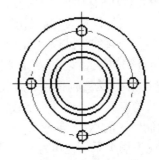

图 9-124　绘制 4 个直径相等的圆

(5) 绘制等距线。

在"绘图工具"工具栏中单击 (等距线)按钮，分别绘制如图 9-125 所示的几条等距线。

(6) 裁剪图形。

在"编辑工具"工具栏中单击 ✂(裁剪)按钮，将图形初步裁剪成如图 9-126 所示。

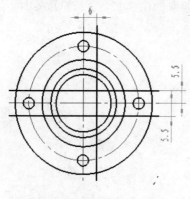

图 9-125　绘制几条等距线

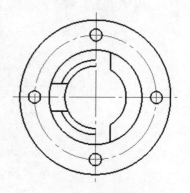

图 9-126　裁剪图形

(7) 绘制剖面线。

将"剖面线层"设置为当前图层。在"绘图工具"工具栏中单击 ▨(剖面线)按钮，在出现的菜单中选择"1.拾取点"、"2.不选择剖面图案"，并设置"3.比例"为1、"4.角度"为0、"5.间距错开"为0。接着拾取如图 9-127 所示的环内点 1 和环内点 2，右击确认。完成绘制的该半剖视的剖面线如图 9-128 所示。

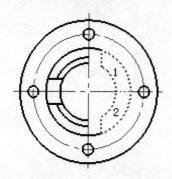

图 9-127　拾取环内点

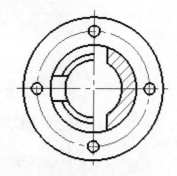

图 9-128　绘制剖面线

(8) 利用导航功能辅助绘制相关的辅助中心线。

将"中心线层"设置为当前图层，从位于窗口右下角的列表框中选择"导航"选项，以启用导航功能。使用直线工具以"两点线"方式绘制如图 9-129 所示的辅助中心线。

(9) 使用直线和等距线工具绘制相关的辅助粗实线。

将"0 层"设置为当前图层。先使用直线绘制如图 9-130 所示的一条竖直粗实线，接着使用等距线工具绘制其他的辅助粗实线，如图 9-131 所示。

(10) 绘制所需的直线。

根据视图投影关系，使用直线工具绘制所需的直线段，如图 9-132 所示，其中有两段直线段还需要巧妙地应用导航功能来辅助绘制。

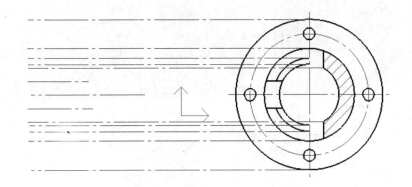

图 9-129　绘制相关的辅助中心线

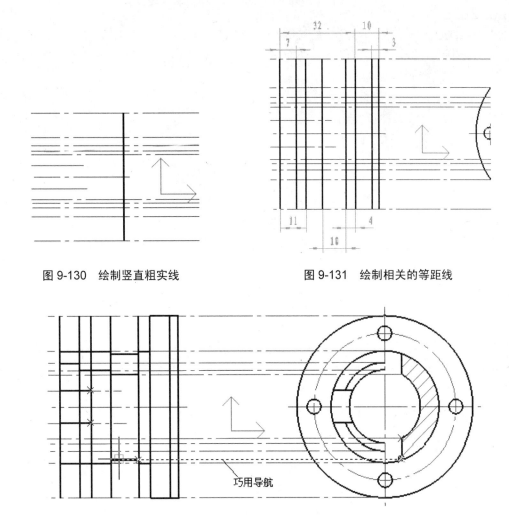

图 9-130　绘制竖直粗实线　　　　　图 9-131　绘制相关的等距线

图 9-132　绘制所需的直线

(11) 初步修改左边的视图图形。

　　将不需要的中心辅助线删除，并且在"编辑工具"工具栏中单击（裁剪)按钮，对左边视图中的相关粗实线进行裁剪处理，得到的图形效果如图 9-133 所示。

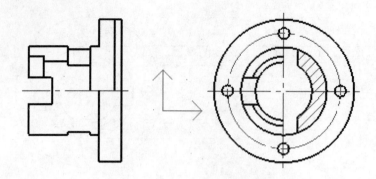

图 9-133　初步修改左边视图图形后的效果

(12) 绘制定位孔的中心线。

将"中心线层"设置为当前图层，接着在"绘图工具"工具栏中单击 (直线)按钮，以两点线方式来绘制中心线，注意巧用导航功能来保证孔轴线的对应关系。在左边的视图中添加的两条短水平中心线如图 9-134 所示。

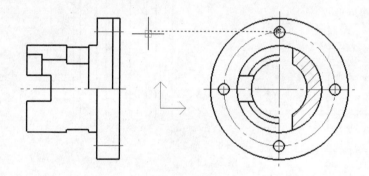

图 9-134　在左边视图中绘制定位孔的中心线

完成该步骤后重新将"0 层"或"粗实线层"设置为当前图层。

(13) 绘制等距线。

在"绘图工具"工具栏中单击 (等距线)按钮，分别绘制如图 9-135 所示的几条等距线(图中特意给出了等距离)。

(14) 裁剪图形。

在"编辑工具"工具栏中单击 (裁剪)按钮，对刚绘制的等距线进行裁剪处理，最后得到的裁剪结果如图 9-136 所示。

(15) 绘制过渡圆角。

在"编辑工具"工具栏中单击 (过渡)按钮，在菜单的第 1 项下拉列表框中选择"圆角"选项，在第 2 项下拉列表框中选择"裁剪"选项，在第 3 项文本框中设置圆角半径为 3，接着拾取所需的第一条曲线和第二条曲线来创建一个过渡圆角。继续拾取对象创建过渡圆角。在本例中一共创建 5 处圆角，结果如图 9-137 所示。

(16) 处理在创建过渡圆角时造成的多余曲线段。

将在创建过渡圆角时造成的多余曲线段删除掉或裁剪掉，修改效果如图 9-138 所示。

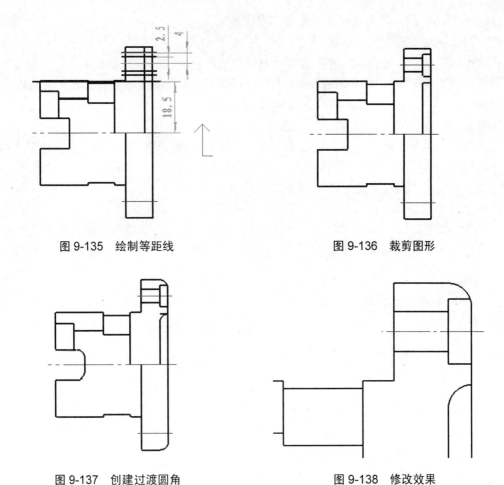

图 9-135　绘制等距线　　　　　　　　　图 9-136　裁剪图形

图 9-137　创建过渡圆角　　　　　　　　图 9-138　修改效果

(17) 绘制剖面线。

将"剖面线层"设置为当前图层。在"绘图工具"工具栏中单击　(剖面线)按钮，在出现的菜单中选择"1.拾取点"、"2.不选择剖面图案"，设置"3.比例"为 1、"4.角度"为 0、"5.间距错开"为 0。接着拾取如图 9-139 所示的环内点 1、环内点 2 和环内点 3，右击确认，完成绘制的该部分剖面线如图 9-140 所示。

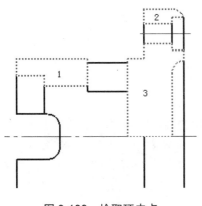

图 9-139　拾取环内点

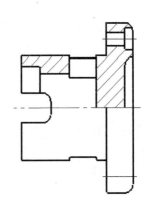

图 9-140　绘制剖面线

(18) 设置当前图层、当前标注风格和当前文本风格。

将"尺寸线层"设置为当前图层。

在"格式"菜单中选择"尺寸"命令，打开"标注风格设置"对话框，新建一个"机械"标注风格，以及参考相关的机械制图标准等来设置其相应的参数。然后将其设置为当前的尺寸标注风格，单击"确定"按钮。用户也可以采用默认的"标准"尺寸标注风格作为当前风格来进行本案例操作。

在"格式"菜单中选择"文字"命令，打开"文本风格设置"对话框，设置一个"机械"文本风格作为当前的文本风格，然后单击"确定"按钮。用户也可以采用默认的"标准"文本风格作为当前的文本风格来进行本案例操作。

(19) 标注半标注尺寸。

在"标注"工具栏中单击┌┐(尺寸标注)按钮，在尺寸标注立即菜单的第1项下拉列表框中选择"半标注"选项，接着在第2项下拉列表框中选择"直径"选项，如图9-141所示。

图 9-141　半标注菜单

按照提示分别拾取一组元素来标注半标注尺寸。在本零件图中一共标注了4处半标注尺寸，如图9-142所示。

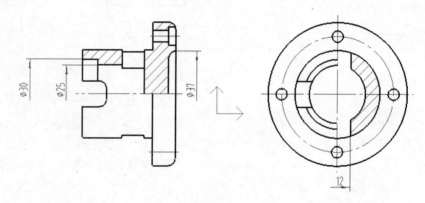

图 9-142　完成半标注尺寸

(20) 标注一系列基本尺寸。

在"标注"工具栏中单击┌┐(尺寸标注)按钮，接着在菜单的"1."下拉列表框中选择"基本标注"选项，分别依据相关的设计要求选择元素来标注一系列所需要的尺寸。该步骤完成的基本尺寸标注如图9-143所示。

(21) 注写引出说明。

在"标注"工具栏中单击⌐ᴬ(引出说明)按钮，弹出"引出说明"对话框。在"上说明"文本框中输入4%x%c5，在"下说明"文本框中输入"沉孔深3"，如图9-144所示，接着单击"确定"按钮。在出现的菜单第1项下拉列表框中选择"文字方向缺省"选项，在第2项文本框中设置延伸长度为3，然后分别指定第1点和第2点，创建的该沉头孔引出说明如图9-145所示。

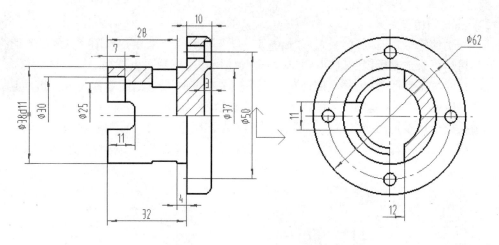

图 9-143　标注一系列基本尺寸

图 9-144　"引出说明"对话框

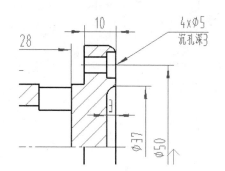

图 9-145　注写沉头孔的引出说明

(22) 标注表面粗糙度。

在标注表面粗糙度之前可以先执行"格式"→"粗糙度"命令，利用打开的"粗糙度风格设置"对话框来定制所需的粗糙度风格，由读者自由把握。

在"标注"工具栏中单击 √ (粗糙度)按钮，分别标注相关的表面粗糙度，完成结果如图 9-146 所示(为了让标注出来的表面粗糙度不与尺寸标注重合，已经调整了相关的尺寸线放置位置)。

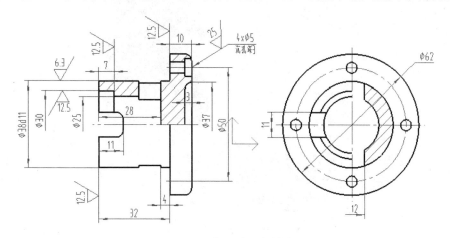

图 9-146　标注表面粗糙度

(23) 注写剖切符号。

在注写剖切符号之前可以先执行"格式"→"剖切符号"命令,利用打开的"剖切符号风格设置"对话框来定制所需的剖切符号风格,具体操作由读者自由把握。

在"标注"工具栏中单击 (剖切符号)按钮,在菜单中设置剖面名称为 A,此时可临时启用"正交"模式。接着在位于左边的视图中画剖切轨迹,右击确定,并拾取所需的方向;然后在剖切箭头处分别指定剖面名称"A"的标注点,右击确定;接着在右侧视图上方指定 A-A 视图名称的标注点。注写该剖切符号(含注写剖切视图名称)的效果如图 9-147 所示。

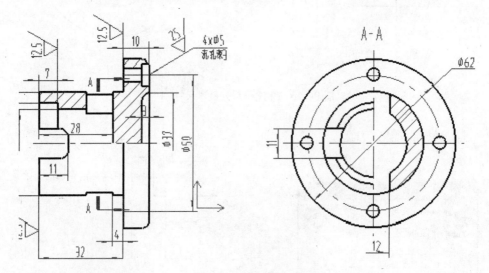

图 9-147 注写剖切符号

(24) 图幅设置。

在菜单栏中选择"幅面"→"图幅设置"命令,或者在"图幅"工具栏中单击 (图幅设置)按钮,打开"图幅设置"对话框。在该对话框中设置如图 9-148 所示的内容,然后单击"确定"按钮。

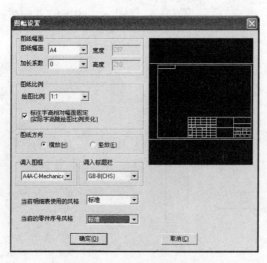

图 9-148 "图幅设置"对话框

(25) 调整视图在图框中的位置。

使用 ✛(平移)按钮功能将视图整体平移到图框中的适当位置，使之看起来美观、和谐统一。
参考效果如图 9-149 所示。

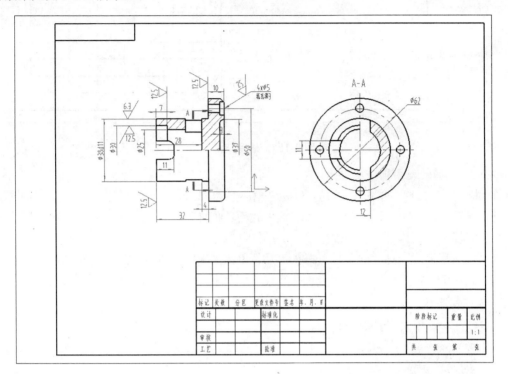

图 9-149　图幅与视图位置

(26) 注写技术要求。

在"标注"菜单中选择"技术要求"命令，或者在"标注"工具栏中单击 📇(技术要求)按钮，系统弹出"技术要求库"对话框。在该对话框中设置标题内容和技术要求内容等，如图 9-150 所示。接着单击"生成"按钮，然后在图框内标题栏左侧区域指定两个角点来放置技术要求文本，如图 9-151 所示。

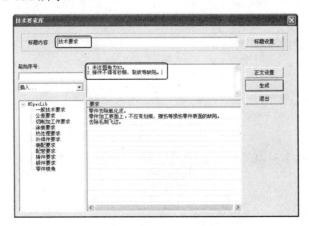

图 9-150　"技术要求库"对话框

图 9-151　注写技术要求

(27) 注写其余表面粗糙度要求。

在"标注"工具栏中单击 √(粗糙度)按钮，接着在出现的菜单中使第 1 项的选项切换为"标准标注"选项，而第 2 项选项默认为"默认方式"。此时系统自动弹出"表面粗糙度"对话框，从中可选择基本符号及设置相应的参数，如图 9-152 所示。

在"表面粗糙度"对话框中设置好内容后，单击"确定"按钮。在图框内右上角指定一点，接着输入角度为 0，从而完成其余表面粗糙度要求的标注。然后将此标注内容放大 1.5 倍，效果如图 9-153 所示。

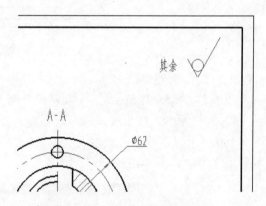

图 9-152　"表面粗糙度"对话框　　　　　　图 9-153　注写其余表面粗糙度

(28) 填写标题栏。

在菜单栏中选择"幅面"→"标题栏"→"填写"命令，或者在绘图区双击标题栏，弹出"填写标题栏"对话框，从中填写相关的内容，然后单击"确定"按钮。填写好的标题栏如图 9-154 所示。

此时，轴承盖零件图如图 9-155 所示。仔细检查有没有漏掉尺寸和轮廓线，如果有，则改正过来。

(29) 保存文件。

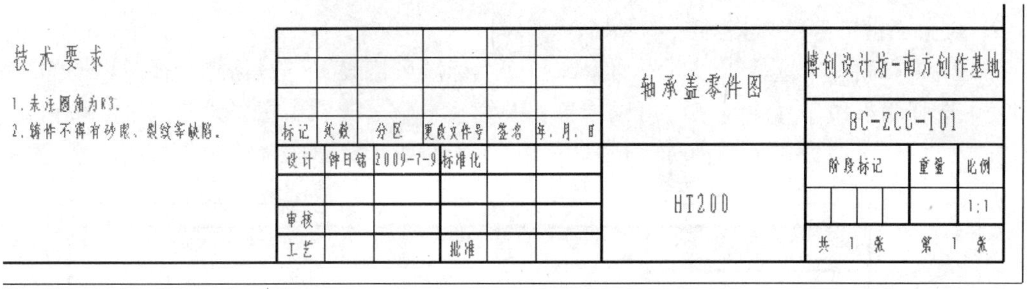

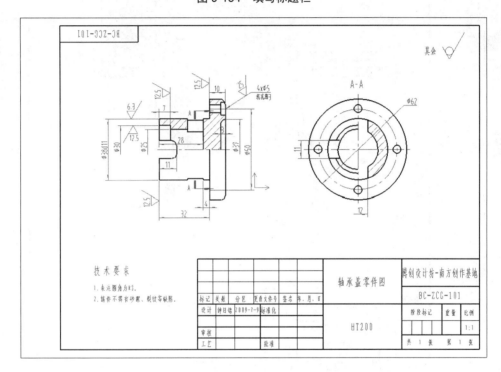

图 9-154　填写标题栏

图 9-155　轴承盖零件图

9.5　绘制支架零件图

支架零件属于叉架类零件，这类零件的形状比较复杂，通常先用铸造或焊接的方式制成毛坯，然后再进行切削加工处理。这类零件一般需要两个或两个以上的基本视图，并且必要时还要用到局部视图、局部剖视和重合断面等方式辅以表达。

本实例要完成的是某支架零件的零件图，完成的参考效果如图 9-156 所示。

绘制该支架零件图的具体操作步骤如下。

(1) 新建图形文件。

在 CAXA 电子图板界面中单击 [图标](新建)按钮，弹出"新建"对话框。在"模板"选项卡的模板列表中选择如图 9-157 所示的模板，然后单击"确定"按钮。

(2) 设置当前的标注风格与文本风格。

在"格式"菜单中选择"尺寸"命令，打开"标注风格设置"对话框。在对话框的尺寸风格列表中选择"机械"标注风格，可以修改相关细节参数，接着单击"设为当前"按钮，从而将"机械"标注风格设置为当前标注风格，如图 9-158 所示。单击"确定"按钮。

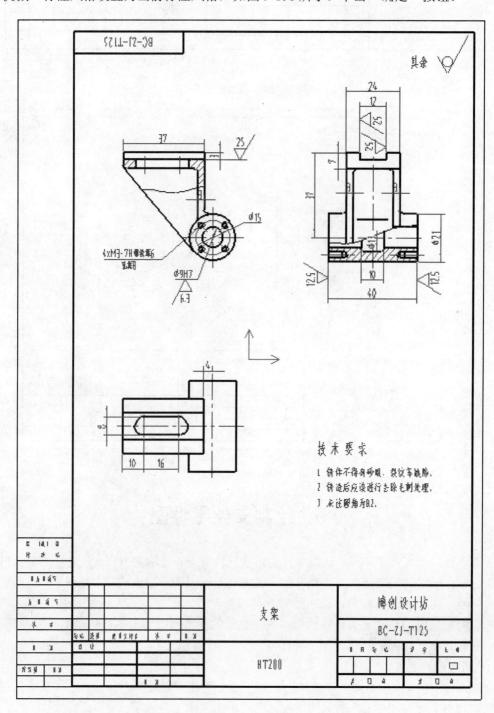

图 9-156　支架零件图

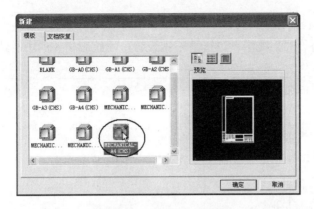

图 9-157　"新建"对话框

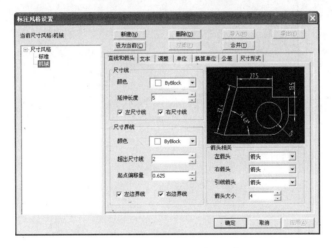

图 9-158　"标注风格设置"对话框

在"格式"菜单中选择"文字"命令，打开"文本风格设置"对话框，如图 9-159 所示。从文本风格列表框中选择"机械"文本风格，接着单击"设为当前"按钮，从而将"机械"文本风格设置为当前风格，然后单击"确定"按钮。

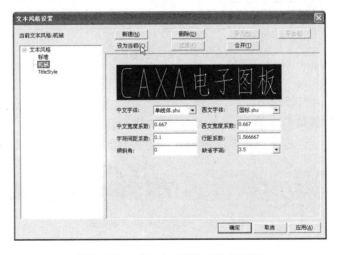

图 9-159　"文本风格设置"对话框

(3) 绘制主要中心线和定位线。

将当前层设置为"中心线层",接着根据设计尺寸绘制相关的中心线,如图 9-160 所示。

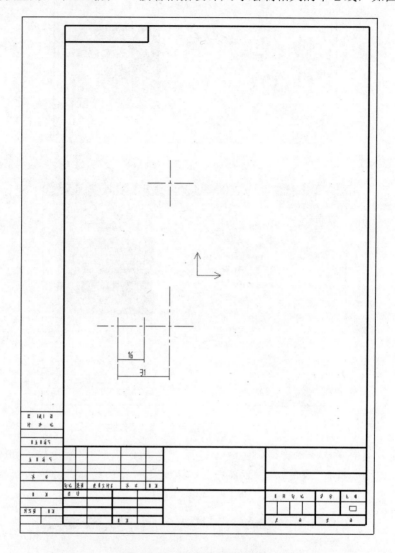

图 9-160　绘制主要中心线

(4) 绘制矩形。

将"0 层"设置为当前图层。

在"绘图工具"工具栏中单击□(矩形)按钮,接着在菜单中设置如图 9-161 所示的内容,然后在图形区域指定中心定位点来绘制矩形,如图 9-162 所示。

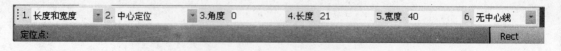

图 9-161　在矩形菜单中的设置

(5) 绘制等距线。

在"绘图工具"工具栏中单击▣(等距线)按钮,绘制如图 9-163 所示的等距线。

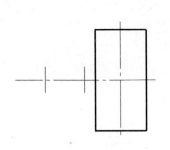

图 9-162　绘制矩形

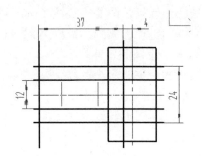

图 9-163　绘制等距线

(6) 裁剪图形。

在"编辑工具"工具栏中单击 ┌┈(裁剪)按钮，对图形进行第 1 次裁剪，裁剪结果如图 9-164 所示。

(7) 绘制两个圆。

在"绘图工具"工具栏中单击 ⊘(圆)按钮，使用"圆心_半径"方式绘制两个直径均为 8mm 的圆，如图 9-165 所示。

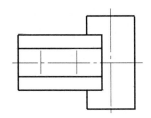

图 9-164　裁剪图形后的效果

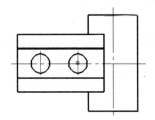

图 9-165　绘制两个圆

(8) 绘制两条直线段。

在"绘图工具"工具栏中单击 ╱(直线)按钮，以"两点线"方式绘制如图 9-166 所示的两条直线段。

(9) 裁剪图形。

在"编辑工具"工具栏中单击 ┌┈(裁剪)按钮，对图形进行第 2 次裁剪，裁剪结果如图 9-167 所示。

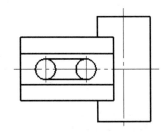

图 9-166　绘制两条直线段

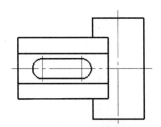

图 9-167　裁剪图形的结果

(10) 绘制圆。

在"绘图工具"工具栏中单击 ⊘(圆)按钮，使用"圆心_半径"方式绘制如图 9-168 所示的

3 个圆，圆心的位置是两条中心线(该两条中心线位于已绘制好轮廓的第一个视图的上方)的交点。这 3 个圆的直径由大到小依次是 21mm、15mm 和 9mm。

(11) 修改一个圆的属性。

结束圆绘制命令后，选择直径为 15mm 的圆，右击，从弹出的快捷菜单中选择"特性"命令，打开"特性"选项板。利用"特性"选项板将该对象的"层"属性值更改为"中心线层"，然后关闭或自动隐藏"特性"选项板。修改该圆属性后的效果如图 9-169 所示。

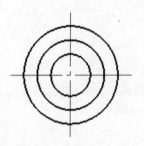

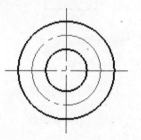

图 9-168　绘制 3 个圆　　　　　　图 9-169　将其中一个圆所在层改为"中心线层"

(12) 绘制相关的草图。

使用直线工具和等距线工具来绘制如图 9-170 所示的草图。其中在使用直线工具绘制线段时，可以应用导航点捕捉方式来辅助绘图。导航点捕捉方式是通过光标线对若干特征点(如孤立点、直线端点、直线中点、圆或圆弧的象限点和圆心点等)进行导航，导航时的光标线以虚线形式显示。

(13) 齐边和裁剪处理。

对刚绘制的草图进行相应的齐边和裁剪处理，以获得如图 9-171 所示的图形效果。

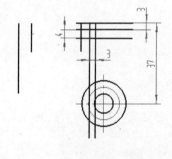

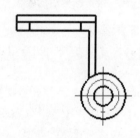

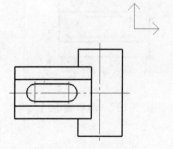

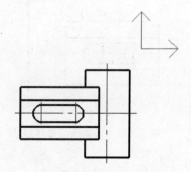

图 9-170　绘制草图　　　　　　　图 9-171　齐边和裁剪得到的效果

(14) 补齐中心线。

将"中心线层"设置为当前图层，接着在"绘图工具"工具栏中单击 ✏ (直线)按钮，以"两点线"方式并结合导航点捕捉功能来补齐如图 9-172 所示的两条中心线。绘制好这两条中心线后，将当前图层重新设置为"0 层"。

(15) 创建圆角过渡。

在"编辑工具"工具栏中单击 ▦ (过渡)按钮，在过渡菜单中选择"圆角"选项，设置圆角半径为 2，并根据已知设计要求选择"圆角裁剪"选项和拾取要倒圆角的曲线。创建的圆角过渡如图 9-173 所示。

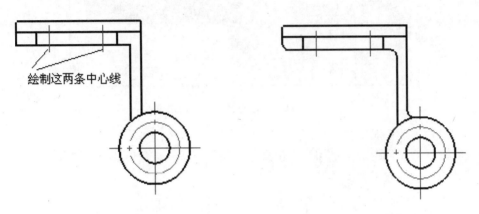

图 9-172 绘制两条中心线   图 9-173 创建圆角过渡

(16) 绘制粗牙内螺纹图形。

在菜单栏中选择"绘图"→"图库"→"提取"命令，打开"提取图符"对话框，在"常用图形"的"孔"类别中选择"粗牙内螺纹"，如图 9-174 所示。

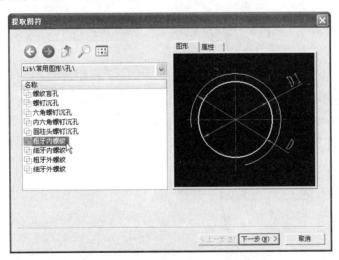

图 9-174 "提取图符"对话框

单击"下一步"按钮，系统弹出"图符预处理"对话框，从"尺寸规格选择"列表中选择尺寸规格，在"尺寸开关"选项组中选中"关"单选按钮，如图 9-175 所示。

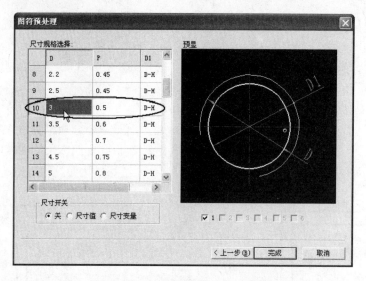

图 9-175　"图符预处理"对话框

在"图符预处理"对话框中单击"完成"按钮,接着在出现的菜单中将"1."的选项切换为"打散",然后在视图中指定图符定位点,并输入图符旋转角度为 0,右击结束操作。完成第一个螺纹孔图形的效果如图 9-176 所示。

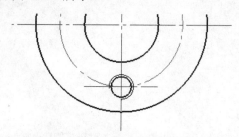

图 9-176　完成调用第一个螺纹孔图形

(17) 旋转图形。

在"编辑工具"工具栏中单击 ⟳(旋转)按钮,接着在旋转菜单中设置"1.给定角度"、"2.旋转",在状态栏中不启用"正交"模式,使用鼠标框选整个螺纹孔图形,右击确认拾取操作,然后拾取如图 9-177 所示的圆心作为基点,并输入旋转角度为 45°。旋转图形后,可以删除孔图形中不需要的中心线,并可以适当调整其剩下中心线的延伸长度,效果如图 9-178 所示。

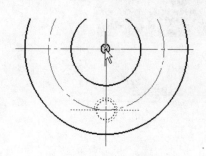

图 9-177　拾取基点

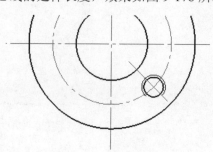

图 9-178　旋转图形

(18) 进行圆形阵列操作。

在"编辑工具"工具栏中单击 (阵列)按钮，在阵列菜单中选择"1.圆形阵列"、"2.旋转"和"3.均布"选项，并设置"4.份数"为 4。

拾取螺纹孔的整个整体图形，右击确认拾取。拾取如图 9-179 所示的圆心作为圆形阵列的中心。得到的圆形阵列结果如图 9-180 所示。

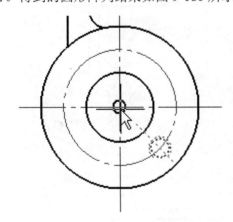

图 9-179　指定圆形阵列的中心

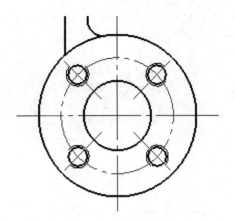

图 9-180　圆形阵列结果

(19) 绘制相切直线。

在"绘图工具"工具栏中单击 (直线)按钮，在菜单中设置"1.两点线"和"2.单根"。按空格键，弹出工具点菜单，从中选择"切点"选项，单击如图 9-181 所示的圆弧；在"第二点"提示下按空格键，弹出工具点菜单，从中选择"切点"选项，然后单击如图 9-182 所示的圆，从而完成绘制一条相切直线。

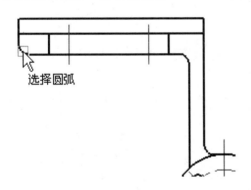

选择圆弧

图 9-181　拾取圆弧定义切点

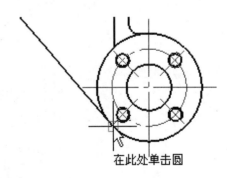

在此处单击圆

图 9-182　单击圆定义第 2 个切点

(20) 绘制样条曲线。

退出直线绘制命令后，将"细实线层"设置为当前图层。在"绘图工具"工具栏中单击 (样条)按钮，绘制如图 9-183 所示的样条曲线。

(21) 修剪样条曲线。

在"编辑工具"工具栏中单击 (裁剪)按钮，将样条曲线裁剪成如图 9-184 所示。

(22) 绘制剖面线。

将"剖面线层"设置为当前图层。在"绘图工具"工具栏中单击 (剖面线)按钮，在菜单的第 1 项中选择"拾取点",在第 2 项中选择"不选择剖面图案",并设置比例值为 0.68,角度为 0,间距错开值为 0,拾取环内点 1 和环内点 2,如图 9-185 所示。然后右击,绘制的剖面线如图 9-186 所示。

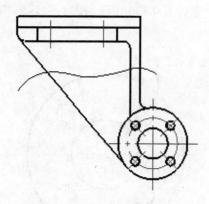

图 9-183 绘制样条曲线

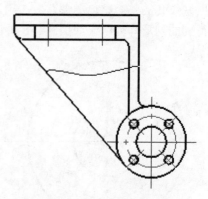

图 9-184 修剪样条曲线

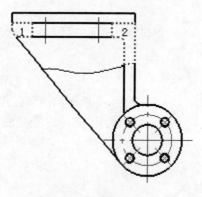

图 9-185 拾取环内点

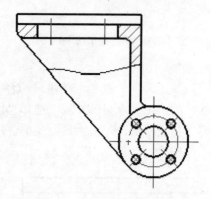

图 9-186 完成剖面线绘制

(23) 启用三视图导航。

在菜单栏中选择"工具"→"三视图导航"命令,接着在图框区域中分别指定两点来绘制一条 45°的黄色导航线,如图 9-187 所示。

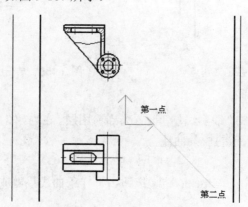

图 9-187 绘制黄色导航线

从屏幕右下角的列表框中选择"导航"选项，启动导航模式，在这种状态下系统以定义的导航线为视图转换线进行三视图导航。

(24) 绘制第 3 个视图中的主中心线。

将"中心线层"设置为当前图层。在"绘图工具"工具栏中单击 ∕ (直线)按钮，在直线立即菜单中设置"1.两点线"、"2.单根"，并通过状态栏启用"正交"模式。利用三视图导航辅助绘制如图 9-188 所示的两条中心线。

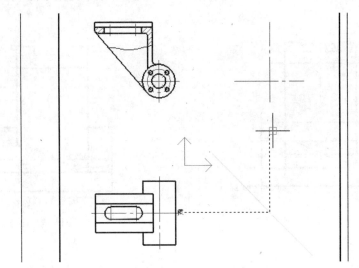

图 9-188　绘制两条中心线

(25) 利用三视图导航等方式辅助绘制图形。

将"0 层"设置为当前图层。在"绘图工具"工具栏中单击 ∕ (直线)按钮，在直线菜单中设置"1.两点线"和"2.单根"，利用三视图导航等方式辅助绘制如图 9-189 所示的线段。

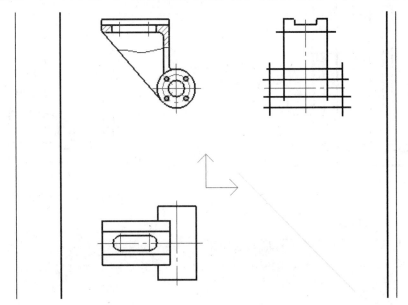

图 9-189　绘制图形

(26) 绘制样条曲线。

将"细实线层"设置为当前图层。在"绘图工具"工具栏中单击 ❀(样条)按钮，绘制如图 9-190 所示的样条曲线。

绘制好该样条曲线后，重新将"0 层"设置为当前图层。

(27) 裁剪图形。

在"编辑工具"工具栏中单击 ⁄⁝(裁剪)按钮，对新视图进行裁剪处理。裁剪得到的新视图如图 9-191 所示。

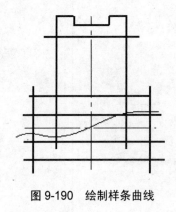

图 9-190   绘制样条曲线

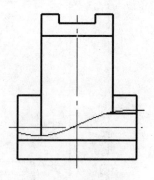

图 9-191   裁剪图形

(28) 创建等距线。

在"绘图工具"工具栏中单击 ⬛(等距线)按钮，绘制如图 9-192 所示的几条等距线。

(29) 进行齐边和裁剪处理。

对新视图进行齐边和裁剪处理，得到的初步处理结果如图 9-193 所示。

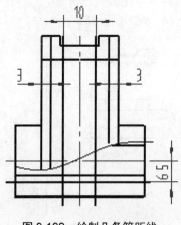

图 9-192   绘制几条等距线

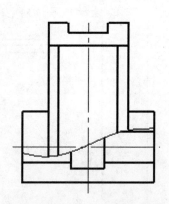

图 9-193   齐边和裁剪处理

(30) 绘制过渡圆角。

在"编辑工具"工具栏中单击 ⬛(过渡)按钮，在菜单的第 1 项下拉列表框中选择"圆角"选项，根据需要在新视图中绘制如图 9-194 所示的几个圆角，圆角半径为 2。

(31) 绘制过渡轮廓线。

在"绘图工具"工具栏中单击 ⁄(直线)按钮，在直线菜单中设置"1.两点线"、"2.单根"，并在状态栏中启用"正交"模式。接着利用导航捕捉模式指定两点绘制一条水平的过渡轮廓线，如图 9-195 所示，即该过渡轮廓线的两个端点(端点 1 和端点 2)与位于旁边视图中的 A 点同在一水平导航线上。

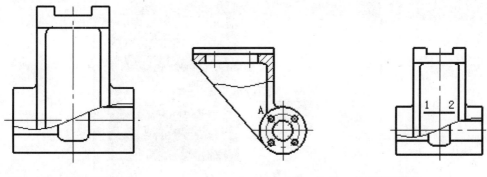

图 9-194　绘制过渡圆角　　　　　　图 9-195　绘制一条过渡轮廓线

(32) 绘制局部旋转剖视图中的螺纹孔中心线。

将"中心线层"设置为当前图层。单击"绘图工具"工具栏中的 ✎ (直线)按钮，以"两点线"方式绘制表示螺纹孔位置的中心线，如图 9-196 所示。

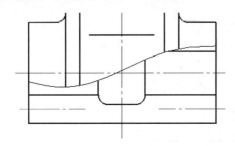

图 9-196　绘制表示螺纹孔位置的中心线

(33) 绘制局部旋转剖视图中的螺纹孔图形。

在菜单栏中选择"绘图"→"图库"→"提取"命令，打开"提取图符"对话框，在"常用图形"下选择"孔"类别，接着在"孔"类别下的图符"名称"列表框中选择"螺纹盲孔"，如图 9-197 所示。

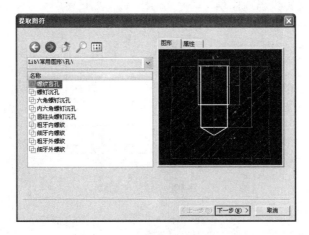

图 9-197　"提取图符"对话框

单击"下一步"按钮，系统弹出"图符预处理"对话框，从中选择尺寸规格和设置其尺寸参数值，如图 9-198 所示，并在"尺寸开关"选项组中选中"关"单选按钮。

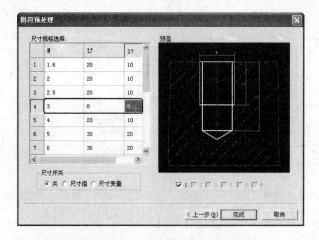

图 9-198　"图符预处理"对话框

在"图符预处理"对话框中单击"完成"按钮，在出现的菜单中选择"打散"选项，在图形中指定图符定位点和旋转角度来放置螺纹盲孔图形，可以继续放置第二个同样规格的螺纹盲孔图形。一共放置两个螺纹盲孔图形，效果如图 9-199 所示。

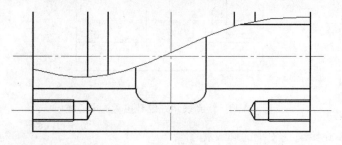

图 9-199　放置两个螺纹盲孔图形

(34) 绘制剖面线。

将"剖面线层"设置为当前图层。在"绘图工具"工具栏中单击　(剖面线)按钮，采用之前的剖面线设置参数，绘制如图 9-200 所示的剖面线。

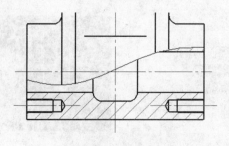

图 9-200　绘制剖面线

(35) 关闭三视图导航线。

在菜单栏中选择"工具"→"三视图导航"命令。

(36) 标注尺寸和技术要求等。

将"尺寸线层"设置为当前图层。使用相关的标注工具来为零件图标注所需的尺寸和技术要求等，标注的参考结果如图 9-201 所示。

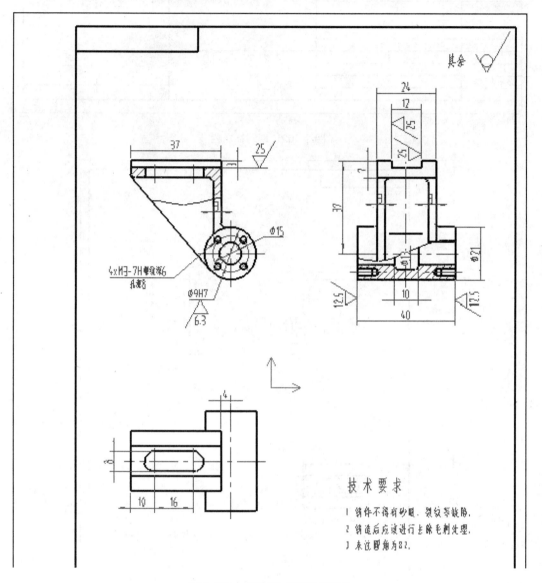

图 9-201　标注尺寸和技术要求

(37) 填写标题栏。

在菜单栏中选择"幅面"→"标题栏"→"填写"命令，或者在绘图区双击标题栏，弹出"填写标题栏"对话框，在该对话框中填写相关的内容，然后单击"确定"按钮。填写好的标题栏如图 9-202 所示。

(38) 保存文件。

本范例完成的支架零件图如图 9-203 所示，检查图形是否有疏漏，然后保存文件。

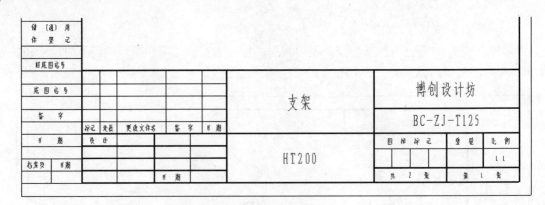

图 9-202　填写标题栏

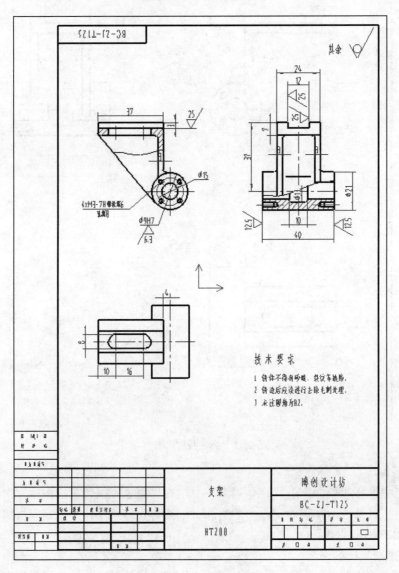

图 9-203　完成的支架零件图

9.6　绘制齿轮零件图

本实例要完成的是某齿轮零件的零件图，效果如图 9-204 所示。

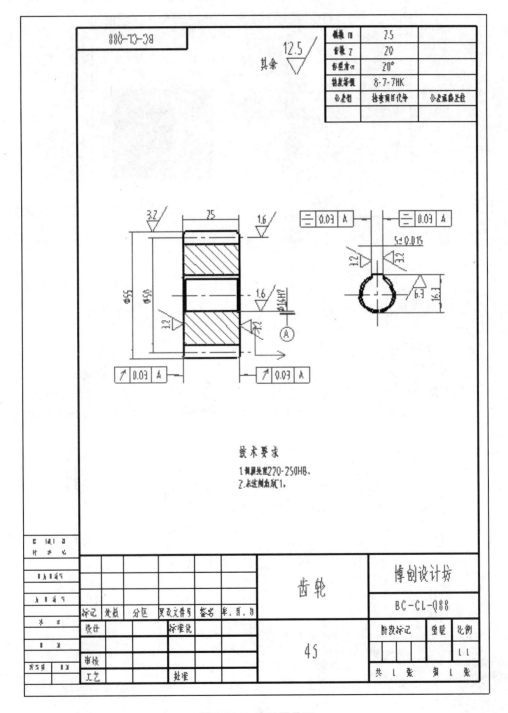

图 9-204　齿轮零件图

绘制该齿轮零件图的具体操作步骤如下。

(1) 新建图形文件。

在 CAXA 电子图板界面中单击 □(新建)按钮，弹出"新建"对话框。在"模板"选项卡的模板列表中选择如图 9-205 所示的模板，然后单击"确定"按钮。

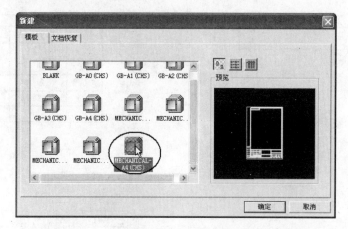

图 9-205 "新建"对话框

(2) 设置当前的标注风格与文本风格。

在"格式"菜单中选择"尺寸"命令，打开"标注风格设置"对话框。在对话框的"尺寸风格"列表中选择"机械"，并可以更改默认的参数，接着单击"设为当前"按钮，然后单击"确定"按钮。

在"格式"菜单中选择"文字"命令，打开"文本风格设置"对话框，在"文本风格"列表框中选择"机械"，单击"设为当前"按钮，然后单击"确定"按钮。

(3) 绘制主要中心线。

将"中心线层"设置为当前层，接着根据设计尺寸绘制出相关的中心线，如图 9-206 所示。

图 9-206 绘制主要中心线

(4) 绘制矩形。

将"0 层"设置为当前层。

在"绘图工具"工具栏中单击 □(矩形)按钮，接着在菜单中设置如图 9-207 所示的内容。

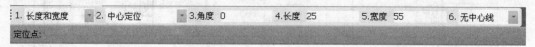

图 9-207 矩形立即菜单

在图形区域拾取如图 9-208 所示的中点作为矩形定位点，从而绘制如图 9-209 所示的矩形。

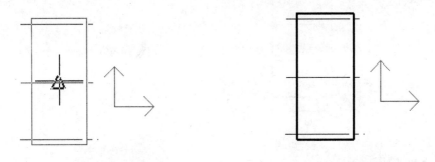

图 9-208　指定矩形定位点　　　　图 9-209　绘制的矩形

(5) 绘制等距线。

在"绘图工具"工具栏中单击 (等距线)按钮，绘制如图 9-210 所示的等距线。

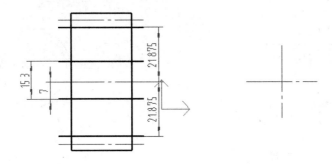

图 9-210　绘制等距线

(6) 裁剪图形。

在"编辑工具"工具栏中单击 (裁剪)按钮，对图形进行裁剪。裁剪结果如图 9-211 所示。

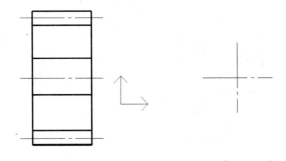

图 9-211　裁剪图形

(7) 绘制圆。

在"绘图工具"工具栏中单击 (圆)按钮，使用"圆心_半径"方式绘制如图 9-212 所示的两个圆，它们的直径分别为 14mm 和 16mm。

(8) 绘制等距线。

在"绘图工具"工具栏中单击 (等距线)按钮，绘制如图 9-213 所示的等距线。

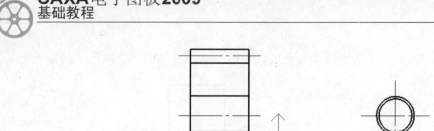

图 9-212　绘制两个圆

(9) 裁剪图形。

在"编辑工具"工具栏中单击 （裁剪）按钮，对上两个步骤所绘制的图形进行裁剪，裁剪结果如图 9-214 所示。

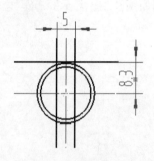

图 9-213　绘制等距线

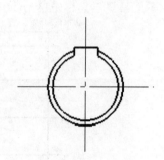

图 9-214　裁剪图形

(10) 结合导航功能在主视图中补全键槽轮廓线。

在"绘图工具"工具栏中单击 （直线）按钮，以"两点线"方式并结合导航功能，在主视图中补全键槽轮廓线，如图 9-215 所示。

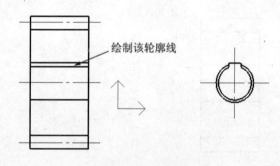

绘制该轮廓线

图 9-215　绘制示意

(11) 绘制倒角。

在"编辑工具"工具栏中单击 （过渡）按钮，接着在过渡菜单的第 1 项下拉列表框中选择"倒角"，在第 2 项下拉列表框中选择"裁剪"，设置倒角长度为 1，倒角角度为 45°，然后在提示下拾取直线来绘制倒角。绘制的 4 个倒角如图 9-216 所示。

在过渡菜单的第 1 项下拉列表框中选择"内倒角"选项，并设置倒角长度为 1，倒角角度为 45°，接着在提示下拾取元素来创建内倒角。一共创建两组内倒角，如图 9-217 所示。

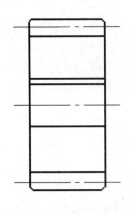

图 9-216　绘制 4 个倒角

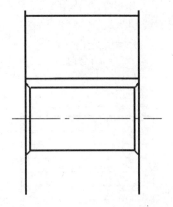

图 9-217　绘制两组内倒角

(12) 绘制剖面线。

将"剖面线层"设置为当前图层。在"绘图工具"工具栏中单击 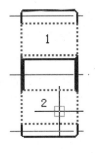(剖面线)按钮，在菜单的第 1 项下拉列表框中选择"拾取点"，在第 2 项下拉列表框中选择"选择剖面图案"，如图 9-218 所示。接着拾取环内点 1 和环内点 2，如图 9-219 所示，然后右击。

图 9-218　在菜单中的设置

图 9-219　拾取环内点

系统弹出"剖面图案"对话框，从图案列表中选择 ANSI31 剖面图案，接着设置比例值、旋转角度值和间距错开值，如图 9-220 所示，然后单击"确定"按钮。完成绘制的剖面线如图 9-221 所示。

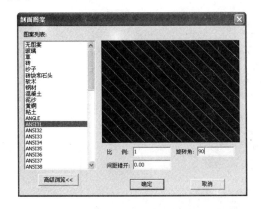

图 9-220　选择剖面图案及设定其参数

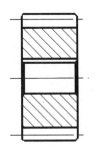

图 9-221　完成的剖面线

(13) 绘制表格和填写内容。

将“细实线层”设置为当前图层。使用直线工具和等距线工具在图框右上角合适的位置处完成如图 9-222 所示的表格，注意将右侧外框线的所在层更改为“0 层”。

使用“绘图工具”工具栏中的A(文字)按钮，在相关的矩形区域内输入文本，注意选中文本的“对齐方式”按钮图标为和，字高为 3.5。填写的文本信息如图 9-223 所示。

42
16
26
26

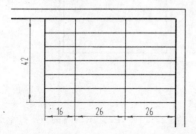

图 9-222 绘制表格

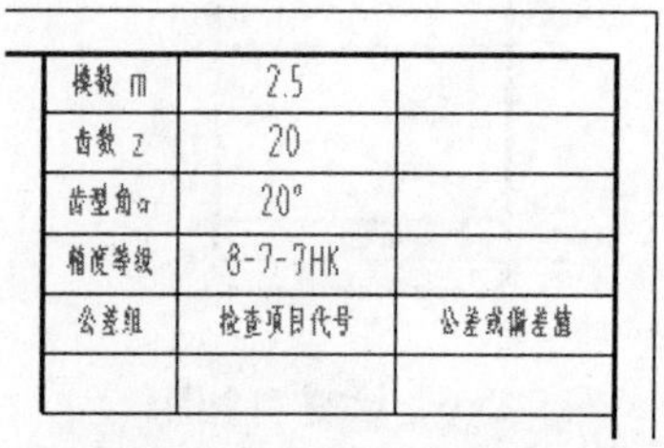

模数 m
2.5
齿数 z
20
齿型角α
20°
精度等级
8-7-7HK
公差组
检查项目代号
公差或偏差值

图 9-223 填写文本信息

知识点拨

绘制好上述表格后，用户可以使用平移工具将整个表格精确地平移到图框内右上角位置。

(14) 标注尺寸、技术要求等。

将“尺寸线层”设置为当前图层。在标注之前，可以设置基准代号、形位公差、粗糙度等标注项目的标注样式(标注风格)。使用相关的标注工具为零件图标注所需的尺寸和技术要求等。可以适当调整视图在图框内的位置。

标注的参考结果如图 9-224 所示。

12.5
其余
2.5
20
20°
8-7-7HK
25
3.2
1.6
0.03
A
5±0.015
6.3
16.3
技术要求

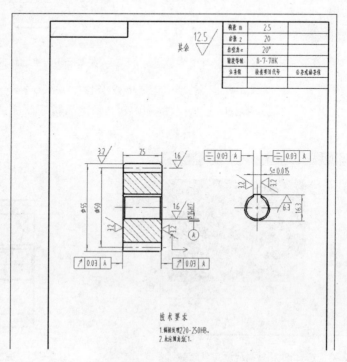

图 9-224 标注的参考结果

(15) 填写标题栏。

在菜单栏中选择"幅面"→"标题栏"→"填写"命令，或者在绘图区双击标题栏，弹出"填写标题栏"对话框。填写相关的内容，然后单击"确定"按钮。填写好的标题栏如图 9-225 所示。

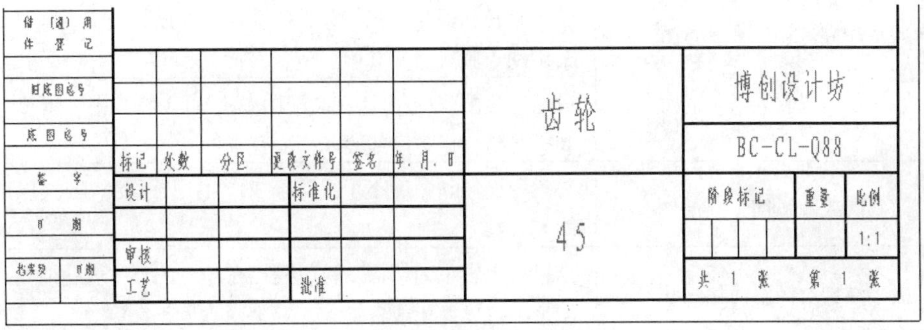

图 9-225　填写好的标题栏

(16) 检查零件图是否有疏漏，如果有及时更正。满意后，保存文件。

9.7　本 章 小 结

在工程制图中，零件图是极其常见的。一张完整的零件图应该包括以下内容：①一组表达清楚的图形，即使用一组图形正确、清晰、完整地表达零件的结构形状，在这些图形中，可以采用一般视图、剖视、断面、规定画法和简化画法等方法表达；②一组尺寸，这些尺寸用来反映零件各部分结构的大小和相对位置，满足制造和检验零件的要求；③技术要求，包括注写零件的粗糙度、尺寸公差、形状和位置公差以及材料的热处理和表面处理等要求，一般用规定的代号、符号、数字和字母等标注在图上，或用文字书写在图样下方的空白处；④标题栏(标题栏通常位于图框的右下角部位，需要填写零件的名称、材料、数量、图样比例、代号，以及图样的责任人名称和单位名称等)。

本章首先介绍零件图的组成内容，接着介绍如何使用 CAXA 电子图板绘制若干个典型的零件图，这些零件图包括顶杆帽零件图、主动轴零件图、轴承盖零件图、支架零件图和齿轮零件图。在这些零件图实践过程中，读者将学习各种绘图工具和编辑工具的应用，掌握标注各种尺寸、技术说明等内容。

在绘制零件图的时候，应该注意一些图形的规定画法和简化画法。读者还应该熟知手工绘制工程图的几条经验法则，如表 9-1 所示，在使用 CAXA 电子图板绘制工程图时可根据实际情况借鉴其中的一些经验法则。

表 9-1　绘制工程图的几条经验法则

序号	经验法则	备注或举例说明
1	避免不必要的图形，采用最少的视图表达完整的零件信息	例如，合理标注尺寸后，可以根据零件结构省略某视图
2	避免使用虚线	在不致引起误解时，应避免使用虚线表示不可见结构

续表

序号	经验法则	备注或举例说明
3	避免相同结构和要素重复	若干相同结构,如齿、槽等,并按一定规律分布时,可以只画几个完整的结构,其余用细实线连接,但要标明个数
		若干直径相同且成规律分布的孔,可以仅画一个或少量几个,其余用细点画线表示其中心位置
		成组重复要素(多出现在装配图中),可以将其中一组表示清楚,其余各组仅用点画线表示中心位置
4	倾斜圆或圆弧简化画法	与投影面倾斜角度小于或等于30°的圆或圆弧,其投影可用圆或圆弧代替
5	极小结构及倾斜简化画法	当机件上较小的结构及斜度等已在一个图形中表达清楚,在其他图形中可以简化或省略
6	圆角及倒角简化画法	除确实需要表达的某些结构圆角或倒角外,其余圆角或倒角可以不画出来,但必须注明尺寸或在技术要求中加以说明
7	滚花简化画法	滚花一般采用在轮廓线附近用粗实线局部画出的方法表示;也可以省略不画,但要标注
8	平面简化画法	当回转体零件上的平面在图形中不能充分表达时,可用两条相交的细实线表示这些平面
9	圆柱法兰简化画法	圆柱形法兰和类似零件上均匀分布的孔,由机件外向该法兰端面方向投影
10	断裂画法	较长机件沿长度方向的形状一致或均匀变化时,可用波浪线、中断线或双折线断裂绘制,但需标注真实长度尺寸
11	表面交线简化画法	在不致引起误解时,非圆曲线的过渡线及相贯线允许简化为圆弧或直线
12	被放大部位简化画法	在局部放大图表达完整的前提下,允许在原视图中简化被放大部位的图形
13	剖切面前的结构画法	在需要表示位于剖切平面前的结构时,这些结构按假想投影的轮廓线绘制
14	槽和孔小结构简化画法	在零件上个别的孔、槽等结构可用简化的局部视图表示其轮廓实形

9.8　思考与练习

(1) 一张完整的零件图应该包括哪些内容?

(2) 扩展知识:基本视图是将物体向六个基本投影面投影所得到的视图,包括主视图、左视图、右视图、俯视图、仰视图和后视图。问在什么情况下不需要标出视图名称?什么是局部视图?在绘制局部视图时需要注意哪些细节?

(3) 将机件的部分结构用大于原始图形所采用的比例画出的图形,称为局部放大图。问如何创建局部放大图？局部放大图的尺寸标注与一般视图的尺寸标注相同吗？

(4) 课外练习：总结或参照其他的机械制图教程资料，了解有哪些简化画法。

(5) 上机操作：按照图 9-226 中提供的图形尺寸绘制该轴套零件的零件图，可以自行添加同轴度标注要求(形位公差中的一种)、表面粗糙度等。

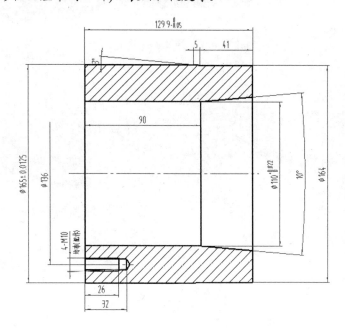

图 9-226　零件图绘制练习

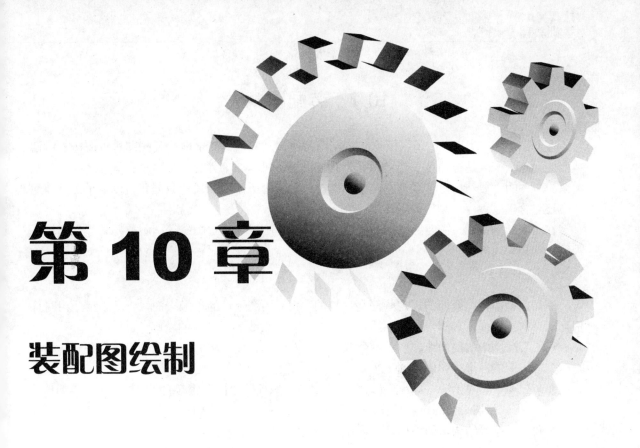

第 10 章

装配图绘制

本章导读：

　　装配图是用来表达机器或部件的图样。本章介绍装配图绘制的实用知识，包括装配图概述和装配图绘制实例。

10.1　装配图概述

在介绍使用 CAXA 电子图板绘制装配图的实例之前，先简单地对装配图进行概述。所谓装配图是指用来表达机器或部件的图样，它可以表达机器或部件的工作原理、零件之间的装配关系、零件的主要结构形状以及在装配、检查、安装时所需要的尺寸数据和技术要求等。装配图中还包含了零件序号和明细栏注写。

在绘制装配图时，需要熟知一些规定画法、简化画法和特定画法等，还需要掌握零部件序号编排的相关内容。

1．规定画法

例如接触面与配合面的规定画法是这样的：相邻两个零件的接触表面，或基本尺寸相同且相互配合的工作面，只画一条轮廓线；否则应该画两条线表示各自的轮廓。

对于装配图中的剖面线，相邻两个零件的剖面线要画成不同的方向或不等的间距，并且在同一个装配图的各个视图中，同一个零件的剖面线的方向与间距必须一致。

在装配图中，对于一些标准件(如螺钉、螺母、螺栓、垫圈和销等)和一些实心零件(如球、轴、钩等)，若剖切平面通过它们的轴线或对称平面时，则在剖视图中按不剖绘制。若这些零件上有孔、凹槽等结构，则根据需要采用局部剖来表达。

2．简化画法

装配图中的简化画法主要包括以下几点。

- 零件的工艺结构，如倒角、圆角、退刀槽等，可以不画。
- 螺母和螺栓的头部允许采用简化画法。
- 当遇到螺纹连接件等相同的零件组时，在不影响理解的前提下，允许只绘制出一处，其余可采用点画线表示其中心位置。
- 在装配图的剖视图中，如果表示滚动轴承时，允许画出对称图形的一半，而另一半可以采用通用画法或特定画法。

3．特定画法

装配图中的特定画法主要有拆卸画法、单独画法、假想画法和沿结合面剖切画法等。

- 拆卸画法：当某一个或几个零件在装配图的某一个视图中遮挡了大部分装配关系或其他零件时，可以假想拆去一个或几个零件，只画出所表达部分的视图。
- 单独画法：用于在装配图中单独表达某个零件。在装配图中，当某个零件的主要结构形状未表达清楚而又对理解装配关系有影响时，可以另外单独画出该零件的某一个视图，这就是典型的单独画法。
- 假想画法：为了表示与本部件有装配关系但又不属于本部件的其他相邻零部件时，可以采用假想画法，用双点画线将其画出。还有就是为了表示运动零件的运动范围或极限位置时，可以在一个极限位置上画出该零件，再在另一个极限位置上用双点画线绘制出其轮廓。
- 沿结合面剖切画法：该画法通常用于表达装配部件的内部结构。

4. 装配图中零部件序号

具体内容详见本书第 7 章的"零件序号"一节(7.4 节)。

装配图的示例如图 10-1 所示,它是某二位四通阀产品部件的装配图。从该图例中,读者可以了解到装配图的基本组成,这些基本组成包括必要的视图、技术要求、零部件序号、标题栏和明细栏等。

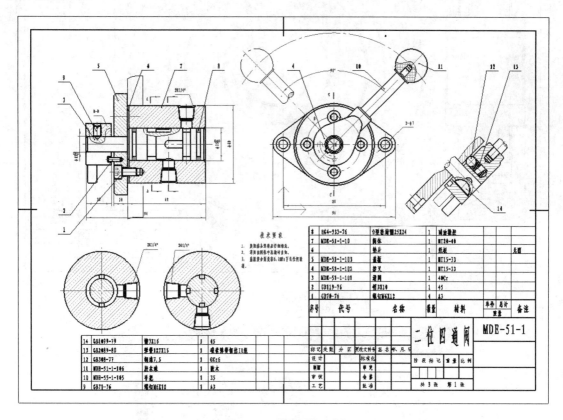

图 10-1 装配图的示例

10.2 绘制装配图实例

本实例要完成的装配图是某蜗轮部件装配图,如图 10-2 所示。

下面介绍该蜗轮部件装配图的绘制步骤。

(1) 新建图形文件。

在 CAXA 电子图板界面中单击 (新文件)按钮,弹出"新建"对话框。在"模块"选项卡的列表中选择 GB-A2(CHS)模块,如图 10-3 所示,然后单击"确定"按钮。

(2) 设置当前的尺寸标注风格和文本风格。

在"格式"菜单中选择"尺寸"命令,打开"标注风格设置"对话框。在对话框的尺寸风格列表中选择名为"机械"的尺寸风格,接着单击"设为当前"按钮,然后单击"确定"按钮。

注意可以对"机械"标注风格进行编辑,将其字高和箭头大小均设置为 5。

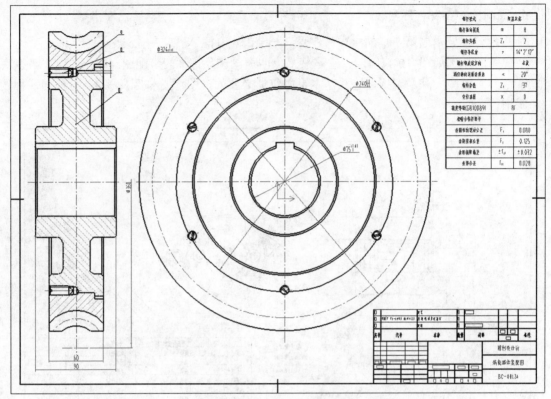

图 10-2　蜗轮部件装配图

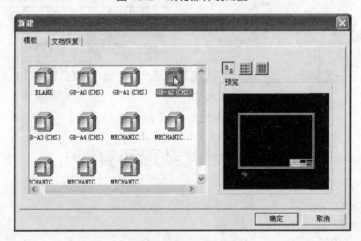

图 10-3　"新建"对话框

在"格式"菜单中选择"文字"命令,打开"文本风格设置"对话框。在文本风格列表框中选择名为"机械"的文本风格,接着单击"设为当前"按钮将它设置成当前文本风格,然后单击"确定"按钮。

(3) 重新进行图幅设置。

在菜单栏中选择"幅面"→"图幅设置"命令,或者在相应的工具栏或面板中单击 (图幅设置)按钮,打开"图幅设置"对话框。在"调入图框"下拉列表框中选择 A2A-D-Sighted(CHS),

在"调入标题栏"下拉列表框中选择 Mechanical-A(CHS)，其他采用默认设置，然后单击"确定"按钮。

(4) 绘制主要中心线。

将"中心线层"设置为当前层，接着单击"绘图工具"工具栏中的 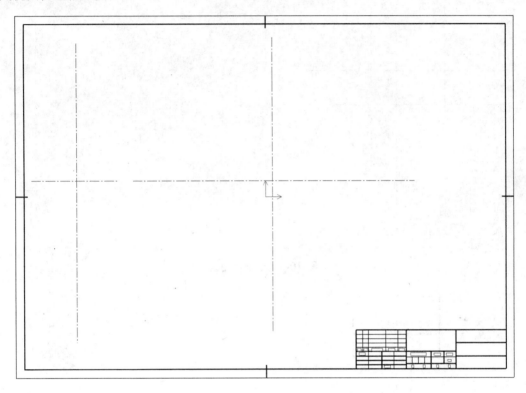 (直线)按钮，根据已知的设计尺寸，在图框内适当位置处绘制如图 10-4 所示的主要中心线。这些中心线对于布局相关视图位置很重要。

图 10-4 绘制主要中心线

(5) 绘制等距线。

在"绘图工具"工具栏中单击 (等距线)按钮，绘制如图 10-5 所示的等距线作为辅助中心线，图中给出了相关的偏移距离。

此时将"0 层"(粗实线层)设置为当前图层，方法是在"颜色图层"工具栏中的"选择当前层"下拉列表框中选择"粗实线层"。

(6) 根据现有辅助中心线绘制相关的轮廓线。

在"绘图工具"工具栏中单击 (直线)按钮，在出现的立即菜单中设置"1.两点线"、"2.单个"，启用"正交"模式，分别连接相关辅助线的交点来绘制直线。绘制好相关的直线后，将不再需要的辅助中心线删除，结果如图 10-6 所示。

(7) 镜像图形。

在"编辑工具"工具栏中单击 (镜像)按钮，在立即菜单中选择"1.选择轴线"和"2.拷贝"，接着使用鼠标拾取要镜像的对象，如图 10-7 所示。右击确认，然后拾取水平中心线作为轴线。镜像结果如图 10-8 所示。

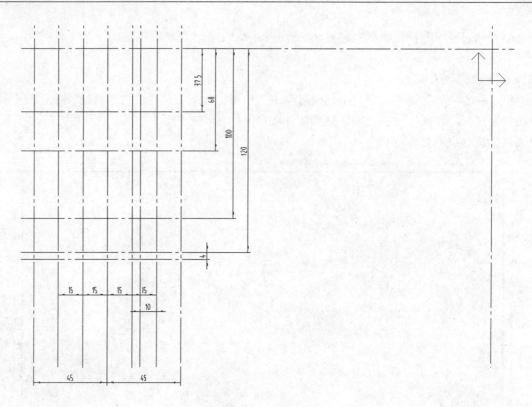

图 10-5　绘制等距线

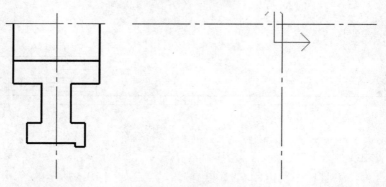

图 10-6　绘制轮廓线

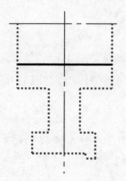

图 10-7　拾取要镜像的对象

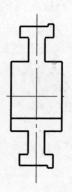

图 10-8　镜像结果

(8) 创建等距线。

在"绘图工具"工具栏中单击 (等距线)按钮，接着在立即菜单中设置"1.单个拾取"、"2.指定距离"、"3.单向"、"4.空心"，并设置距离为 79.9mm，份数为 1。拾取如图 10-9 所示的直线段，接着在该直线段上方单击以指定所需的方向，最后右击结束该命令。绘制的等距线如图 10-10 所示。

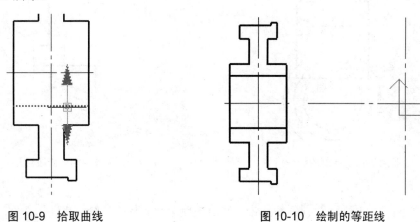

图 10-9　拾取曲线　　　　　图 10-10　绘制的等距线

(9) 创建等距线。

创建如图 10-11 所示的等距线，注意相关图层的设置。

(10) 绘制若干个圆。

确保当前图层为"0 层"。在"绘图工具"工具栏中单击 (圆)按钮，分别绘制如图 10-12 所示的 3 个圆。这 3 个圆的直径从大到小依次是 81mm、64mm 和 48mm。

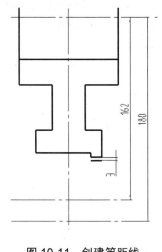

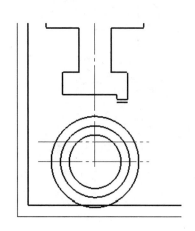

图 10-11　创建等距线　　　　　图 10-12　绘制同心圆

(11) 绘制轮缘轮廓线。

在"绘图工具"工具栏中单击 (直线)按钮，以"两点线"方式绘制如图 10-13 所示的轮缘轮廓线。

(12) 修改图形。

使用"编辑工具"工具栏中的 (裁剪)按钮，将不需要的线段裁剪掉。接着使用 (删除)

按钮删除不再需要的辅助中心线，最后调整过圆心的中心线的长度。修改结果如图 10-14 所示。

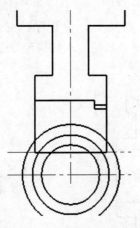

图 10-13　绘制轮缘轮廓线

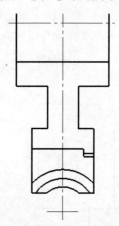

图 10-14　修改结果

(13) 属性修改操作。

选择如图 10-15 所示的圆弧后右击，弹出快捷菜单，从中选择"特性"命令，从而打开"特性"选项板。将圆弧所在层更改为"中心线层"，如图 10-16 所示，然后关闭或隐藏"特性"选项板。

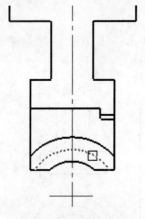

图 10-15　选择圆弧

特性	₄ ×
圆弧 [1]	▼
特性名	**特性值**
⊟ **当前特性**	
层	中心线层 ▼
线型	ByLayer
线型比例	1.0000
线宽	ByLayer
颜色	■ ByLayer
⊟ **几何特性**	
⊞ 圆心	-224.7661, -161.3683
半径	32.0000
⊞ 起点	-198.3036, -143.3683
⊞ 终点	-251.2238, -143.3683
圆心角	111.542
弧长	62.2970

图 10-16　修改圆弧的当前属性

(14) 绘制带键槽的轴孔。

使用所需的绘图工具和编辑工具绘制如图 10-17 所示的带有键槽的轴孔。

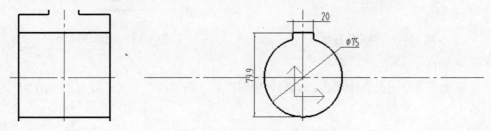

图 10-17　绘制带键槽的轴孔

(15) 在主视图中补齐键槽对应的轮廓线。

结合导航功能，使用直线工具在主视图中补齐键槽对应的轮廓线，如图 10-18 所示。

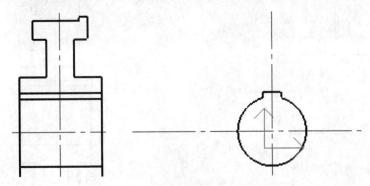

图 10-18　借助导航方式辅助绘制直线

(16) 创建倒角过渡。

单击"编辑工具"工具栏中的▢(过渡)按钮，在过渡立即菜单中设置"1.倒角"、"2.裁剪"，并设置"3.长度"为 2，"4.倒角"为 45°。拾取第一条直线和第二条直线创建一个倒角，可以继续拾取元素创建倒角。一共创建 8 个此类规格的倒角过渡，如图 10-19 所示。

在过渡立即菜单中设置"1.内倒角"，并设置"2.长度"为 2，"3.倒角"为 45°，接着使用鼠标拾取 3 条有效直线创建一个内倒角。可以继续拾取所需的有效直线段来创建内倒角。一共创建两处内倒角，如图 10-20 所示。

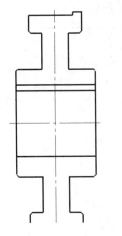

图 10-19　创建 4 个倒角过渡

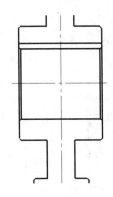

图 10-20　创建两处内倒角

(17) 在主视图中添加倒角形成的轮廓线。

在"绘图工具"工具栏中单击╱(直线)按钮，以"两点线"方式在主视图中添加倒角形成的轮廓线。绘制的结果如图 10-21 所示。

(18) 镜像及相关操作。

在"编辑工具"工具栏中单击⏢(镜像)按钮，根据设计要求在主视图中进行镜像操作，需要时并进行其他的编辑处理，以基本完成轮缘的轮廓线。该步骤完成的图形效果如图 10-22 所示。

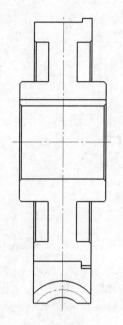

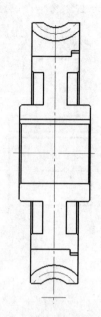

图 10-21　添加轮廓线　　　　　图 10-22　基本完成轮缘的轮廓线

(19) 绘制相关的圆。

在"绘图工具"工具栏中单击◉(圆)按钮，并结合导航功能，分别绘制如图 10-23 所示的同心圆。

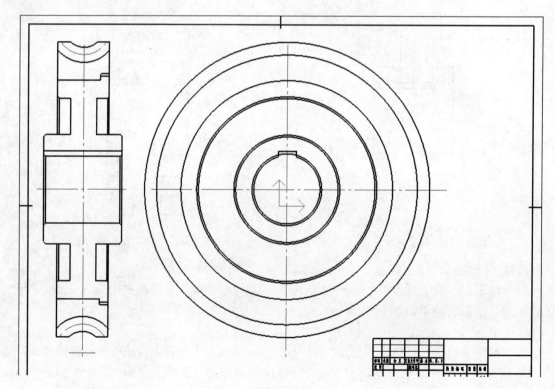

图 10-23　绘制同心的圆

(20) 裁剪多余的圆弧段。

在"编辑工具"工具栏中单击 (裁剪)按钮，以"快速裁剪"方式裁剪多余的圆弧段。裁剪完成后，将蜗轮分度圆的所在层改为"中心线层"，修改结果如图 10-24 所示。

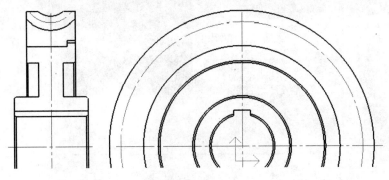

图 10-24　修改结果

(21) 绘制等距线。

在"绘图工具"工具栏中单击 (等距线)按钮，绘制如图 10-25 所示的等距线。

(22) 修改刚绘制的等距线的层属性。

选择上步骤刚绘制的等距线，接着右击，从弹出的快捷菜单中选择"特性"命令，打开"特性"选项板窗口，从中将该图形所在的层更改为"中心线层"，然后关闭该选项板窗口。可以使用 (拉伸)按钮的功能稍微调整该中心线的长度。修改结果如图 10-26 所示。

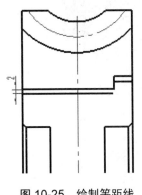

图 10-25　绘制等距线

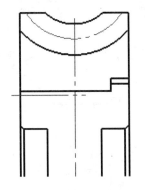

图 10-26　修改为中心线

(23) 使用图库调用紧定螺钉。

在菜单栏中选择"绘图"→"图库"→"提取"命令，弹出"提取图符"对话框。选择图符大类为"螺钉"，图符小类为"紧定螺钉"，即进入图库的"Lib\螺钉\紧定螺钉\"路径。从图符列表中选择"GB/T 71-1985 开槽锥端紧定螺钉"，如图 10-27 所示。

单击"下一步"按钮，弹出"图符预处理"对话框。从中选择尺寸规格和设置相关的选项，如图 10-28 所示，然后单击"完成"按钮。

在立即菜单中确保选项为"打散"。选择如图 10-29 所示的交点作为图符定位点，接着输入图符旋转角度为 0，从而插入紧定螺钉的第 1 个视图，如图 10-30 所示。

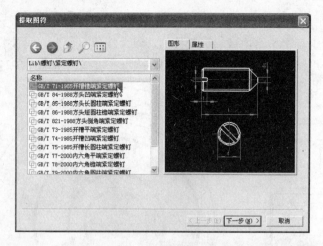

图 10-27 "提取图符"对话框

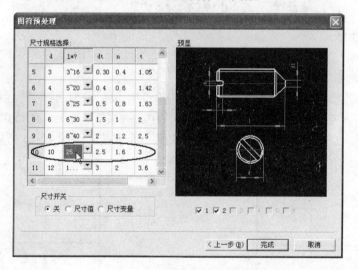

图 10-28 "图符预处理"对话框

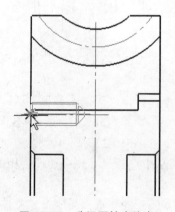

图 10-29 选择图符定位点

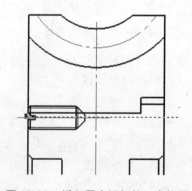

图 10-30 插入紧定螺钉的一个视图

　　按空格键,弹出工具点快捷菜单,从该菜单中选择"交点"选项,拾取如图 10-31 所示的两条中心线,则系统自动捕捉到它们的延伸线交点作为第 2 个视图的定位点。

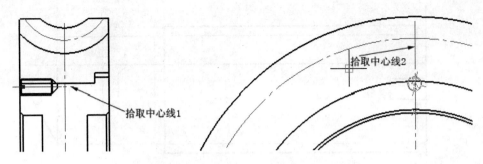

图 10-31　捕捉第 2 个视图的定位点

输入图符旋转角度为 0，完成第 2 个视图的插入。此时系统继续提示指定图符定位点。右击结束提取图符的命令操作。

提取紧定螺钉两个视图的效果如图 10-32 所示。

图 10-32　提取紧定螺钉的两个视图

(24) 创建等距线表示孔的螺纹末端终止线。

在"绘图工具"工具栏中单击△(等距线)按钮，绘制如图 10-33 所示的一条等距线。

(25) 绘制若干直线段。

在"绘图工具"工具栏中单击╱(直线)按钮，绘制如图 10-34 所示的线段。采用的直线绘制方式有"两点线"和"角度线"。

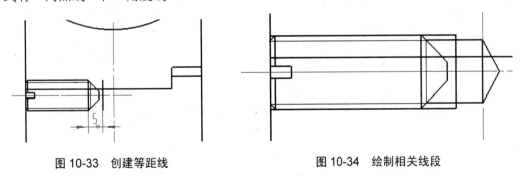

图 10-33　创建等距线　　　　　　**图 10-34　绘制相关线段**

(26) 修改部分线段的所在层。

选择如图 10-35 所示的 4 段要修改的线段，接着右击，从弹出的快捷菜单中选择"特性"命令，利用打开的"特性"选项板将这些线段所在的当前层更改为"细实线层"。然后关闭"特性"选项板。

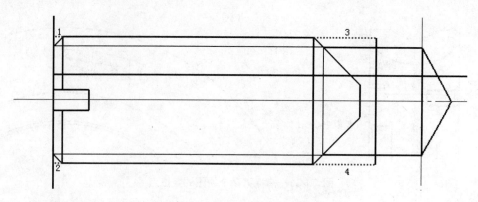

图 10-35　选择要修改的线段

(27) 镜像操作。

在主视图中框选紧定螺钉和螺纹孔图形，在"编辑工具"工具栏中单击 ▲(镜像)按钮，接着在立即菜单中设置"1.选择轴线"选项和"2.拷贝"选项，然后拾取主中心线作为镜像轴线。镜像操作后的主视图如图 10-36 所示。

(28) 裁剪主视图。

使用"编辑工具"工具栏中的 ╱(裁剪)按钮，以"快速裁剪"方式，将主视图中螺钉与螺纹孔安装的结构部分进行合理裁剪。裁剪结果如图 10-37 所示。

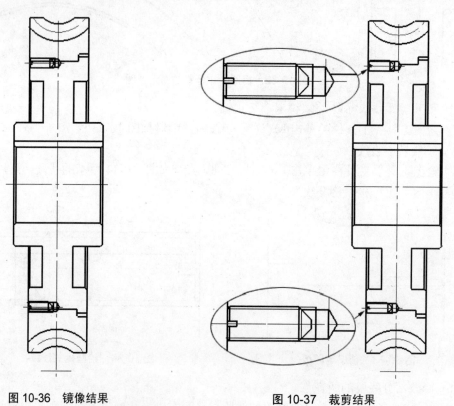

图 10-36　镜像结果　　　　　　　　　图 10-37　裁剪结果

(29) 在另一个视图中创建圆形阵列。

在"编辑工具"工具栏中单击 ▦(阵列)按钮，在阵列立即菜单中设置"1.圆形阵列"、"2.

旋转"、"3.均布",并设置"4.分数"为 6,拾取紧定螺钉第 2 个视图的全部图形,右击确认,
接着在提示下拾取圆心作为圆形阵列的中心点。阵列结果如图 10-38 所示。

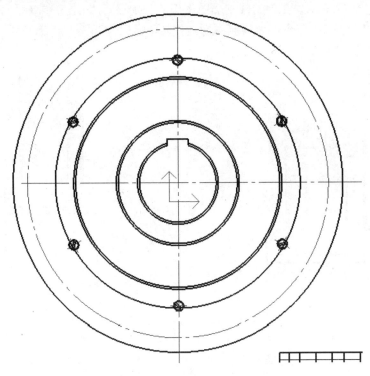

图 10-38　圆形阵列的结果

(30) 裁剪第 2 个视图。

使用"编辑工具"工具栏中的 ⁄⁻(裁剪)按钮,以"快速裁剪"方式,在第 2 个视图中将被
螺钉遮挡的圆弧段裁剪掉。图 10-39 给出了其中 3 处裁剪结果。

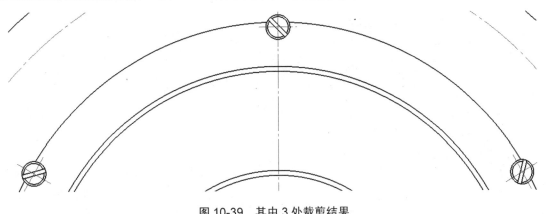

图 10-39　其中 3 处裁剪结果

(31) 在主视图中创建过渡圆角轮廓。

在"编辑工具"工具栏中单击 ▣(过渡)按钮,接着在过渡立即菜单中设置"1.圆角"、"2.
裁剪",并设置"3.半径"为 6,分别拾取曲线组来创建过渡圆角轮廓。一共创建 8 处圆角,
如图 10-40 所示。

(32) 绘制剖面线 1。

将"剖面线层"设置为当前图层。在"绘图工具"工具栏中单击▨(剖面线)按钮，在立即菜单中设置"1.拾取点"、"2.不选择剖面图案"，分别设置"3.比例"为 1.68、"4.角度"为0 和"5.间距错开"为 0。分别在要绘制剖面线的轮缘区域中单击，选择好区域后右击来确认。绘制的剖面线如图 10-41 所示。

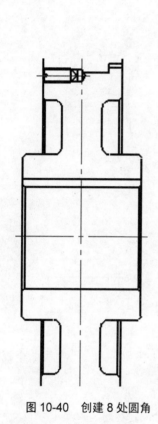

图 10-40　创建 8 处圆角　　　　　　　　图 10-41　给轮缘的剖切面绘制剖面线

(33) 绘制剖面线 2。

将"剖面线层"设置为当前图层。在"绘图工具"工具栏中单击▨(剖面线)按钮，在立即菜单中设置"1.拾取点"、"2.不选择剖面图案"，分别设置"3.比例"为 1.8、"4.角度"为80°和"5.间距错开"为 0。分别在要绘制剖面线的轮芯区域中单击，选择好区域后右击确认。绘制的剖面线如图 10-42 所示。

(34) 在视图中进行一些关键的标注。

根据该装配图的主要用途和设计要求，适当地标注出关键尺寸，并为一些尺寸设置合理的公差，如图 10-43 所示(为了使读者基本能够看清楚标注，特意在截图时将标注文本的字高设置高一些)。

(35) 绘制表格和填写其内容。

将"细实线层"设置为当前图层。使用直线工具、等距线工具和裁剪工具在图框右上角合适的位置处完成如图 10-44 所示的表格，注意将右侧外框线的所在层更改为"0 层"。

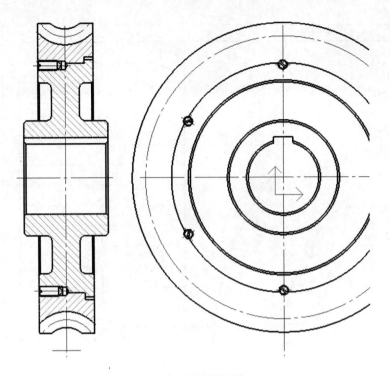

图 10-42　绘制剖面线 2

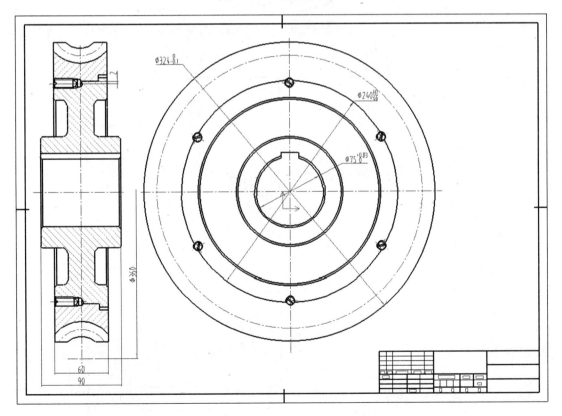

图 10-43　视图标注

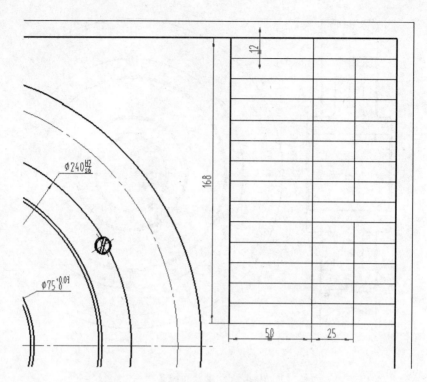

图 10-44　绘制表格

使用"绘图工具"工具栏中的 **A**(文字)按钮，在相关的矩形区域内输入文本。注意文本的对齐方式为垂直对中和水平对中，字高为 5。填写的文本信息如图 10-45 所示。

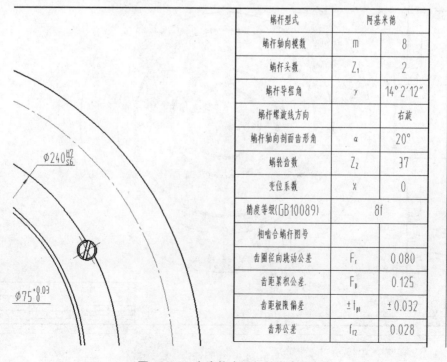

蜗杆型式		阿基米德
蜗杆轴向模数	m	8
蜗杆头数	Z_1	2
蜗杆导程角	γ	14°2′12″
蜗杆螺旋线方向		右旋
蜗杆轴向剖面齿形角	α	20°
蜗轮齿数	Z_2	37
变位系数	x	0
精度等级(GB10089)		8f
相啮合蜗杆图号		
齿圈径向跳动公差	F_r	0.080
齿距累积公差	F_p	0.125
齿距极限偏差	±f_{pt}	±0.032
齿形公差	f_{f2}	0.028

图 10-45　在表格中添加的文本信息

知识点拨

用户可以绘制表格和在表格中注写上固定的文字和符号，一些参数值可以采用属性定义的方法来定义，然后将这些内容生成块，定义成参数栏，待需要时调用并填写即可。系统也提供了常用的锥齿轮参数表和圆柱齿轮参数表，如图 10-46 所示。下面简单地介绍如何调入参数表和填写参数表。

锥齿轮参数表		
齿制		GB12369-90
大端端面模数	m_e	
齿数	Z	
齿形角	α	20°
齿顶高系数	h_a^*	1
齿顶隙系数	c^*	0.25
中点螺旋角	β	0
旋向		
切向变位系数	x_i	0
径向变位系数	x_t	0
大端齿高	h_e	
精度等级		6cB GB11365
配对齿轮	图号	
配对齿轮	齿数	
I	F_i'	
II	f_i'	
III	齿长方向接触率	
III	齿高方向接触率	
大端分度圆齿厚	S	
大端分度圆齿高	h_{ae}	

圆柱齿轮参数表		
法向模数	m_n	
齿数	Z	
齿形角	α	20°
齿顶高系数	h_a^*	1
齿顶隙系数	c^*	0.25
螺旋角	β	0
旋向		
径向变位系数	X	0
全齿高	h	
精度等级		887FH GB10095-88
齿轮副中心距及其极限偏差	$a \pm f_a$	
配对齿轮	图号	
配对齿轮	齿数	
齿圈径向跳动公差	F_r	
公法线长度变动公差	F_w	
齿形公差	f_f	
齿距极限偏差	f_{pt}	
齿向公差	$F_β$	
公法线	公法线长度	W_{kn}
公法线	跨测齿数	k

图 10-46 系统提供的锥齿轮参数表和圆柱齿轮参数表

- 调入参数表(参数栏)：在菜单栏中选择"幅面"→"参数栏"→"调入"命令，或者在"图幅"工具栏中单击⊞(调入参数栏)按钮，打开如图 10-47 所示的"读入参数栏文件"对话框。从中选择所需的参数栏文件，单击"确定"按钮，然后在绘图区指定定位点即可调入所需的参数栏。

图 10-47 "读入参数栏文件"对话框

● 填写参数表(参数栏): 在菜单栏中选择"幅面"→"参数栏"→"填写"命令,或者双击要填写的参数栏,系统弹出如图10-48所示的"填写参数栏"对话框,从中设置相关项目的属性值,单击"确定"按钮即可。如果绘图中具有多个参数栏,那么执行填写参数栏的命令时,需要拾取要填写的参数栏。

图 10-48   "填写参数栏"对话框

(36) 填写标题栏。

在菜单栏中选择"幅面"→"标题栏"→"填写"命令,或者在绘图区双击标题栏,弹出"填写标题栏"对话框,填写好相关的内容后,单击"确定"按钮。初步填写好的标题栏如图10-49所示。

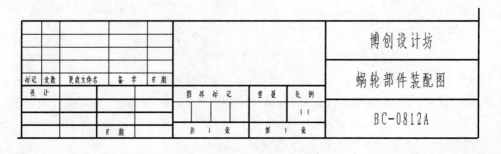

图 10-49   填写标题栏

(37) 序号设置。

在菜单栏中选择"格式"→"序号"命令,打开"序号风格设置"对话框。选择"标准"序号风格,在"序号基本形式"选项卡中,设置箭头样式为"圆点",文本样式为"机械",文字字高为 5,如图 10-50 所示。将"标准"序号风格设置为当前序号风格,单击"确定"按钮。

(38) 生成序号和明细表。

在菜单栏中选择"幅面"→"序号"→"生成"命令,或者在"图幅"工具栏中单击¹²(生成序号)按钮,接着在出现的立即菜单中设置如图 10-51 所示的选项和参数值。

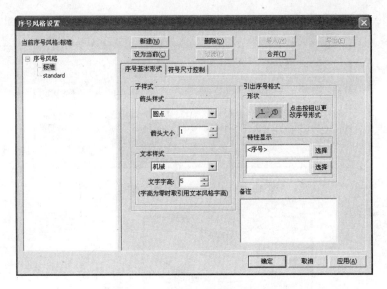

图 10-50 "序号风格设置"对话框

图 10-51 在立即菜单中的设置

指定引出点和转折点来生成第一个序号，如图 10-52 所示。

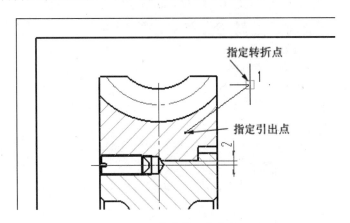

图 10-52 生成第一个序号

同时系统弹出"填写明细表"对话框。在该对话框中，填写序号为 1 的零件名称、数量和材料等，如图 10-53 所示，然后单击"确定"按钮。

接着开始第 2 个零部件序号的注写工作。在提示下在紧定螺钉中心处指定引出点，并指定合适的位置点作为转折点，如图 10-54 所示。

同时系统弹出"填写明细表"对话框。在该对话框中，填写序号为 2 的零件代号、名称和数量，如图 10-55 所示，然后单击"确定"按钮。

在提示下为第 3 个零件注写序号，包括指定引出点、转折点和填写明细表，如图 10-56 所示，然后单击"确定"按钮。

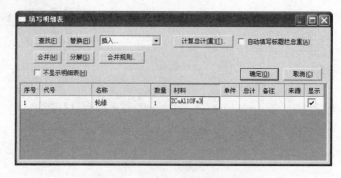

图 10-53 "填写明细表"对话框

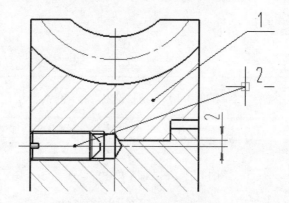

图 10-54 生成第二个零件序号

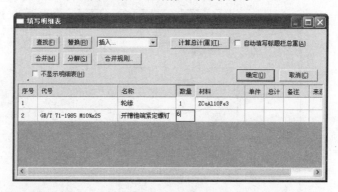

图 10-55 在"填写明细表"对话框中填写序号 2 零件的信息

右击结束"生成序号"的命令操作。

注写序号的同时填写了生成的明细表,明细表自动在标题栏上方生成,如图 10-57 所示。如果自动生成的明细表与视图相交或位置较为接近,则可以考虑对该明细表进行"表格折行"处理。本例特意介绍如何对明细栏进行"表格折行"处理。

(39) 对明细栏进行"表格折行"处理。

在菜单栏中选择"幅面"→"明细表"→"表格折行"命令,接着在出现的立即菜单中设置"1.左折",如图 10-58 所示。

在"请拾取表项:"的提示下单击明细栏中的序号 2 表项,然后右击结束操作。表格折行操作后的效果如图 10-59 所示。

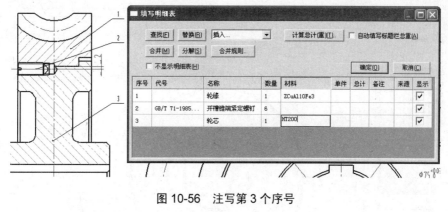

图 10-56　注写第 3 个序号

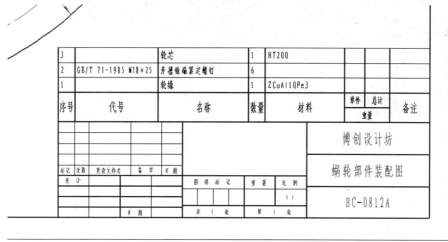

图 10-57　生成的明细栏

图 10-58　在立即菜单中的设置

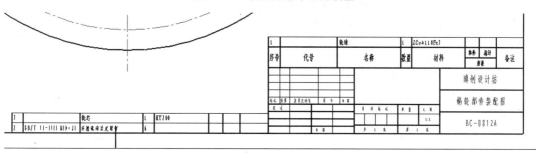

图 10-59　表格折行的明细栏效果

(40) 显示全部。

在工具栏中单击 ⊕ (显示全部)按钮,使装配图全部显示在当前屏幕窗口中,如图 10-60 所示。

如果不对明细栏进行"表格折行"操作,那么显示全部时的装配图效果如图 10-61 所示。

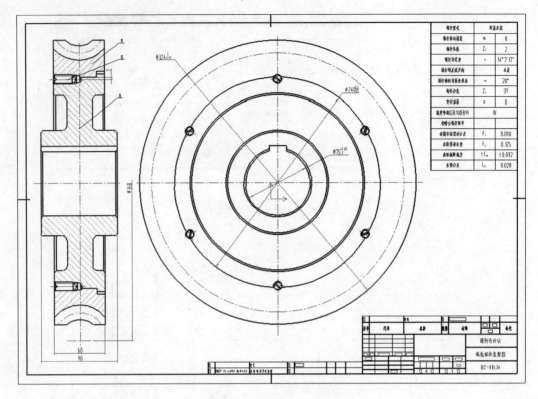

图 10-60　显示全部

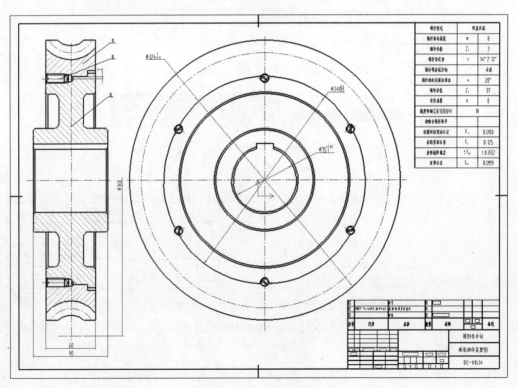

图 10-61　装配图效果

(41) 保存文件。

10.3　本章小结

装配图是用来表达机器、产品或部件的技术图样，是设计部门提交给生产部门的重要技术图样。一张完整的装配图包括的主要内容有：①一组装配起来的机械图样；②必要的尺寸；③技术要求或装配说明(需要时)；④标题栏、零件序号和明细栏(或称明细表)等。

本章在介绍使用 CAXA 电子图板绘制装配图的实例之前，先简单地对装配图进行概述，让读者了解什么是装配图，以及了解或掌握装配图的一些规定画法、简化画法和特定画法等。本章的重点在于介绍一个完整装配图的绘制方法及步骤，让读者全面了解和掌握使用 CAXA 电子图板进行装配图绘制的典型方法和思路。在学习该实例时要深刻总结生成零件序号和填写明细栏的操作方法和技巧等。

本章实例中需要的参数表也可以利用 OLE 机制来实现，即参数表在 Microsoft Word、Excel 或其他软件中创建和编辑，然后将该编辑好的参数表插入到 CAXA 电子图板中。下面介绍在 CAXA 电子图板中插入用 Word 创建和编辑好的表格。

(1) 在 CAXA 电子图板的菜单栏中选择"编辑"→"插入对象"命令，打开"插入对象"对话框。

(2) 在"插入对象"对话框中，选中"新建"单选按钮，并从"对象类型"列表框中选择"Microsoft Word 文档"，如图 10-62 所示，然后单击"确定"按钮。

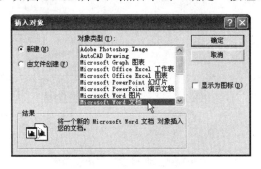

图 10-62　"插入对象"对话框

(3) 系统弹出 Microsoft Word 文档的编辑窗口。在该编辑窗口中，新建和编辑一个表格。输入完表格中的数据后，可根据要求设定文字的字体和大小，并将表格中左、右侧和上侧的边框线加粗。如图 10-63 所示，注意为文档设定合适的页边距。编辑完成后，关闭该文档，返回 CAXA 电子图板编辑窗口。

(4) 在 CAXA 电子图板编辑窗口中可以看到插入对象的大小和位置一般不满足要求。此时，使用鼠标拖动插入对象边框中的尺寸句柄(即小方框)可以调整对象的宽度或长度等；使用表格中心的控制句柄可以将表格拖放到合适的位置处。调整大小和位置后的效果如图 10-64 所示。调整表格大小后，有时受显示器的显示分辨率等因素影响，可能会出现一些显示上的失真，例如表格的部分图线或文字显示很模糊或显示不出来，但这并不会影响实际的打印效果。

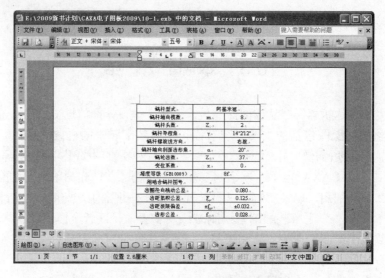

图 10-63　在 Word 文档中编辑表格

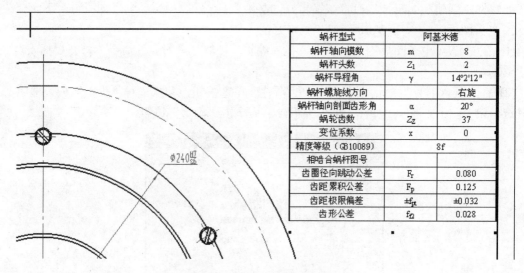

图 10-64　调整表格大小及位置

　　需要用户注意的是，如果 CAXA 电子图板的背景色为黑色，那么插入的表格可能显示不出来，此时最有效、最简单的解决方法是将 CAXA 电子图板的背景色修改为白色。通常在进行 OLE 操作时，屏幕绘图区应尽量使用白色背景。

　　通过本章的学习，并加以一定时间的实践操作，相信读者的实战能力能得到更进一步的提升。

10.4　思考与练习

　　(1) 什么是装配图？装配图主要用来表达什么内容？

　　(2) 试列举你所了解到的关于装配图的规定画法、简化画法以及特定画法。

　　(3) 在什么情况下使用假想画法？

(4) 如何注写零件序号和明细栏?

(5) 在功能区的"图幅"选项卡的"序号"面板中也提供了用于零部件序号操作的工具按钮, 如图 10-65 所示。试说出这些工具按钮的功能和应用特点。

图 10-65　"序号"面板中的序号操作按钮

(6) 上机练习: 自行设计一台简单的减速器, 绘制其主要的总装配图。

附录 A

CAXA 电子图板 2009 的命令列表

注：本附录的命令列表源自 CAXA 电子图板 2009 机械版软件。

功能名称	键盘命令	简化命令	快 捷 键
新建	New		Ctrl+N
打开	Open		Ctrl+O
关闭	Close		Ctrl+W
保存	Save		Ctrl+S
另存为	Saveas		Ctrl+Shift+S
并入	Merge		
部分存储	Partsave		
打印	Plot		Ctrl+P
文件检索	Idx		Ctrl+F
DWG/DXF 批转换器	DWG		
模块管理器	Manage		
清理	Purge		
退出	Quit		Alt+F4
撤销	Undo		Ctrl+Z
恢复	Redo		Ctrl+Y
选择所有	Selall		Ctrl+A
剪切	Cutclip		Ctrl+X
复制	Copyclip		Ctrl+C
带基点复制	Copywb		Ctrl+ Shift +C
粘贴	Pasteclip		Ctrl+V
粘贴为块	Pasteblock		Ctrl+ Shift +V
选择性粘贴	Specialpaste		Ctrl+R
插入对象	Insertobj	OBJ	
链接	Setlink		Ctrl+K
OLE 对象	OLE		
清除	Delete		Delete
删除所有	Eraseall		

续表

功能名称	键盘命令	简化命令	快 捷 键
重新生成	Refresh		
全部重新生成	Refreshall		
显示窗口	Zoom	Z	
显示平移	Pan	P	
显示全部	Zoomall	ZA	F3
显示复原	Home		Home
显示比例	Vscale		
显示回溯	Prev	ZP	
显示向后	Next	ZN	
显示放大	Zoomin		PageUp
显示缩小	Zoomout		PageDown
动态平移	Dyntrans		鼠标中键/Shift+鼠标左键
动态缩放	Dynscale		鼠标滚轮/Shift+鼠标右键
图层	Layer		
线型	Ltype		
颜色	Color		
线宽	Wide		
点样式	Ddptype		
文本样式	Textpara		
尺寸样式	Dimpara		
引线样式	Ldtype		
形位公差样式	Fcstype		
粗糙度样式	Roughtype		
焊接符号样式	Weldtype		
基准代号样式	Datumtype		
剖切符号样式	Hatype		
序号样式	Ptnotype		

功能名称	键盘命令	简化命令	快 捷 键
明细表样式	Tbltype		
样式管理	Type	T	
图幅设置	Setup		
调入图框	Frmload		
定义图框	Frmdef		
存储图框	Frmsave		
填写图框	Frmfill		
编辑图框	Frmedit		
调入标题栏	Headload		
定义标题栏	Headdef		
存储标题栏	Headsave		
填写标题栏	Headerfill		
编辑标题栏	Headeredit		
调入参数栏	Paraload		
定义参数栏	Paradef		
存储参数栏	Parasave		
填写参数栏	Parafill		
编辑参数栏	Paraedit		
生成序号	Ptno		
删除序号	Ptnodel		
编辑序号	Ptnoedit		
交换序号	Ptnochange		
明细表删除表项	Tbldel		
明细表表格折行	Tblbrk		
填写明细表	Tbledit		
明细表插入空行	Tblnew		
输出明细表	Tableexport		

续表

功能名称	键盘命令	简化命令	快 捷 键
明细表数据库操作	Tabdat		
直线	Line	L	
两点线	Lpp		
角度线	La		
角等分线	Lia		
切线/法线	Ltn		
等分线	Bisector		
平行线	Parallel	LL	
圆	Circle	C	
圆：圆心_直径	Cir		
圆：两点	Cppl		
圆：三点	Cppp		
圆：两点_半径	Cppr		
圆弧	Arc	A	
圆弧：三点	Appp		
圆弧：圆心起点圆心角	Acsa		
圆弧：两点半径	Appr		
圆弧：圆心半径起终角	Acra		
圆弧：起点终点圆心角	Asea		
圆弧：起点半径起终角	Asra		
样条	Spline	SPL	
点	Point	PO	
公式曲线	Fomul		
椭圆	Ellipse	EL	
矩形	Rect		
正多边形	Polygon		

功能名称	键盘命令	简化命令	快 捷 键
多段线	Pline		
中心线	Centerl		
等距线	Offset	O	
剖面线	Hatch	H	
填充	Solid		
文字	Text		
局部放大图	Enlarge		
波浪线	Wavel		
双折线	Condup		
箭头	Arrow		
齿轮	Gear		
圆弧拟合样条	Nhs		
孔/轴	Hole		
插入图片	Insertimage		
图片管理器	Image		
块创建	Block		
块插入	Insertblock		
块消隐	Hide		
属性定义	Attrib		
粘贴为块	Pasteblock		Ctrl+Alt+V
块编辑	Blockedit	BE	
块在位编辑	Refedit	RE	
提取图符	Sym		
定义图符	Symdef		
图库管理	Symman		
驱动图符	Symdrv		
图库转换	Symexchange		

续表

功能名称	键盘命令	简化命令	快 捷 键
构件库(见构件库表)			
尺寸标注	Dim	D	
基本标注	Powerdim		
基线标注	Basdim		
连续标注	Contdim		
三点角度标注	3parcdim		
角度连续标注	Continuearcdim		
半标注	Halfdim		
大圆弧标注	Arcdim		
射线标注	Radialdim		
锥度/斜度标注	Gradientdim		
曲率半径标注	Curvradiusdim		
坐标标注	Dimco	DC	
原点标注	Origindim		
快速标注	Fastdim		
自由标注	Freedim		
对齐标注	Aligndim		
孔位标注	Hsdim		
引出标注	downleaddim		
自动列表	Autolist		
倒角标注	Dimch		
引出说明	Ldtext		
粗糙度	Rough		
基准代号	Datum		
形位公差	Fcs		
焊接符号	Weld		
剖切符号	Hatchpos		

功能名称	键盘命令	简化命令	快 捷 键
中心孔标注	Dimhole		
技术要求	Speclib		
删除	Erase		Delete
删除重线	Eraseline		
平移	Move	MO	
平移复制	Copy		
旋转	Rotate	RO	
镜像	Mirror	MI	
缩放	Scale	SC	
阵列	Array	AR	
过渡	Corner	CO	
圆角	Fillet		
多圆角	Fillets		
倒角	Chamfer		
外倒角	Chamferaxle		
内倒角	Chamferhole		
多倒角	Chamfers		
尖角	Sharp		
裁减	Trim	TR	
齐边	Edge	ED	
打断	Break	BR	
拉伸	Stretch	S	
分解	Explode	EX	
标注编辑	Dimedit		
尺寸驱动	Drive		
特性匹配	Match		
切换尺寸风格	Dimset		

续表

功能名称	键盘命令	简化命令	快 捷 键
文本参数编辑	Textset		
文字查找替换	Textoperation		
三视图导航	Guide		
坐标点	Id		
两点距离	Dist		
角度	Angle		
元素属性	List		
周长	Circum		
面积	Area		
重心	Barcen		
惯性矩	Iner		
系统状态	Status		
特性	Properties		
置顶	Totop		
置底	Tobottom		
置前	Tofront		
置后	Toback		
文字置顶	Texttotop		
尺寸置顶	Dimtotop		
文字或尺寸置顶	Tdtotop		
新建用户坐标系	Newucs		
管理用户坐标系	Switch		
打印排版	Printool		
EXB 浏览器	Exbview		
工程计算器	Caxacalc		
计算器	Calc		
画笔	Paint		

续表

功能名称	键盘命令	简化命令	快 捷 键
智能点工具设置	Potset		
拾取过滤设置	Objectset		
自定义界面	Customize		
界面重置	Interfacereset		
界面加载	Interfaceload		
界面保存	Interfacesave		
选项	Syscfg		
关闭窗口	Close		
全部关闭窗口	Closeall		
层叠窗口	Cascade		
横向平铺	Horizontally		
纵向平铺	Vertically		
排列图标	Arrange		
帮助	Help		F1
关于电子图板	About		
构件库：单边洁角	Concs		
构件库：双边洁角	Concd		
构件库：单边止锁孔	Conch		
构件库：双边止锁孔	Conci		
构件库：孔根部退刀槽	Conce		
构件库：孔中部退刀槽	Concm		
构件库：孔中部圆弧退刀槽	Conca		
构件库：轴端部退刀槽	Conco		
构件库：轴中部退刀槽	Concp		
构件库：轴中部圆弧退刀槽	Concq		
构件库：轴中部角度退刀槽	Concr		
构件库：径向轴承润滑槽1	Conla		
构件库：径向轴承润滑槽2	Conlb		

续表

功能名称	键盘命令	简化命令	快 捷 键
构件库：径向轴承润滑槽 3	Conlc		
构件库：推力轴承润滑槽 1	Conlh		
构件库：推力轴承润滑槽 2	Conli		
构件库：推力轴承润滑槽 3	Conlj		
构件库：平面润滑槽 1	Conlo		
构件库：平面润滑槽 2	Conlp		
构件库：平面润滑槽 3	Conlq		
构件库：平面润滑槽 4	Conlr		
构件库：滚花	Congg		
构件库：圆角或倒角	Congc		
构件库：磨外圆	Conro		
构件库：磨内圆	Conri		
构件库：磨外端面	Conre		
构件库：磨内端面	Conrf		
构件库：磨外圆及端面	Conra		
构件库：磨内圆及端面	Conrb		
构件库：平面	Conrp		
构件库：V 型	Conrv		
构件库：燕尾导轨	Conrt		
构件库：矩形导轨	Conrr		
转图工具：幅面初始化	Frminit		
转图工具：填写标题栏	Headerfill		
转图工具：转换明细表表头	Tblhtrans		
转图工具：转换明细表	Tbltransform		
转图工具：补充序号	Ptnoadd		
转图工具：恢复标题栏	Rehead		
转图工具：恢复图框	Refrm		

功能名称	键盘命令	简化命令	快 捷 键
切换正交	Ortho		F8
切换线宽	Showide		
切换动态输入	Showd		
切换捕捉方式	Catch		F6
切换全屏显示和窗口显示	Interface		F9
添加到块内	Blockin		
从块内移出	Blockout		
取消块在位编辑	Blockonqwo		
完成块在位编辑	Blockonqws		
退出块编辑	Blockq		
指定参考点			F4
切换当前坐标系			F5
切换相对/坐标值			F2
三维视图导航开关			F7
标准工具条			Ctrl+B
颜色图层工具条			Ctrl+E
常用工具条			Ctrl+U
主菜单			Ctrl+M
状态条			Ctrl+T
特性窗口			Ctrl+Q
立即菜单			Ctrl+I

附录 B

CAXA 电子图板中的
常用快捷键列表

常用快捷键	功能用途或操作说明
F1 键	请求系统的帮助
F2 键	切换相对/坐标值
F3 键	显示全部
F4 键	指定一个当前点作为参考点，用于相对坐标点的输入
F5 键	当前坐标系切换开关
F6 键	点捕捉方式切换开关，它的功能是进行捕捉方式的切换
F7 键	三视图导航开关
F8 键	正交与非正交切换开关
F9 键	全屏显示和窗口显示切换开关
Delete 键	删除
方向键(↑、↓、→、←)	在输入框中用于移动光标的位置，其他情况下用于显示平移图形
PageUp 键	显示放大
PageDown 键	显示缩小
Home 键	在输入框中用于将光标移至行首，其他情况下用于显示复原

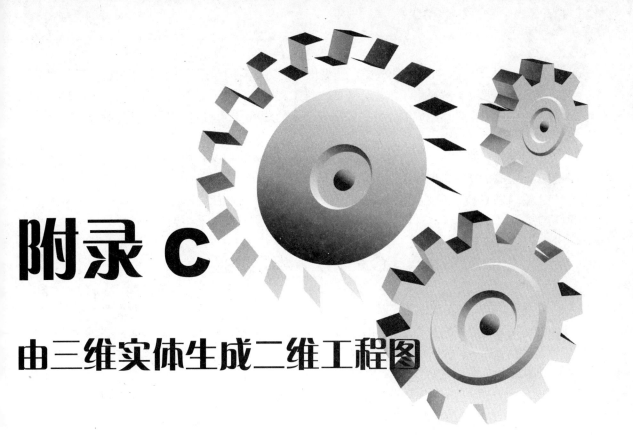

附录 C

由三维实体生成二维工程图

在 CAXA 电子图板的企业板中，还提供了更为丰富的功能和工具，其中就包括三视图管理功能，它主要用于解决由三维实体生成二维工程图的问题。通过在 CAXA 电子图板企业版中读入由三维图板设计完成的零件或装配模型来创建所需的二维工程图，是绘制工程图的一种实用的设计思路，也是极其重要的一种设计方式，需要用户重点掌握。

本附录介绍的具体知识点包括读入标准视图、读入自定义视图、视图移动、视图打散、视图删除、生成剖视图、生成剖面图、生成局部剖视图和视图更新。

本附录以 CAXA 电子图板 2007 企业版的三视图管理功能为例进行介绍。在新版本也有类似功能。

C.1 读入标准视图

在 CAXA 电子图板的"工具"菜单中选择"视图管理"→"读入标准视图"命令，弹出如图 C-1 所示的"请选择要导入的实体文件类型"对话框。在该对话框中，可以选择"CAXA实体设计数据文件(*.ics)或 Parasolid 文件(*.x_t,*.x_b)"单选按钮或"三维图版数据文件(*.epb, eab)或制造工程师数据文件(*.mxe)"单选按钮。

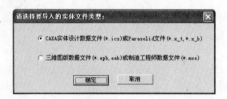

图 C-1 "请选择要导入的实体文件类型"对话框

在这里以选中"CAXA 实体设计数据文件(*.ics)或 Parasolid 文件(*.x_t,*.x_b)"单选按钮为例进行介绍。单击"确定"按钮，弹出"打开"对话框。

通过"打开"对话框查找并选择欲打开的模型文件，例如选择随书光盘提供的"BC-轴承盖.ics"文件(该原始模型文件位于随书光盘的"附录 C"文件夹中)，可以在该对话框中预览模型，如图 C-2 所示，然后单击"打开"按钮。

图 C-2 "打开"对话框

系统弹出如图 C-3 所示的"标准视图输出"对话框。利用该对话框可以进行标准视图设置、部件设置,以及对投影选项进行相关设置(包括视图输出时如何处理隐藏线和过渡线)。

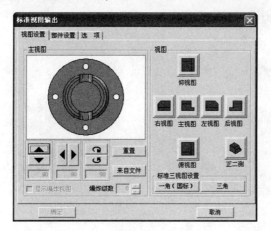

图 C-3 "标准视图输出"对话框

"标准视图输出"对话框具有 3 个选项卡,即"视图设置"选项卡、"部件设置"选项卡和"选项"选项卡。下面介绍这 3 个选项卡的功能含义及其应用。

C.1.1 视图设置

"视图设置"选项卡主要用于设置主视图和选择要输出的视图。其中,"主视图"选项组主要用于调整主视图视向,以及显示当前设置的要输出的主视图;"视图"选项组则用于由用户根据设计情况选择所要输出的若干视图,以及确定视角投影方法。

在"主视图"选项组中,除了具有一个用于显示当前主视图的区域(简称"主视图显示框")之外,还提供了一组用于用户调整主视图的实用工具。

● "重置"按钮:单击此按钮,使主视图恢复为 CAXA 三维电子图板中主视图的视向。
● "来自文件"按钮:单击此按钮,则使当前主视图变为文件存储时的视向,如图 C-4 所示。
● ▲ 和 ▼:用于以当前视向为准绕着主视图显示框中预显窗口的 X 轴正向、反向转 90°,如图 C-5 所示。
● ◀ 和 ▶:用于以当前视向为准绕着主视图显示框中预显窗口的 Y 轴正向、反向转 90°。
● ↻ 和 ↺:用于以当前视向为准绕着主视图显示框中预显窗口的 Z 轴正向、反向转 90°。
● "显示爆炸视图"复选框:如果读入的模型是装配体,那么该复选框被激活,并可以根据设计需求来设定爆炸级数。在这种情况下,输出的视图是具有与所选标准视图相同视向的自定义视图。

例如,单击"重置"按钮后,依次单击 ◀ 按钮和 ▼ 按钮,可以使主视图视向调整为如图 C-6 所示。

在"视图"选项组中提供了一些实用的视图复选按钮,用户可以使用这些按钮来决定哪些视图需要输出。需要注意的是,这些视图都是以之前设定视向的主视图作为基础的。当其中某个按钮被单击后显示有实线方框图标,那么该按钮表示其代表的视图要输出,否则将不输出该视图,如图 C-6 所示。其中"右视图"、"主视图"、"左视图"和"俯视图"带有实线方框图标,表示这些视图将输出。

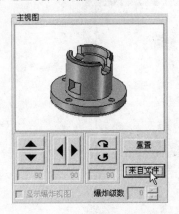

图 C-4 单击"来自文件"按钮

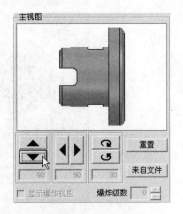

图 C-5 调整主视图视向

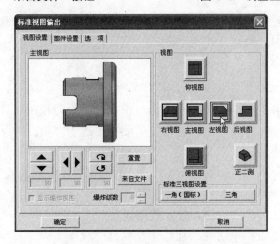

图 C-6 选择要输出的视图

除了由用户根据自己需要选择要输出的视图外,还可以根据标准三视图设置来由系统自动选择要输出的标准三视图。

"标准三视图设置"有两种视角投影方式,即第一角投影法和第三角投影法。其中中国国标规定的投影法是第一角投影法,而一些欧美国家则常采用第三角投影法。

● "一角(国标)"按钮:单击此按钮,采用第一角投影法来创建标准三视图。

● "三角"按钮:单击此按钮,采用第三角投影法来创建标准三视图。

例如,单击"一角(国标)"按钮,则系统自动选择"主视图"、"左视图"和"俯视图",如图 C-7 所示,然后单击"确定"按钮。

系统提示指定主视图的位置。使用鼠标在绘图区域中任意单击一点以放置主视图。

此时出现立即菜单,默认的选项为"1:导航",同时系统提示指定俯视图的位置。使用鼠标在主视图下方适当位置处单击,以放置俯视图,效果如图 C-8 所示。

此时,继续接受立即菜单中的默认选项"1:导航",同时在"请指定左视图的位置:"

提示下使用鼠标在主视图右侧投影通道上单击一点，以合理放置左视图。完成读入的标准三视图如图 C-9 所示。

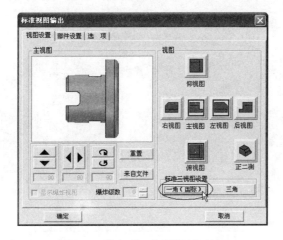

图 C-7　单击"一角(国标)"按钮

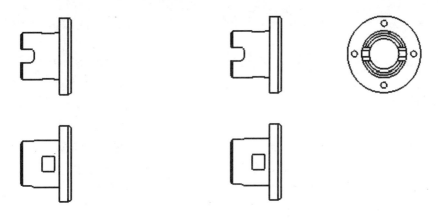

图 C-8　放置好主视图和俯视图　　　　图 C-9　读入的标准三视图

实战点拨

　　如果需要，可以在出现的立即菜单中单击"1：导航"框，使其切换为"1：不导航"，此时可以任意放置主视图的另一视图，即不必在相关的投影方向上放置另一视图。另外，如果用户没有设置输出主视图，那么系统不会通过"导航"方式来定义视图放置。对于轴测图，则没有导航对齐的要求。

C.1.2　部件设置

　　"标准视图输出"对话框中的"部件设置"选项卡是用来针对装配体的相关设置的，利用该选项卡，可以指定装配体中哪些零部件在视图输出时不显示，以及在进行剖切时哪些零部件不被剖切，如图 C-10 所示。

　　在最左侧的列表框中以树型方式列出当前文件中的组件。如果某一个部件对象的图标显示为，则表示该部件对象为不剖切部件，同时该部件的名称被收集在"非剖切部件"列表框中；

如果某一个部件对象的图标显示为 ![icon]，则表示该部件对象为不显示部件，同时该部件的名称被收集在"不显示部件"列表框中。选定部件的显示与否、剖切与否，可以通过 `=>` 和 `<=` 按钮来切换其相应的状态。

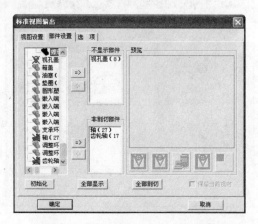

图 C-10   "部件设置"选项卡

如果单击"初始化"按钮，则系统把所有设置恢复为最初始的状态，使所有组件都显示为剖切。

如果单击"全部显示"按钮，则将"不显示部件"列表框中的内容清空，即所有组件都显示。

如果单击"全部剖切"按钮，则将"非剖切部件"列表框中的内容清空，即所有组件都参与剖切。

最右侧的"预览"框用于浏览当前三维文件中的内容，而不指示输出视图的视向。"预览"框的下方还提供了几个实用的工具按钮，可以对装配体显示进行相关的操作。

在某种设计场合下，如果需要，可选中"保留当前视向"复选框，从而使当前视向得以保留，便于把握视图输出。

C.1.3   投影选项设置

切换到"标准视图输出"对话框中的"选项"选项卡，如图 C-11 所示，从中进行设置相关的投影选项设置，包括隐藏线处理和过渡线处理。

在"隐藏线处理"下拉列表框中，可供选择的选项有"不输出隐藏线"、"输出所有隐藏线"和"仅轴测图不输出隐藏线"。

- "不输出隐藏线"：用于设置所有的读入的视图都没有隐藏线。
- "输出所有隐藏线"：用于设置所有视图中的应该输出的隐藏线都会被全部输出。
- "仅轴测图不输出隐藏线"：用于设置轴测图不输出隐藏线，而其他视图输出隐藏线。

在"过渡线处理"下拉列表框中提供了以下 3 个选项。

- "仅轴测图输出过渡线"：用于设置轴测图输出所有过渡线，而其他视图均不输出过渡线。
- "不输出过渡线"：用于设置所有视图中的过渡线都不会被输出。
- "输出所有过渡线"：用于设置所有视图中的过渡线都会被输出。

如果选中"投影 3D 尺寸"复选框，则在 3D 实体中的标注会被输出；如果不想输出这些 3D 尺寸，则取消选中"投影 3D 尺寸"复选框。

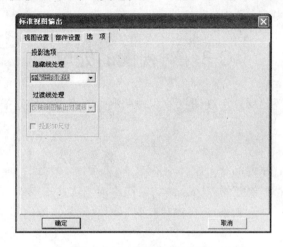

图 C-11　"选项"选项卡

C.2　读入自定义视图

要读入自定义视图，可以按照以下典型方法及步骤进行操作。

(1) 在 CAXA 电子图板的"工具"菜单中选择"视图管理"→"读入自定义视图"命令，弹出"请选择要导入的实体文件类型"对话框。

(2) 从"请选择要导入的实体文件类型"对话框中，根据实际情况选择"CAXA 实体设计数据文件(*.ics)或 Parasolid 文件(*.x_t,*.x_b)"单选按钮或"三维图版数据文件(*.epb, eab)或制造工程师数据文件(*.mxe)"单选按钮，然后单击"确定"按钮。

(3) 系统弹出如图 C-12 所示的"自定义视图输出"对话框。在该对话框的"视图设置"选项卡中自定义所需主视图的视向，包括自定义主视图的旋转角度，该角度是以当前视向为准绕着主视图显示框中预显窗口的 X、Y、Z 轴正、反向旋转 0～90°。

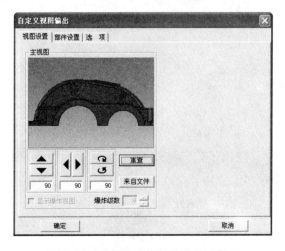

图 C-12　"自定义视图输出"对话框

在"部件设置"选项卡和"选项"选项卡中的操作和读入标准视图时的相应方法相同。

(4) 设置好自定义视图输出的相关内容后,单击"确定"按钮。

(5) 在系统提示下指定自定义视图的位置。

C.3　对视图的处理

对视图的处理包括视图移动、视图打散和视图删除。本节介绍这 3 种视图处理操作。

C.3.1　视图移动

读入视图后,如果需要移动某视图,那么在"工具"→"视图管理"级联菜单中选择"视图移动"命令,接着拾取要移动的视图,拖动鼠标将视图移动到适当的位置即可。使用该方法移动视图,每次只能移动一个视图,并且在移动时需要注意各视图之间是否具有导航对齐关系。

C.3.2　视图打散

在"工具"→"视图管理"级联菜单中选择"视图打散"命令,接着拾取已读入的视图,即可打散该视图。视图被打散后,其与三维文件相关联的信息便被清除了,以后三维文件作了修改,更新视图时该被打散的视图不能再进行更新。所以打散视图一定要谨慎。

C.3.3　视图删除

如果对某个读入的视图不满意,可以将其删除。删除视图的典型方法是在"工具"→"视图管理"级联菜单中选择"视图删除"命令,接着拾取要删除的视图,系统弹出一个确认对话框,从中单击"是"按钮,即可删除所拾取的视图。

需要用户特别留意的是:在拾取已经进行过局部剖的视图时,若单击的位置处于该视图的某个局部剖范围内,那么系统会认为要删除的是该局部剖而不是整个视图;若单击的位置处于该视图的任意一个局部剖范围外,则系统认为要删除的是整个读入的视图。

C.4　生成剖视图

系统提供生成剖视图的实用功能。生成剖视图的典型操作步骤如下。

(1) 在菜单栏的"工具"→"视图管理"级联菜单中选择"生成剖视图"命令,出现如图 C-13 所示的立即菜单。在该立即菜单第 1 项中可以设置剖面名称,在第 2 项下拉列表框中可以选择"非正交"或"正交"选项。

图 C-13　立即菜单

(2) 画剖切轨迹。绘制好剖切轨迹线后,右击确认。

剖切轨迹的绘制方法与工程标注中的剖切符号绘制方法是一样的。用户要想自动生成剖视图，其剖切符号需要符合表 C-1 所示的条件(表中资料参考 CAXA 电子图板用户手册或帮助文件)。

表 C-1　自动生成剖视图时剖切符号应符合的条件

序号	条 件
1	剖切符号必须与视图相交，否则系统将该剖切符号视为普通的剖切符号，不会进行任何剖切动作
2	如果想获得一般的全剖效果，那么剖切符号中通常包含两个剖切点
3	如果想获得旋转剖效果，那么剖切符号必须有且最多有 3 个剖切点
4	如果想获得阶梯剖效果，那么相连两条剖切线必须相互垂直，剖切线的数目必须是大于 2 的奇数，并且相邻奇数的剖切线与中间的剖切线不能形成 U 形
5	如果在剖切线不符合以上 1～4 的条件，那么系统会将此符号当作普通的剖切符号，而不进行任何剖切动作

(3) 拾取所需的方向和指定剖面名称标注点。

(4) 系统弹出"是否生成剖视图"提示框，如图 C-14 所示。在该提示框中选择所要剖切的视图，单击"确定"按钮。

(5) 系统提示指定剖视图的位置，同时为了方便视图定位，系统在立即菜单中还提供了定位导航功能，如图 C-15 所示。用户可以使用"导航"功能在剖视方向上设置剖视图的定位点，也可以不选用"导航"功能，而任意设定剖视图的定位点。

图 C-14　"是否生成剖视图"提示框　　　　图 C-15　立即菜单及操作提示

(6) 指定剖视图的定位点后，系统提示指定旋转角度，同时在立即菜单中提供了"角度导航"功能，使用"角度导航"功能可以自动地把剖视图放置成水平和铅垂状态。在提示下设置剖视图的旋转角度。

(7) 确定剖视标注定位点。即确定"A-A"、"B-B"此类剖视标注符号的放置位置。

生成剖视图的示例如图 C-16 所示。

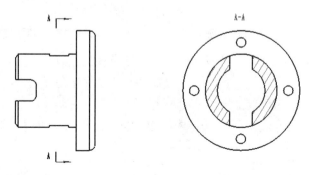

图 C-16　生成剖视图的示例

C.5 生成剖面图

剖面图又称为断面图。此类视图主要用来表达一个机件的剖切端面(也即断面)情况。用户需要注意剖面图和剖视图之间的异同之处，剖面图只是包含由剖切形成的断面图形，而剖视图则不但包含剖切形成的断面信息，还包括所有可见轮廓的投影。

下面通过一个典型实例介绍生成剖面图的方法及步骤。

(1) 首先在 CAXA 电子图板的"工具"菜单中选择"视图管理"→"读入标准视图"命令，读入如图 C-17 所示的一个主视图。其三维模型文件"BC-轴.ics"位于随书光盘的"附录 C"文件夹中。

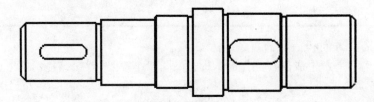

图 C-17　读入的主视图

(2) 在菜单栏的"工具"→"视图管理"级联菜单中选择"生成剖面图"命令，在立即菜单中设置剖面名称为 A，且选择"正交"选项。

(3) 单击如图 C-18 所示的两点以绘制剖切轨迹，右击，接着系统提示拾取所需的方向，此时拾取向右侧的方向。

(4) 指定剖面名称标注点，如图 C-19 所示，然后右击。

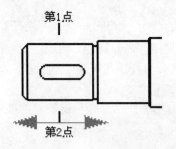

图 C-18　绘制剖切轨迹

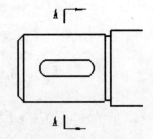

图 C-19　指定剖面名称标注点

(5) 系统弹出如图 C-20 所示的提示框，确定所选剖切的视图，单击"确定"按钮。

(6) 以"不导航"的方式指定剖面图的位置，并指定旋转角度为 0。

(7) 在剖面图上方指定该剖面图标注"A-A"的定位点，如图 C-21 所示。

(8) 使用上述的相同方法，在另一个键槽处创建一个剖面图"B-B"，完成结果如图 C-22所示。

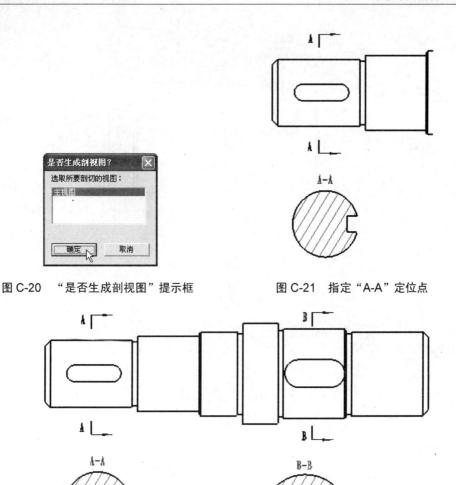

图 C-20　"是否生成剖视图"提示框　　　　图 C-21　指定"A-A"定位点

图 C-22　生成剖面图的结果

C.6　生成局部剖视图

　　用剖切平面将物体局部剖开所得到的视图称为局部剖视图，在绘制局部剖视图时，通常采用波浪线或双折线表示剖切范围。

　　下面结合一个示例介绍生成局部剖视图的方法和步骤。

　　(1) 在菜单栏的"工具"→"视图管理"级联菜单中选择"生成局部剖视图"命令。

　　(2) 系统出现如图 C-23 所示的立即菜单。在该立即菜单的第 1 项列表框中可以选择"普通局部剖"选项和"半剖"选项。在这里以选择"普通局部剖"选项为例。

　　(3) 拾取之前绘制的封闭曲线来定义剖切轮廓线，如图 C-23 所示。拾取好封闭曲线后，右击来确定。

图 C-23 出现的立即菜单

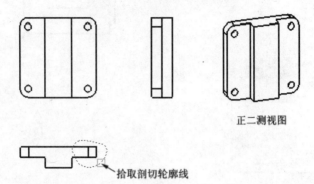

图 C-23 定义剖切轮廓线

（4）弹出"是否生成剖视图"对话框，单击"确定"按钮。

（5）出现的立即菜单和操作提示如图 C-24 所示。用户可以采用直接输入深度的方式来生成局部剖视图，在"4：深度"文本框中可设置剖切深度。

图 C-24 立即菜单及操作提示

在这里，单击"2：直接输入深度"下拉列表框，将选项切换为"动态拖放模式"。此时，系统出现"请指定深度指示线的位置，按鼠标左键确认"的提示信息。在主视图中使用鼠标指定深度指示线的位置，如图 C-25 所示，单击确认。

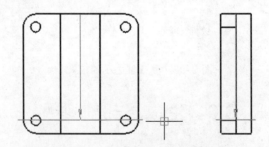

图 C-25 指定深度指示线的位置

生成的局部剖视图如图 C-26 所示。

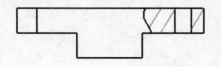

图 C-26 生成的局部剖视图

操作点拨

在生成普通局部剖视图的过程中，除了可以拾取单条封闭的曲线之外，还可以拾取两根封闭轮廓线(曲线)组成的封闭环，此时剖切的就是这两个轮廓线(外轮廓线和内轮廓线)之间的环形区域。

如果在"生成局部剖视图"命令的立即菜单中单击"1：普通局部剖"框，则可以切换到"半剖"选项，此时可以进行生成半剖视图的操作。指定半剖位置的方法有两种：①拾取中心线；②拾取中心线上(或其他线上)一点。

【**课堂范例**】 以如图 C-27 所示的嵌入端盖零件(其三维模型文件"BC-嵌入端盖.ics"位于随书光盘的 CH11 文件夹中)为例，介绍如何由该三维模型生成半剖视图。

图 C-27　嵌入端盖的三维实体模型

(1) 首先在 CAXA 电子图板的"工具"菜单中选择"视图管理"→"读入标准视图"命令，由"BC-嵌入端盖.ics"三维文件读入如图 C-28 所示的一个主视图和俯视图。然后在"绘图工具"工具栏中单击 ⌀(中心线)按钮，给视图绘制相应的中心线，如图 C-29 所示。

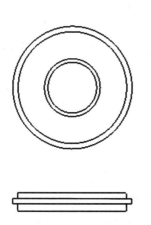

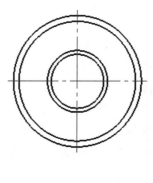

图 C-28　读入主视图和俯视图　　　　　图 C-29　绘制中心线

(2) 在菜单栏的"工具"→"视图管理"级联菜单中选择"生成局部剖视图"命令。

(3) 在立即菜单的第 1 项下拉列表框中选择"半剖"选项。

(4) 在俯视图中拾取中心线上的一点，拾取后系统提示拾取剖切的方向，如图 C-30 所示。

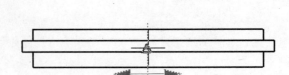

图 C-30　拾取中心线上一点后

(5) 在所选中心线右侧区域单击以确定该侧定义剖切的方向，此时系统弹出"是否生成剖视图"提示框，单击"确定"按钮。

(6) 在立即菜单第 2 项下拉列表框中设置"动态拖放模式"，然后使用鼠标在主视图中指定深度指示线的位置，如图 C-31 所示，单击确认。

生成的半剖视图如图 C-32 所示。

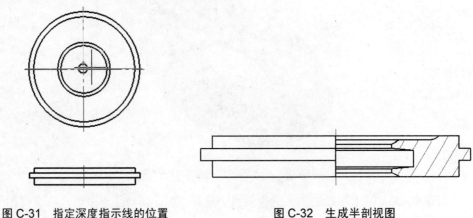

图 C-31　指定深度指示线的位置　　　　图 C-32　生成半剖视图

C.7　视图更新

如果在 CAXA 三维电子图板对三维模型作了修改，那么在 CAXA 电子图板中可以对该三维模型的读入视图(要求没有被打散)进行更新。

视图更新的方法比较简单，即在 CAXA 电子图板中，从菜单栏的"工具"→"视图管理"级联菜单中选择"视图更新"命令，并根据情况从立即菜单中选择"逐个更新"或"全部更新"方式来更新视图。当选择"逐个更新"时，需要逐个地拾取要更新的视图，确认后即可更新所选视图；当选择"全部更新"时，系统弹出如图 C-33 所示的提示框，单击"是"按钮，确定更新所有视图。

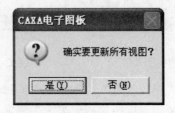

图 C-33　"CAXA 电子图板"提示框

C.8　本附录小结

　　CAXA 电子图板提供的"视图管理"功能主要用于解决利用三维实体模型来生成二维工程图纸的问题。这是一种崭新的视图设计思路，在实际工作中很有用处。

　　本附录层次分明地介绍如何由三维实体生成二维工程图，具体内容包括读入标准视图、读入自定义视图、对视图的处理(视图移动、视图打散和视图删除)、生成剖视图、生成剖面图、生成局部剖视图和视图更新。

　　另外，在准备读入三维电子图板文件的视图之前，可以对读入视图进行相关的设置。其设置方法是：在菜单栏中选择"工具"→"选项"命令，打开如图 C-34 所示的"系统配置"对话框，从中可以根据设计要求决定是否选中"细线显示"复选框、"显示视图边框"复选框和"打开文件时更新视图"复选框等。

- "细线显示"：用于设置读入的视图采用细线显示。
- "显示视图边框"：用于设置读入的每个视图都显示有一个指定颜色(默认为绿色)的矩形边框。
- "打开文件时更新视图"：用于设置打开视图文件时，CAXA 电子图板系统自动根据相应三维模型文件的更改来更新各个读入的且未被打散的视图。

图 C-34　"系统配置"对话框

C.9　上机操作

(1) 利用"BC-填料压盖.ics"文件中的三维模型(如图 C-35 所示)进行相关视图生成操作。

图 C-35　填料压盖

(2) 利用"BC-轴承盖.ics"文件中的三维模型在 CAXA 电子图板中生成如图 C-36 所示的二维工程图，然后给相关视图绘制中心线和标注尺寸，结果如图 C-37 所示。

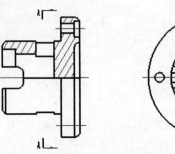
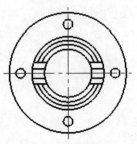
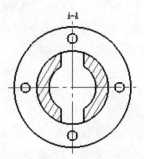

图 C-36　生成和标注二维工程图

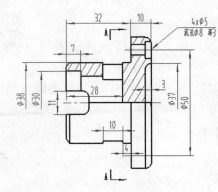
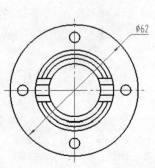
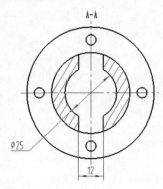

图 C-37　绘制中心线和标注尺寸

读者回执卡

欢迎您立即填妥回函

您好！感谢您购买本书，请您抽出宝贵的时间填写这份回执卡，并将此页剪下寄回我公司读者服务部。我们会在以后的工作中充分考虑您的意见和建议，并将您的信息加入公司的客户档案中，以便向您提供全程的一体化服务。您享有的权益：

★ 免费获得我公司的新书资料；

★ 寻求解答阅读中遇到的问题；

★ 免费参加我公司组织的技术交流会及讲座；

★ 可参加不定期的促销活动，免费获取赠品；

读者基本资料

姓　　名＿＿＿＿＿＿＿　性　别 □男　　□女　年　　龄＿＿＿＿＿＿＿

电　　话＿＿＿＿＿＿＿　职　业＿＿＿＿＿＿＿　文化程度＿＿＿＿＿＿＿

E-mail＿＿＿＿＿＿＿　邮　编＿＿＿＿＿＿＿

通讯地址＿＿＿＿＿＿＿＿＿＿＿＿＿＿＿＿＿＿＿＿＿＿＿

请在您认可处打√（6至10题可多选）

1、您购买的图书名称是什么：＿＿＿＿＿＿＿＿＿＿＿＿＿＿＿＿＿＿＿＿＿＿＿

2、您在何处购买的此书：＿＿＿＿＿＿＿＿＿＿＿＿＿＿＿＿＿＿＿＿＿＿＿

3、您对电脑的掌握程度：　□不懂　　　　□基本掌握　　□熟练应用　　□精通某一领域

4、您学习此书的主要目的是：□工作需要　　□个人爱好　　□获得证书

5、您希望通过学习达到何种程度：□基本掌握　□熟练应用　　□专业水平

6、您想学习的其他电脑知识有：□电脑入门　□操作系统　　□办公软件　　□多媒体设计

　　　　　　　　　　　　　　□编程知识　□图像设计　　□网页设计　　□互联网知识

7、影响您购买图书的因素：　□书名　　　□作者　　　　□出版机构　　□印刷、装帧质量

　　　　　　　　　　　　　　□内容简介　□网络宣传　　□图书定价　　□书店宣传

　　　　　　　　　　　　　　□封面，插图及版式　□知名作家（学者）的推荐或书评　□其他

8、您比较喜欢哪些形式的学习方式：□看图书　□上网学习　　□用教学光盘　□参加培训班

9、您可以接受的图书的价格是：□ 20 元以内　□ 30 元以内　□ 50 元以内　□ 100 元以内

10、您从何处获知本公司产品信息：□报纸、杂志　□广播、电视　□同事或朋友推荐　□网站

11、您对本书的满意度：　□很满意　　　□较满意　　　□一般　　　　□不满意

12、您对我们的建议：＿＿＿＿＿＿＿＿＿＿＿＿＿＿＿＿＿＿＿＿＿＿＿

请剪下本页填写清楚，放入信封寄回，谢谢！

1 0 0 0 8 4

北京100084—157信箱

读者服务部　　　　　收

贴　邮

票　处

邮政编码：□□□□□□

技术支持与课件下载：http://www.tup.com.cn http://www.wenyuan.com.cn

读 者 服 务 邮 箱：service@wenyuan.com.cn

邮 购 电 话：(010)62791865 (010)62791863 (010)62792097-220

组 稿 编 辑：张彦青

投 稿 电 话：(010)62788562-312

投 稿 邮 箱：zhangyq-tup@163.com